U0158912

谨以此书献给电气设计师朋友

任元会

低压配电设计解析

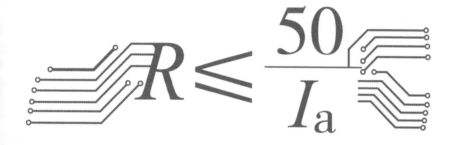

$$R \leqslant \frac{50}{I_a}$$

Design of Low-voltage Systems

任元会◎编著

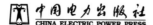

中国电力出版社
CHINA ELECTRIC POWER PRESS

内 容 提 要

为帮助电气设计师高效执行有关的国家标准（主要是 GB 50054《低压配电设计规范》）和 IEC 标准，让设计人员好理解、上手快、减少繁琐推演，切实做到"快出图、出好图"，特编写本书。

本书分为 10 章，分别为低压配电设计基本原则、低压配电系统接线、低压配电系统的接地、等电位联结、电击防护、短路保护、过负荷保护、低压配电系统的热效应防护、低压电器选择、配电线路导体选择。为减少设计师大量的资料搜集工作，本书特提供部分企业断路器的允通能量（I^2t）值、封闭电器外壳的防护等级与应用、电气设备外界影响特性分类 3 个附录。

本书可供从事低压配电设计的专业技术人员使用，也可供大专院校相关专业师生、电气安装施工人员、工厂和公共建筑及房地产公司物业管理运行维护人员、低压电器生产企业人员使用和参考。

图书在版编目（CIP）数据

低压配电设计解析 / 任元会编著. —北京：中国电力出版社，2020.10
ISBN 978-7-5198-4879-8

Ⅰ. ①低… Ⅱ. ①任… Ⅲ. ①低电压–配电系统–设计 Ⅳ. ①TM726.2

中国版本图书馆 CIP 数据核字（2020）第 155969 号

出版发行：	中国电力出版社	
地　　址：	北京市东城区北京站西街 19 号（邮政编码 100005）	
网　　址：	http://www.cepp.sgcc.com.cn	
责任编辑：	翟巧珍（806636769@qq.com）　闫姣姣（yanni7@163.com）	
责任校对：	黄　蓓　常燕昆	
装帧设计：	张俊霞	
责任印制：	石　雷	
印　　刷：	北京盛通印刷股份有限公司	
版　　次：	2020 年 10 月第一版	
印　　次：	2020 年 10 月北京第一次印刷	
开　　本：	710 毫米×1000 毫米　16 开本	
印　　张：	19.25	
字　　数：	309 千字	
印　　数：	0001—5000 册	
定　　价：	188.00 元	

版权专有　侵权必究

本书如有印装质量问题，我社营销中心负责退换

序

我与任元会先生相识是在 20 世纪 80 年代初我参加工作的时候，任老是我建筑电气专业工作中的前辈。1999 年下半年我开始参加社会活动工作时，任老已经离休多年，共同的责任感让我们一起参加国际 IEC 标准在中国的推广工作，在全国进行相关的电气节能、低压配电保护、电气安全的巡回演讲，任老清晰的概念、诙谐的演讲，深受广大业界人士欢迎。

任老有两个专业方向，一个"低压配电"，一个"照明"，他将建筑电气的"职业"变为个人的"爱好"，并一直孜孜以求、耕耘不辍。

任老 1954 年参加工作，经历了几十年的风风雨雨，从事建筑电气专业工程设计、技术管理、技术咨询、自控公司管理等，做出了优异的成绩。离休后又投身于"低压配电""照明"等的技术培训，持续忘我地工作。

2003 年，任老主持《工业与民用建筑配电设计手册（第三版）》的修编工作，经过努力在 2005 年顺利出版。在任老的协助下，我们又在 2016 年出版了《工业与民用供配电设计手册（第四版）》，任老严谨、仔细的工作作风是我们学习的榜样。

在闲暇时间给年轻的建筑电气工程设计师进行技术培训的时候，任老收集到很多反馈意见，他深感责任重大，想到应该将理论基础结合工程实践，并根据自身经验编写一本概念清晰、设计适用、查询方便的低压配电设计的书，让设计人员好理解、上手快，减少繁琐推演。本着这一原则，在建筑电气同行的鼓励、中国电力出版社有限公司的支持和帮助下，任老开始编写这本对于低压配电设计工作实用性很强的书。

在编写过程中，任老翻阅了大量的国际标准、国家标准、工程设计资料，进行归纳总结，从实用性出发设计了查询表格，进行了大量的计算和表格制作，历时两年，以坚韧的毅力，在耄耋之年完成了大家企盼已久的力作。衷心感谢任老的无私奉献，将积累的经验和学识毫无保留地奉献给大家。我们作为后辈要认真学习，不负任老的心血。

祝任老身体健康！祝广大读者身体健康！

中国航空规划设计研究总院研究员、原电气总师

住建部建筑电气标准化技术委员会副主任

全国建筑物电气装置标准化委员会（SAC/TC 205）副主任

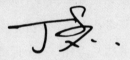

2020 年 8 月

前言

中国电力出版社有限公司编辑同仁了解编者在"低压配电"这个分支领域多年耕耘和讲课的积累，多次提出邀请写一本专业性强的书；电气设计界一些好友和"粉丝"也对此给予了这样的鼓励和期盼。

编者深知，要认真地编写一本有价值而实用的书，是十分困难的，绝非过去文章、讲稿的拼装；加之已是耄耋之年，知识、智力、体力诸多方面，恐难以撑起如此重任。

鉴于翟巧珍编辑的盛情邀约、好友的热情鼓励，编者也有想梳理和总结一下多年学习、研究成果的愿望，思量再三，乃于2018年6月决定应约，步入"艰途"，开启书稿的规划和编写工作。

编者在和许多建筑电气界年轻设计师多年交往中，曾多次建议应认真计算故障电流、短路电流等参数，非如此不能成就优质的设计；回答通常是"设计周期短、任务重，难以实现"。

编者一直琢磨着如何解开这个困扰设计师多年的难题，这也是编写此书的初衷。为此，确定本书的目标是：第一，有助于设计师更好、更认真地执行国家标准、规范；第二，力求免去费时费力的计算工作量，编制若干方便、实用的表格，以加快设计进度。概而言之，就是能够帮助读者做到"快出图，出好图"！

几易寒暑，几度春秋，时而坐席沉思，时而伏案疾书。困惑时，吟诵几段酷爱的古文、诗词，有时眺望那色彩璀璨的夜景灯光，聊以慰藉心灵，调节单调的生活，缓解书写的压力。有谁知晓？唯老伴摸透身边人的心绪和脉搏，知悉其内心的困惑和快乐。

其实，历经曲折困难的过程，也是享受生活的时刻，每当一个难点的突破，必将获得心灵的愉悦！整个编写的过程，正是再学习的过程，也是回答设计师提问的过程，是总结经验、教训的过程，也是研究创新的过程。

在本书编写中，任毅、谭泽钧参与了全过程编写，做了大量的辅助工作，使编者得以如愿完成原定任务。

在此时刻，不能忘怀的，应该感恩中国航空规划设计研究总院几十年培育与教诲，创造了良好的成长空间，感谢前辈王厚余老师等的指导和帮助。

感谢我院前任总电气工程师丁杰研究员为本书作序，感谢《低压配电设计规范》主要编写者丁杰、刘叶语两位专家为本书审稿。

感谢上海电器科学研究院长期信任、交流与合作，学得和增长了低压电器多方面知识，感谢尹天文、季慧玉、李人杰等知名专家的支持和帮助。感谢国际铜业协会（中国）和电气工程师合作组（EEO）的专家李荆、张伟、郑珊珊等的热心支持和协助。感谢卞铠生、刘屏周、谢哲明、陈泽毅、逯霞、谢炜、焦建雷、李炳华、田楚齐等全国知名专家提供了多方面信息和宝贵经验。特别鸣谢 ABB（中国）有限公司（https://new.abb.com/low-voltage/nl-be/support/software/e-design/workflow）王少辉、朴京华等专家，以及上海良信电器股份有限公司（www.sh-liangxin.com）吴铁良、朱自立、王杰、孙妍等专家对出版工作的积极支持与帮助。感谢施耐德电气（中国）有限公司唐颖、罗格朗低压电器（无锡）有限公司刘洋、西门子（中国）有限公司何友林等专家，以及常熟电器制造有限公司提供资料和协助。

在行将告别"80 后"这个亲切昵称的时日，出版了这本小书，衷心奉献给建筑电气界中青年设计师朋友，此乃人生之最大幸福。

由于编者水平有限，本书疏漏不足在所难免，欢迎广大读者批评指正。

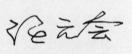

2020 年 8 月

目录

4.3 辅助等电位联结 的应用

（1）辅助等电位联结（以下称 SEB）的该用：

1）故障时，保护电器不能按规定时间内自动切断电源时，应在局部范围设置 SEB。

2）在某些特定条件，或特殊场所、特殊电气装置（如浴室、游泳池、1类和2类医疗场所、家畜养殖房舍等）设置 SEB 作为故障防护的附加防护。

应该指出，实施 SEB，可作为故障时防电击的后备防护或附加措施，但是为了防止电气火灾 以及时，配电线路的热敏应防护等原因，故障时仍需切断电源。

（2）设置 SEB 的目的：

保护等电位联结的目的，就在于故障时降低接触电压，建筑物进线处设置了总等电位联结正是 这个目的，但并不能使该配电系统范围内任何部位故障接触电压都能降低到安全电压（交流 50V 或 25V）以内，为此需要在这些范围增加 SEB，以达到这个目标。

（3）设置 SEB 的条件：

1）这流配电系统计么部位需要设置 SEB，应按下式确定：

$$R \leqslant \frac{50V}{I_a} \qquad \cdots\cdots (4.3-1)$$

式中：R—可同时触及的外露可导电部分和外界可导电部之间，故障电流产生的电

▲ 任元会手写原稿节选之一。

表4.3-2　用熔断器作故障防护、切断时间 $t \le 0.4s$ 的回路 辅助等电位联结校验的PE导体最大允许长度（m）　(8G型)

I_Y（A）		16	20	25	32	40	50	63	80	100	125	160	200	250
0.4s内切断的动作电流 I_a（A）		108	130	180	220	300	390	560	750	1030	1300	1730	2210	3000
$\dfrac{50}{I_a}$		0.463	0.385	0.278	0.227	0.167	0.128	0.089	0.067	0.049	0.039	0.029	0.023	0.017
PE导体														
S_{PE} (mm²)	R_{PE} (mΩ/m)													
1.5	17.20	27	22	16	13	10								
2.5	10.32	45	37	27	22	16	12							
4	6.45	71	59	43	35	25	20	13						
6	4.30	107	89	64	52	38	30	20	15					
10	2.58	179	149	107	88	64	50	35	26	19				
16	1.61		239	172	141	103	80	55	41	30	24	18		
25	1.03			270	220	152	124	86	65	47	37	28	22	
35	0.74				306	225	173	120	90	66	52	39	31	23
50	0.52					321	248	171	128	94	75	55	44	32
70	0.37						346	240	181	132	105	78	62	46
95	0.27							329	248	181	144	107	85	66
120	0.22								304	222	177	131	104	77
150	0.17									288	229	170	135	100

说明：1. 表中之 I_Y 为熔断器熔额定电流（A）。

2. R'_{PE} 为线路的PE导体的单位长度电阻（mΩ/m），其值按20℃电阻的1.5计。

3. PE导体按铜芯编制，当为铝材时，表中允许长度应乘以0.61。

▲ 任元会手写原稿节选之二。

1 低压配电设计基本原则

1.1 安全用电是根本

1.1.1 安全用电是低压配电系统的根本原则

低压配电系统容易遭受电击和电气火灾，为保证安全用电需要，在进行低压配电系统设计时，需考虑电击防护和电气火灾预防。

（1）电击防护。带电导体绝缘的失效或损坏，导致正常条件下不带电的电气装置外露可导电部分呈现一定的电位，操作者或使用者触及时，可能发生电击事故，从而导致对人（乃至家畜）的伤害，甚至死亡，这是低压配电系统最常见，也是必须严格防范的重点问题。

电击防护的重点，亦在低压配电系统。虽然1000V以上的中、高压系统的带电体被触及时，电击危险大得多，死亡概率也高得多，但中、高压电气装置防护严密，且设置在专用场所，使用者不大可能触及。而低压配电设施由于以下原因，故障发生概率大，电击危险性亦大幅增加：

1）低压电气设备、线路量大面广，深入千家万户，更多为非专业人员包括老幼妇儿等使用人员所触及；

2）低压用电设备、照明灯具及线路，可能处于各种不良环境，如火灾危险场所、户外场所及潮湿、高温、灰尘、腐蚀性气体、振动等环境，这些环境导致绝缘失效的概率大幅增加，使故障发生概率更大。

为保障安全，低压配电设计的任务主要有：① 采取必要措施，减少电击类故障的发生；② 发生此类故障时，应该具有可靠、有效的防护措施，以防范对人的伤害，底线是避免故障造成对操作人员、使用人员的电击死亡，这应为配电系统设计师关注的重点。

（2）电气火灾防护。各种故障（包括短路、过负荷、接地故障）引起的过电流，都将导致配电线路的过热，使之大大超过规定的工作温度，如果因保护电器设置不当或其他原因，不能在规定时间内切断电源，将导致电线、电缆温度升高，超过电线、电缆绝缘所能承受的最终温度（如截面积 $300mm^2$ 及以下的 PVC 绝缘线的最终温度为 $160℃$），致使其绝缘失效或损坏，甚至引燃邻近的可燃物，引起电气火灾，造成生命、财产损失。

另外，还有一种"电弧性故障"，经常是由于电线、电缆质量不合格，施工中电线、电缆连接不符合要求，或振动、潮湿、高温等造成导体连接处松动所导致。故障时，故障电流使连接处因电阻加大而温升加剧，而这种电弧故障电流可使故障处温度达到上千摄氏度甚至更高，同时由于故障电流不大，不足以使保护电器动作，使得发生火灾的危险性更大。

1.1.2 保证安全用电的措施

保证安全用电的措施如下：

（1）保证设计质量、严格遵守和实施国家标准的配电设计是保证安全的首要因素。当今，我国关于低压配电的设计规范主要采用了国际电工委员会（IEC）技术成熟的标准，并且在不断完善，但是在工程设计中往往因为周期短，不能进行必要的计算（如故障电流、短路电流、接触电压计算等），简单、粗糙地确定了一些重要的技术参数，从而导致不安全事件发生。

（2）符合标准、质量优良的电器、电线、电缆产品是保证安全的物质基础。

（3）严格的施工、安装和操作水平是电气安全的实施保证，例如，导体的连接方式、操作工艺水平、焊接质量等，都有重要的影响。

（4）科学有序的运行维护及制度的建设和实施，是电气安全不可缺少的要素。

1.2　可靠供电是目标

新中国成立后长时期电力供应不足，不能满足生产和生活用电的需求，实行"计划用电"方针，采取每周"供六停一"等措施，以避免或减少突然停电而导致工业生产、公共用电的损失。当今，我国大部分地区电力供应能满足使用要求，地区和城市供电部门的主要目标是提高供电系统的可靠性，减少系统故障，以减少突然停电次数和停电时间，缩小停电范围，建立完善、有效的维修体制，快速恢复供电。

对于工厂、公共用电、公共建筑等用户，重点是提高低压配电系统的可靠性，主要措施有以下三点。

（1）减少发生故障的概率：选择合理的配电接线系统；采用合适的电气设备防护等级和线路敷设的防护措施；优质的电器和电线、电缆产品，良好的施工、安装水平。

（2）发生故障时缩小停电范围：合理选择低压保护电器的类型，正确整定其技术参数，以保证故障时的选择性动作。

（3）缩小停电时间：良好的维护条件，快速、有效的维修能力。

1.3　节约用电是长远方针

低压配电系统节电潜力很大，在系统电压、配电线路、配电设备以及用电设备等方面，都有关于研究降低电能损耗、提高能效的课题，分项叙述如下。

1.3.1　配电电压选择

配电线路损耗同配电电压的平方成反比，相同导体截面积的线路供给同样的负荷功率及功率因数条件下，配电电压降低一半，线损增至 4 倍。我国低压配电系统为交流 220/380V 三相四线制，相对地标称电压 U_{nom} 为 220V，其值同欧洲和世界大多数国家的用电电压相同或相近。美国供给照明及小电器、家庭用电，标称电压多为 110V，显然，其用电的安全性能更高，但线路损耗则为 $U_{\text{nom}}=220\text{V}$ 时的 4 倍，电压损失为 $U_{\text{nom}}=220\text{V}$ 时的 2 倍，通常需要更大的导体截面。

在我国，电动机除功率很小（如 0.5kW 以下）时采用单相交流电压 220V 以外，绝大多数用三相交流 380V；但额定功率大（如 150～200kW 以上）者，采用较高电压（三相交流 660V）更为合理，但应根据配电系统状况、电动机台数及运行条件等因素，进行技术经济比较后确定。

1.3.2　降低线路损耗

据报道，我国 2018 年社会总用电量达 71 118×10⁸kWh，线损占 6.4%，即全年线损达 4551.6×10⁸kWh，数目十分可观。因此，降低线损应从高压到低压配电，从工业到公共建筑，全社会、全方位共同努力。具体措施如下：

（1）适当加大线路导体截面积。在相同负荷条件下，线损和导体电阻值成正比，即和导体截面积成反比。通常，配电线路相导体截面积主要按照载流量确定，并考虑线路电压损失、故障防护等要求。从降低线损考虑，对长时间连续工作且稳定的用电负荷，宜选取比载流量更大的截面积，除降低线损外，对安全用电、提高可靠性和适应未来负荷增长都十分有利。

（2）合理选用铜导体。铜导体导电率高、连接性能好，无疑是配电线路导体材料的首选，无论对降低线损，还是对用电安全、供电可靠，都十分有利。但铜价贵、质量大，这两方面铝导体优于铜导体，因而架空电力线路、电力母线和大截面电线、电缆等，宜采用铝导体。

（3）按经济电流密度选择截面积。对于年工作时间长（如三班制工业生产、地铁、地下商场、地下超市）、负荷稳定、电价高（沪、广、深、苏、浙等地区）的场所，选取比载流量条件更大的电线、电缆截面积，是合理的。加大截面积所增加的电线、电缆购置费和施工费，将从电线、电缆的使用寿命期内所降低的线损（I^2Rt）费用累积值得到补偿，而且还要考虑回收增加建设投资的利息等费用，因此这样不仅有利于节能，而且在经济上也是合理的。

1.3.3　降低谐波含量

信息技术产业快速发展并被广泛应用，遍及工业、民用建筑、社会生活各个领域，给信息化、智能化乃至智慧城市建设，带来极大好处。然而，电子设备广泛应用的副作用之一就是导致波形畸变，产生不同程度的高次谐波，对配电系统造成多种危害。

高次谐波的危害是多方面的，一是加大了电能损耗，包括对配电线路、变压器、电动机及其他用电设备的损耗；二是对通信系统、导航设备等的干扰，可能导致系统的谐波谐振，影响计量仪表的准确性，导致继电保护和自动装置的误动作等。因此，国家标准中对各类用电设备规定了谐波电流发射限值，凡接入配电系统的用电设备必须遵守这些标准规定，采取有效措施，限制谐波电流。

1.3.3.1 用电设备谐波电流对配电线路的影响

（1）谐波电流加大了相导体电流，增加了线路损耗。

若相电流基波电流为 I_1，则叠加谐波电流后的相电流 I' 按式（1.3－1）计算为

$$I' = \sqrt{I_1^2 + \sum_{h=2}^{\infty} I_h^2} \qquad (1.3-1)$$

式中　I_1 ——相电流基波电流均方根值，A；

　　　I' ——含有谐波的相电流均方根值，A；

　　　I_h ——第 h 次谐波电流均方根值，A。

从式（1.3－1）看，各次谐波电流越大，则 I' 值越大。以照明灯（包括气体放电灯和 LED 灯）为例，按国家标准规定的谐波限值，对于灯功率 $P>25\text{W}$ 者，其相导体损耗约增加 11%（计算略）；对于灯功率 $P\leqslant25\text{W}$ 者，相导体损耗可增加达 2 倍之多。

（2）3 次谐波（含 3 的奇次倍谐波）对三相四线制线路的中性导体（N）会产生更大的影响，产生更大的损耗。

1）当三相负荷平衡时，3 次谐波电流在 N 导体中呈 3 倍叠加，可按式（1.3－2）计算

$$I'_N = 3I_1 HRI_3 \qquad (1.3-2)$$

式中　I'_N ——3 次谐波在 N 导体中的电流均方根值，A；

　　　HRI_3 ——3 次谐波电流均方根值和相导体基波电流均方根值的比值，定义为"3 次谐波含有率，%"。

从式（1.3－2）可知，I'_N 随 3 次谐波电流的增加而急剧增大，致使其在 N 导体中产生的线路损耗更急剧加大，足见降低 3 次谐波对节电的意义。

2）仍以照明灯为例，按 GB 17625.1—2012《电磁兼容　限值　谐波电流发射限值（设备每相输入电流≤16A）》[1]中 C 类（照明设备）规定的谐波限值及影响如下：

a. 当照明灯功率 $P > 25W$ 时，3 次谐波电流不应大于基波电流的 $30\lambda\%$（λ 为功率因数），9 次谐波电流不应大于 5%，15 次谐波电流不应大于 3%。

设 λ 为 0.95，忽略 9 次和 15 次谐波电流的影响，代入式（1.3-2）得

$$\frac{I'_N}{I_1} = 3 \times (30 \times 0.95)\% = 85.5\% \qquad (1.3-3)$$

线路损耗与电流的平方成正比，N 导体的线损达到相导体线损的 $(85.5\%)^2$，即 72%。

b. 当照明灯功率 $P \leqslant 25W$ 时，3 次谐波电流不应大于基波电流的 86%，忽略 9 次和 15 次谐波电流的影响，代入式（1.3-2）得

$$\frac{I'_N}{I_1} = 3 \times (86\%) = 258\% \qquad (1.3-4)$$

N 导体的线损达到相导体线损的 $(258\%)^2$，即 6.656 倍，必须采取措施降低损耗。

1.3.3.2　照明系统降低谐波电流导致线损的措施

谐波电流增大线路损耗最突出的是功率 $P \leqslant 25W$ 的照明灯，由于 GB 17625.1—2012 中对 $P \leqslant 25W$ 灯的 3 次谐波限值规定过宽，将可能导致很严重的后果，必须有应对措施。

降低谐波电流的措施如下：

（1）减少选用 25W 及以下照明光源，主要是指 LED 灯和荧光灯。目前在家庭、宾馆、办公场所、学校等建筑中仍存在大量应用 25W 及以下照明光源的情况，应予改变。

（2）选用低谐波的照明灯和其他用电设备，总谐波含有率不应超过 30%。

1.3.4　提高功率因数

1.3.4.1　功率因数的组成

广义地说，功率因数应包括以下两个因素：

（1）移相因素（displacement）：由于感应电动机、变压器、电感镇流器等需要一定量的无功功率（电感性）而导致的移相角（φ），形成 $\cos\varphi$，导致功率因数

降低。

（2）畸变因素（distortion）：由于电子器件、整流器等导致交流正弦波的波形畸变，也将导致功率因数的降低。

1.3.4.2 功率因数的计算

过去只考虑无功功率导致的功率因数 $\cos\varphi$ 是不全面的，在电子器件被广泛应用的今天，必须计入波形畸变的影响，综合功率因数应按下式计算

$$\lambda = \cos\varphi \times \frac{1}{\sqrt{1+(THD_{\mathrm{I}})^2}} \qquad (1.3-5)$$

$$THD_{\mathrm{I}} = \sqrt{\sum_{h=2}^{\infty}(HRI_h)^2} \times 100\% \qquad (1.3-6)$$

式中　λ——含移相因素和畸变因素的综合功率因数；

　THD_{I}——电流总谐波畸变率，%；

　HRI_h——第 h 次谐波电流含有率，%。

1.3.4.3 功率因数计算示例

例 1　某笼型电动机，$\cos\varphi$ 为 0.88，电流总谐波畸变率为 15%，求 λ 值。

解：按式（1.3-5），$\lambda = 0.88 \times \dfrac{1}{\sqrt{1+(0.15)^2}} = 0.88 \times 0.989 = 0.87$。

可见其谐波电流畸变率较小，对 λ 影响极小。

例 2　某照明配电回路，所接光源全部为 T8 型 36W 荧光灯、配电子镇流器，其 $\cos\varphi = 1$，高次谐波电流符合 GB 17625.1—2012 的规定，求 λ 值。

解：按 GB 17625.1—2012 之 C 类（照明设备）P>25W 的各次谐波含有率限值，代入式（1.3-6）

$$THD_{\mathrm{I}} = \sqrt{(2\%)^2 + (30\lambda\%)^2 + (10\%)^2 + (7\%)^2 + (5\%)^2 + (3\%)^2} = \sqrt{0.108\ 7}$$

再代入式（1.3-5）得

$$\lambda = 1 \times \frac{1}{\sqrt{1+0.108\ 7}} = 0.95$$

由于对 25W 以上的照明灯的高次谐波电流限值较严，使 λ 值很理想。

例 3　某照明配电回路，所接光源均为 25W 及以下的 LED 灯和荧光灯，其 $\cos\varphi = 1$，高次谐波电流符合 GB 17625.1—2012 的规定，求 λ 值。

解：按 GB 17625.1—2012 之 C 类（照明设备）$P \leqslant 25W$ 的谐波含有率限值，代入式（1.3-5），由于该标准只规定了 3 次和 5 次谐波电流限值，对其他次谐波电流限值未作规定，从了解到的测试参数估算，求得 λ 值约为 0.5～0.6。由此可见，对 25W 及以下照明灯谐波电流限值过宽的又一不良后果是 λ 值过低。

1.3.4.4 提高综合功率因数的措施

（1）电动机的负荷率不宜太低，通常应达到 0.85～0.90，避免"大马拉小车"的情况。

（2）负荷变化很大的机械设施（如未设高位水箱的高层建筑加压水泵）的传动电动机，宜采用多台或变频调速电动机。

（3）配电线路宜采用多芯电缆、导线穿管和封闭式母线槽，使各相导体及 N 导体、PE 导体在同一电缆或套管内，以降低电抗值。

（4）按实际需要，在设备端或配电装置处装设无功补偿设备。

（5）降低高次谐波含量，力求选择低谐波设备和照明产品。

1.3.5 降低配电变压器损耗

1.3.5.1 降低变压器损耗的措施

变压器的损耗主要包括空载损耗、负载损耗、介质损耗和杂散损耗，由于后两者值较小，通常不予计算。

（1）空载损耗：主要是铁芯损耗，包括磁滞损耗和涡流损耗，俗称铁损，其值与铁芯的磁通密度、材料特性、厚度、形状、工艺等因素相关。只要变压器投入运行，维持励磁，就会产生铁损，铁损接近于固定值，不论负荷大小、有无，该损耗都将发生。

（2）负载损耗：是由于负载电流在线圈内发生的损耗，故称为"铜损"，其值与负荷率的平方成正比。

降低变压器损耗的措施主要有以下几点。

（1）选择高效、低损耗的节能变压器。配电变压器二十余年的发展，伴随着对节能降耗不断追求，随着铁芯材料和工艺的进步，空载损耗大大降低，最有价值的高效变压器有以下几种：

1）变压器采用非晶合金铁芯材料，此种材料具有软磁特性，磁化功耗小，铁芯片厚度大幅减小，使空载损耗大幅降低，仅为同容量电工钢带变压器的一半左右，节能效果十分显著。

2）制作工艺进步最明显的是立体卷铁芯变压器，特点是三相铁芯柱呈等边三角形排列，钢带不间断连续绕制，铁芯不需切割，纵、横向无接缝，磁路缩短，且三相磁路对称，磁路连贯无气隙，节省了材料，降低了铁损。

3）新型硅橡胶浇注包封干式变压器（江苏大航有能输配电有限公司研制的SJCB14型）具有高能效、高过载能力、低噪声（≤50dB）、低局部放电、耐气候、绿色环保（主材回收容易）等优点，同时具有体积较小（节省占地）、重量较轻的特点，其能效达到了最新的国家能效标准 GB 20052—2020《电力变压器能效限定值及能效等级》[2]，是有价值的节能新产品。

（2）设计中选择合理的变压器容量，使变压器承载的负荷在适当的水平，即保持合理的负荷率。由于负载损耗和负荷率的平方成正比，负荷率降低会使负载损耗大幅下降，有利于节能。然而过低的负荷率将加大变压器容量及其设备费，同时增加空载损耗，应进行全面的技术经济分析。此外，还要考虑负荷计算的准确性，以及不同行业、不同负荷性质、年负荷变化状况、日负荷曲线等多重因素对变压器负荷率的影响。通常条件下，负荷率不应高于80%，也不宜低于40%。

（3）在工厂区、城市工业区和开发区，大型公共建筑的变电站设有两台及以上变压器的，各段低压母线间应装设联络开关；各邻近变电站之间，宜装设低压联络线，以便在长假期、双休日、工厂检修期、季节性负荷的停用期，切除部分变压器，以减小空载损耗。

（4）对于运行中的老旧配电变压器（如在 20 世纪投入运行或出厂的），其空载损耗和负载损耗远大于近年研制生产的节能、高效变压器，应经过技术经济核算、比较后进行技术改造或予以更换。用更换后变压器损耗降低的电能费和维修费（如 20 年的累积费用）来补偿变压器的购置费和安装费以及资金利息等，是合理的技术改造方案。

1.3.5.2　配电变压器节能标准

新建、改建、扩建工程及节能改造中，新设计和改造更新的变压器应选用节能型产品，符合 GB 20052—2020 的规定，优先选用非晶合金铁芯材料的产品，至少应采用 2 级能效的节能型变压器，有条件时宜选用 1 级能效超低耗的产品。

1.3.5.3　变压器节能技术和经济评价

在新设计的工程或技术改造中，为了节能，只简单地选用节能型变压器是不够的，还必须计算其经济效益。也就是说，只求节能而不考虑费用的观点是不可取的。应该进行技术和经济综合性评价，即"全寿命周期的技术经济比较"方法，优选既节能、又经济合理的方案，综合计算变压器的投资（包括购置费、安装费等）和寿命期内的运行维护费（主要是变压器电能损耗费）之总和，选取较低值者。这种评价方法对于选用高效、节能型变压器和降低变压器负荷率方案比较，都是适用的。

1.3.5.4 节能型变压器降低损耗计算示例

（1）以 10/0.4kV、1600kVA 油浸变压器为例，其空载损耗值按 GB 20052—2020 的规定，摘录 2 级能效和 3 级能效最大值列于表 1.3－1。

表 1.3－1　　　　　1600kVA 油浸式变压器的空载损耗（最大值）　　　　　（W）

2 级		3 级电工钢带
电工钢带	非晶合金	
1170	630	1640

从表 1.3－1 的空载损耗（最大值）可知，2 级能效的非晶合金油浸式变压器比 3 级能效的电工钢带变压器减少 $1640-630=1010$（W），每年减少空载损耗电能 $1010×8760=8\,847\,600$（Wh）$=8847.6$kWh，20 年累计节电 176 952kWh。若以 0.6 元/kWh 计，不计算未来电价增值，可节省 106 171 元，比 1600kVA 非晶合金油浸式变压器购置价与同容量电工钢带油浸变压器购置价之差高得多。证明该方案既节能又省钱。

（2）以 10/0.4kV、2000kVA 干式变压器为例，其空载损耗值按 GB 20052—2020 的规定，摘录 2 级和 3 级能效（最大值）列于表 1.3－2。

表 1.3－2　　　　　　　2000kVA 干式变压器的空载损耗（最大值）　　　　　（W）

2 级		3 级电工钢带
电工钢带	非晶合金	
2440	1000	3050

从表 1.3－2 可知，2 级能效非晶合金干式变压器比 3 级能效电工钢带干式变压器的损耗减少 $3050-1000=2050$（W），每年减少电能损耗 $2050×8760=17\,958\,000$（Wh）$=17\,958$（kWh），20 年累计节电 359 160kWh；以 0.6 元/kWh

计，可省 215 496 元，比购买 2 级能效的非晶合金干式变压器增加的购置费高得多。

1.3.6 降低交流接触器和启动器损耗

通常认为，交流接触器和电磁启动器（简称接触器）的损耗很小，似乎无关节能大局，因而甚少被关注。一台接触器的电磁吸合线圈只有几十伏安，其耗电微不足道，然而就全国而言，在运行中的接触器数量极大，累计的电能损耗十分可观。

其实，接触器的节能早已为一些有识之士所关注，并且已经研究了相关节能新技术，制成产品投入实际应用，只是因重视不够，未得到更多推广。这类节能新技术产品有吉林某公司研制的永磁式接触器，其功耗仅在 0.4VA 以内，约为一般产品的 0.5%～5%，节能效果显著；深圳某公司研制的电子节电延寿模块，当电磁线圈吸合后，用小电流保持，其功耗仅为正常运行功耗的 20% 左右。

12 年前制定和颁发的 GB 21518—2008《交流接触器能效限定值及能效等级》[3] 中给出了交流接触器能效限定值和能效等级，见表 1.3 – 3。从该标准可知，达到 1 级能效的吸持功率仅为 3 级能效（能效限定值）的 0.4%～5.5%，足见其节能效果；只有永磁式接触器才能达到 1 级能效指标。

表 1.3 – 3　　　　　　　　交流接触器的能效限定值和能效等级

接触器的额定电流 I_n（A）	吸持功率（最大值）（VA）		
	1 级	2 级	3 级
9～12	0.5	5.0	8.3
12～22	0.5	5.1	8.5
22～32	0.5	8.3	13.9
32～40	0.5	11.4	19.0
40～63	0.5	34.2	57.0
63～100	1.0	36.6	61.0
100～160	1.0	51.3	85.5
160～250	1.0	91.2	152.0
250～400～630	1.0	150.0	250.0

注　1 级为永磁式；2 级为高效电磁型；3 级为能效限定值。

据了解，全国装设的接触器超过 5 亿台，以平均年运行时间为 1000h 计，假

1　低压配电设计基本原则

定平均功率因数为 0.4，以额定电流 I_n 为 22～32A 为代表，采用 1 级能效比 3 级能效年节电量估计值为 $5 \times 10^8 \times 1000 \times 0.4 \times （14 - 0.5）/1000 = 27 \times 10^8$（kWh）。当然，这是理想的估算，若有 10%能达到这一要求，年节电将达 2.7×10^8kWh，是一项不能忽视的成果。另外，低效产品还增加了无功消耗，也将增大能耗和投资。

1.3.7 降低电动机能耗

1.3.7.1 降低电动机能耗的意义和难点

电动机的损耗主要包括负载损耗（铜损）、空载损耗（铁损）、杂散损耗和机械损耗。随着电动机输出功率下降即负荷率的下降，总损耗也将降低，但损耗下降速度比输出功率下降速度慢，所以电动机效率随负荷率降低而下降。当负荷率低于 50%后，电动机效率下降更快，这也是电动机不宜长时间在低负荷率条件下运行的缘由。

电动机是应用最广泛的用电设备，约全国用电量的 2/3 是电动机所消耗，可见降低电动机损耗，对提高电动机效率，对节能意义非常重大。电动机作为各种机械（包括泵、风机、电梯等）传动的动力设施，其应用时往往是同机械设备配套，由各行业制造厂家所选择，而厂家选择时通常更重视机械设备传动的技术要求，对电动机的能效关注不够，使电动机节能的推广应用更为复杂。

1.3.7.2 降低电动机能耗的措施

（1）选用高效节能型电动机：高效电动机的效率比普通电动机提高 2～5 个百分点，其节能效果很显著，特别是年运行时间长（如 3000h 以上）、电动机功率较大、负荷率较高的情况下，应优先选用。

（2）按电动机经济运行原则，根据传动机械的负载特性合理选择。

（3）合理选择电动机功率，在满足传动要求的条件下，使负荷率处于较高的水平（不宜低于 85%）。

（4）对于变化范围较大的负荷，宜采用变频调速方式。

（5）满足被传动机械的负载特性，无调速要求的，应选用笼型异步电动机。

（6）在采用交流调速装置能满足要求条件下，不应选用直流电动机。

（7）采用直流传动设备时，不应采用"电动机—发电机组"供电，宜选用晶闸管变流装置供给直流电，以提高能效，降低噪声，减小维护工作量。

（8）对于远离电源点、电动机容量比较大、连续运行工作制的电动机，宜设置就地补偿无功功率的补偿方式，以提高线路功率因数，降低线损。

1.3.7.3 电动机能效标准

（1）在新建、改建、扩建工程和技术改造中，应选用符合 GB 18613—2012《中小型三相异步电动机能效限定值及能效等级》[4]规定的 1 级能效电动机。该标准规定 2 级能效为目标能效限定值，应在 2016 年 9 月和 2017 年 9 月起实施，作为能效限定值。因此，选择 2 级能效是最基本的要求，1 级能效才是节能产品。

（2）推行电动机能效标准的节能评估。2018 年我国全年总用电量为 $71\,118 \times 10^8 \mathrm{kWh}$，电动机用电量按总用电量的 2/3 估算，一年达 $47\,712 \times 10^8 \mathrm{kWh}$，假若能将 10%的电动机进行技术改造，从 3 级能效提高到 1 级能效，按保守估算，平均效率提高 2 个百分点，可节电 $95.4 \times 10^8 \mathrm{kWh}$。

1.3.7.4 电动机节能技术经济评价

选用高效节能型电动机，必将增加购置费；技术改造中更换为高效电动机，更是要付出全部购置费。为了在经济上合理，应进行全寿命周期技术经济比较，以求高效电动机在未来寿命周期内累计减少损耗的电能费能补偿电动机多支付的购置费（还包括利息），达到既节能又经济的效果。

1.3.8 提高照明能效

1.3.8.1 照明系统节能的意义和原则

照明用电是整个社会用电的重要部分。新中国成立七十年以来，建筑照明、道路照明的设计一直是供配电设计的一部分内容。照明节电的潜力很大，影响广泛，自 1973 年世界能源危机以来的 40 多年里，提高照明系统能效引起了全球各界广泛的关注，跨越了几个台阶，取得了显著效果。

40 年来提高照明能效的主要技术进步包括：

（1）20 世纪 70 年代末研制出紧凑型荧光灯（CFL），包括自镇流和单端荧光灯，发光效能（简称光效）达 40～70 lm/W，相当于白炽灯光效的 5 倍左右。由于其能效高，在我国发展十分迅速，生产量剧增，我国自 1996 年开始实施的绿色照明工程计划的 15 年（1996～2010 年）中，推广应用 CFL 灯取代白炽灯达 3.5 亿只，估计年节电达 $270 \times 10^8 \mathrm{kWh}$。

（2）20 世纪 70 年代末研制出细管径 T8 直管荧光灯（管径 26mm），比 T12

荧光灯（管径 38mm）光效提高 10%～20%，体积减少 55%，极大节省了材料，降低了包装、储存、运输成本。90 年代中期又进一步研制成功了更细管径的 T5 直管荧光灯（管径 16mm），体积仅为 T8 灯的 39%，由于节能、节材效果显著，T8 和 T5 已经完全取代了 T12 灯管。未来，T8 灯管也将逐步减少。

（3）20 世纪 80 年代中期研制出稀土三基色荧光粉，作为制灯的重要材料，其逐步取代传统的卤磷酸钙荧光粉，使光效又提高 20%～30%，显色指数从 67～72 提高到 80～85，使用寿命提高 50%～100%。与此同时，我国稀土资源丰富，对改进光源的能效和品质，扩大稀土材料的应用，将带来很大益处。

（4）20 世纪 80 年代初研制的高频电子镇流器，使 T8 荧光灯系统能效提高了 10%～15%。由于电子产业的发展，T8 荧光灯不仅提高了能效，而且降低了频闪深度，清除了噪声，减轻了重量，节约了金属材料，几乎成为 CFL 灯和 T5 荧光灯的标配。

（5）同一时期，陶瓷内管金属卤化物灯的研制成功，比石英内管金属卤化物灯光效提高了 10%～15%，显色指数从 65 提高到 80～85。

（6）在 1994 年成功研究出蓝光半导体发光二极管（LED）后，1996 年研制成白光 LED，从而使 LED 灯进入照明领域，成为一种发光机理完全不同的新型光源，开创了高效照明的新时代。24 年来，LED 灯光效不断提高，目前已经达到 80～130 lm/W（系统能效），且仍有提高的潜力，正在逐步取代过去的所有光源（包括荧光灯、金属卤化物灯、高压钠灯、卤素灯等），成为当代最高效、节能的新型光源。此外，LED 灯还具有优异的调光性能，可在楼梯间、走道、地下车库、机房和类似场所实施"亮暗调光"或"节能自熄"控制，更大地增进了节能效果。LED 灯的长寿命、耐震动、耐低温等性能，更扩大了应用范围，降低了运行、维护成本。近年来，有机发光二极管（OLED）也在快速发展，作为一种新型面光源，若干年后，OLED 将与 LED 光源并驾齐驱，共领潮流。LED 光源的调光、调色温、调色等特殊性能，使其在夜景照明、舞台灯光、艺术显现等方面发挥着更大的作用。

"绿色照明工程计划"大大推进了照明节能事业。1996 年我国制订的"绿色照明工程实施计划"，在"九五"期间（1996～2000 年）以及随后的"十五""十一五"共 15 年中，开展了多方面的照明节能工作，如制定标准，培训专业人才，普及宣传教育，推广高效节能光源，实施政策性补贴，限制和淘汰低效的白炽灯、卤素灯、荧光高压汞灯等光源，创建高效照明典型示范工程，以及近十多年推广 LED 灯等措施，都取得了十分显著的成效。

节约能源、保护环境，是我国和全世界长期的方针。在创建现代化文明社会的时代，照明节能应该在有益于提高人们生产、工作、学习效率和生活质量，保护身心健康的前提下，用更少的电，获取更多、更优质、更健康的光。把绿色照明和健康照明有机结合，是照明节能的原则，也是我们追求的目标。

1.3.8.2　照明节能措施

1.3.8.2.1　合理确定照度水平

（1）应按国家标准和行业标准确定照度。

（2）按 GB 50034—2013《建筑照明设计标准》[5]规定，满足作业面平均照度，特别是作业面固定的工业场所，应区别作业面、邻近周围和背景区域的不同照度要求。

（3）合理运用混合照明方式，以满足高照度的要求：如机械冷加工车间、钳工、检验、抛光等工位，设置局部照明；商场的时装模特、高档商品展示等部位，设置重点照明。

（4）适当控制城市夜景照明装设范围和照度（亮度）水平，改变"亮化工程"的建设目标和过分追求"亮化"而忽视节能的状况。

1.3.8.2.2　推广应用高效光源

（1）淘汰或限制低效光源应用。淘汰低光效的普通照明白炽灯；逐步淘汰荧光高压汞灯；严格限制卤素灯的应用。

（2）积极推广 LED 灯的应用。LED 具有高光效、长寿命和调光方便等优势，对照明节能有重要作用；在人员长时间工作或停留的场所（如办公、学校、科研、金融以及工业生产等）采用 LED 灯，应符合下列技术要求：

1）显色指数 $R_a \geqslant 80$；

2）特殊显色指数 R_9（饱和红色）> 0；

3）相关色温 $T_{cp} \leqslant 4000K$；

4）色容差不大于 5 SDCM❶（洗墙灯的色容差不大于 3 SDCM）；

5）控制眩光，家庭、宾馆客房、医疗手术、治疗区、护士站等场所的 LED

---

❶ SDCM 是色容差的单位，是颜色匹配标准偏差。

1　低压配电设计基本原则

灯宜有漫射罩，出光口平均亮度不宜超过 2000cd/m²；

6）应有较高光通维持率，工作 3000h 后不小于 96%，工作 6000h 后不小于 92%；

7）谐波和功率因数应符合相关标准规定。

（3）办公室、教室、商场、试验室、控制室以及高度较低的工业场所，采用荧光灯时，应符合下列要求：

1）采用三基色细管径（T8 或 T5）直管荧光灯，$R_a \geqslant 80$；

2）采用长度为 4ft、功率大于 25W 的直管灯，不应采用长度为 2ft、功率小于 25W 的直管灯；

3）相关色温宜为 4000K。

1.3.8.2.3 选择高效灯具

（1）满足控制眩光条件和必要的舒适性要求条件下，宜选择直接型灯具。

（2）按照房间的室形指数，选择相适应的灯具配光，以提高利用系数。

（3）与建筑采光配合，合理选择房间顶棚、墙壁、地面、窗帘、家具的反射比。

（4）有漫射罩的灯具，应采用透光率高（不宜低于 90%）、漫射性能好、抗老化（稳定、不泛黄）、抗静电性好的漫射材料，如 PC、PMMA、硅胶透镜等，以提高灯具效率和灯具光通维持率。

1.3.8.2.4 采用照明节能控制

（1）道路照明应设置按自然光照度（亮度）和时间（依据每天的变化）自动开关，按午夜降低照度（亮度）的自动调控。

（2）景观照明按规定的亮度和时间开启，按规定时间关灯，并按平日、假日、重大节假日自动或手动调节亮度和点灯范围。

（3）楼梯间、走廊、地下车库、卫生间及类似场所，应装设红外感应或雷达感应等自动"亮暗调光"或"节能自熄"控制装置。

（4）宾馆客房应设置与门卡连锁的电源通断方式。

（5）无人值班的机房（如电梯、风机、空调等）和库房宜设置与门钥匙或门卡连锁的电源通断方式。

（6）无人连续作业、仅做巡检的地下工业场所宜设雷达感应自动"亮暗调光"控制。

（7）按场所使用条件设置智能控制或集中监控系统。

1.3.8.2.5　自然光与人工照明有机结合

（1）候机楼、车站、展览馆等公共建筑、单层工业建筑应设顶部采光设施，并装设适当方式的自动控制或智能控制通断照明灯。

（2）地下商场、地下生产场所，经技术经济比较合理时，可设置导光系统引入自然光。

（3）航标灯（河、湖、海）、水域障碍灯、航空障碍灯及离电源点较远的路灯，宜采用太阳能光伏组件供电，用超级电容作储能装置。

1.3.8.3　照明节能的评价指标和照明功率密度限值

（1）GB 50034—2013《建筑照明设计标准》[5]等多项标准规定：照明节能应采用照明功率密度（LPD）限值作为评价指标；各类房间、场所的 LPD 限值包括现行值和目标值，目标值是将来实施的，通常，建设绿色建筑、节能建筑应执行目标值。

（2）设计中，满足照度标准值所确定的方案，应计算该房间的实际照明功率密度，不超过规定的 LPD 限值为合格，其值越低越节能。

（3）当实际 LPD 值超过 LPD 限值时，应优化设计方案，选择更高效的光源、灯具或调整布灯方式。

1.4　技术先进是创新发展的动力

现行 GB 50054—2011《低压配电设计规范》[6]及其新修订版本的核心技术内容，包括电击防护、热效应防护、过电流防护、电器选择、导体选择等，均采用了国际电工委员会（IEC）相关标准及其等同或等效转化的我国 GB 16895 系列标准（如 GB/T 16895.21—2011[10]、GB/T 16895.3—2017[8]、GB/T 16895.1—2008[7]等），都体现了当今世界低压配电领域的先进技术水平。最关键的是在工程设计中认真实施这些标准，本书的目标就是解读这些主要技术要求的概念和内涵，提出具体实施的路径和手段。

1.4.1 采用技术先进的低压电器产品

我国低压电器如断路器、熔断器、剩余电流动作保护电器、开关、隔离开关、接触器等的标准都已经等同 IEC 标准，且不断随之修订、颁布最新版本，技术上保持着国际先进水平，但不同企业产品的技术水平仍有很大差距。

保护电器的不断创新，为故障防护提供了更可靠的保证。

（1）断路器是应用最广的保护电器，主要创新点有：

1）提高智能化水平，包括监控、检测、预警、自诊断、电能质量分析等。

2）过电流防护和故障防护日趋完善。

3）更好、更完全的选择性功能，包括选择型万能式断路器（ACB）、塑壳式断路器（MCCB）和选择型小型断路器（SMCB）的发展。

4）材料（触头材料、壳体材料）和工艺的创新。

5）触头、灭弧系统的结构形式新技术，如双断点、旋转式触头系统，增强了限流特性，降低了允通能量（I^2t）参数。

（2）剩余电流动作保护电器（RCD）的创新发展主要有：

1）在 AC 型 RCD 的基础上，加速发展适应不同电路波形（如脉动直流、平滑直流、叠加中频交流等）的 A 型、F 型、B 型、B^+ 型 RCD。

2）发展更高可靠性的新技术，包括自检功能的 RCD（称为 RCD–ST）、预报警功能等多种 RCD 新产品。

3）实现多功能集成，包括电弧故障保护功能、自动重合闸功能等的组合、集成。

（3）电弧故障保护电器（AFDD）的新发展，对防止电气火灾有重要意义。

（4）低压熔断器，全封闭有填料熔断器具有安全性好、分断能力大、选择性好、免维持、限流特性好、超低的允通能量（I^2t）参数等优点，可实现经济而有效的保护；部分范围分断的电动机专用熔断器（aM 熔断器）的发展，提高了电动机终端回路的故障防护性能。

1.4.2 采用技术先进的电线、电缆产品

电线、电缆的新技术主要有：

（1）交联聚乙烯（代号 XLPE）电线、电缆被广泛应用，其工作温度达 90℃，

短路时最终温度达 250℃；辐照交联工艺更具有低烟无卤的特点；乙丙橡胶电缆（代号 EPR）也采用交联工艺，即交联乙烯丙烯橡胶电缆，和 XLPE 具有相同的工作温度和最终温度。

（2）阻燃电缆特别是低烟无卤阻燃电缆的发展，对于降低电气火灾事故和人员伤亡有积极意义。

（3）耐火电缆近二三十年发展迅速，对高层建筑的消防救援，以及在核电站等场所的应用有重要作用。

（4）铜包铝母线有利于发挥两者的优势；铝合金电缆改善了纯铝的机械性能和蠕变性能，扩展了应用范围。

1.5　经济合理是工程建设的必然要求

1.5.1　经济合理应遵循的原则

（1）应该在满足生产、使用要求并符合标准、规范规定的安全、可靠的条件下，优化方案，力求经济合理。

（2）不应只考虑建设费用的降低，而应综合计算建设费用（购置费、施工安装费等）以及今后长时期的运行维护费（包括电能损耗、维护、修理、更换费等）。

（3）简单的"低价中标"是不恰当的。如上述，必须要满足各项技术要求，考虑产品水平和质量；要全面衡量运行、维护费用，综合评价经济、技术条件。

1.5.2　实现经济合理的措施

（1）选择高效节能型电器产品，运用全寿命周期技术经济比较手段优化方案。

（2）变电站、配电箱位置靠近负荷中心，缩短低压配电线路长度。

（3）在满足使用要求条件下，减少不必要的配电装置和电器：每段配电线路原则上只装一个保护电器；配电箱进线不应装设断路器，应装设隔离开关；三相四线制配电线路除规范要求者外，一般应装设三极断路器。

（4）保护电器应合理选用熔断器和断路器等多种产品。

1.6 运行维护方便

低压配电装置及照明，最直接关系到用户的使用、操作和维护、修理，因此应精心考虑使用者的方便、简单和维护、修理的条件，关注以下要求。

（1）鉴于现代社会人工费不断增长，应尽量选用免维护或维护量小的产品，如封闭式有填料的熔断器。由于其不发生机械动作，不受周围灰尘、腐蚀性气体、潮湿等的侵蚀，可认为是免维护电器。

（2）保护电器动作的良好选择性，能够保障故障时切断电路的范围最小，便于故障点位置的寻找。

（3）适当控制温升，延长使用寿命。

1）长时间连续工作的配电线路，有条件时，在满足载流量要求条件下适当放宽截面积，以延长使用寿命。如 PVC 绝缘电线允许工作温度为 70℃，根据上海电缆研究所的信息，若实际工作温度降低 8℃左右，其使用寿命可延长一倍左右。

2）工业热作车间（如热处理、铸造、锻造、冶金、核电等）及高温用电设备（如加热炉）应选用耐高温绝缘材料制成的电线、电缆，并将环境温度提高 5～10℃选择截面积。

3）上述第 1）、2）款条件的断路器、开关、隔离开关等电器的额定电流，不宜低于线路计算电流（或设备额定电流）的 110%～120%。

（4）精心考虑配电装置和配电线路的维修条件。

1）配电柜（箱）和配电线路的位置，应防止水的侵入、热源的损害、灰尘和腐蚀性气体的影响及鼠类等动物的损害。

2）配电柜（箱）应有必要的操作和维修距离；对于竖井及类似窄狭场所，应合理运用开门等措施以满足操作和维修条件。

3）配电柜（箱）、控制柜（箱）及开关、断路器的尺寸，不宜过分紧凑，应保证接线的必要尺寸及维护、更换的方便。

4）电缆的弯曲半径，穿线导管的长度、拐弯数、弯曲半径，拉线盒的设置，槽盒、托盘、梯架内电线、电缆的数量、间距、布置等，应充分考虑维护、更换是否方便。

5）高大空间（如体育场馆、机场候机楼、车站、展览馆等）的电缆、槽盒、灯具等设施应考虑维修、更换的条件。

2 低压配电系统接线

2.1 低压配电系统接线的基本要求

应根据用电设备的负荷性质、功率大小和分布状况，选择配电系统的接线方式。接线方式应考虑以下要求。

（1）电能质量：如电压降的影响，谐波的干扰，冲击性负荷或频繁操作导致的电压波动与闪变。

（2）供电可靠性：重要负荷（如医疗手术、供电连续性要求高的工业生产设备、火灾救援时的消防设备和应急照明等）接线的独立性要求，保证发生故障时切断范围最小。

（3）保护电器的设置、选型有利于故障时动作灵敏度和选择性。

（4）适应未来的发展、变化和负荷增加，有利于用电设备的调整、移动。

（5）接线简单，经济合理。

（6）施工、安装和操作、管理、维修方便。

2.2 低压配电系统接线方式及特点

2.2.1 放射式接线

放射式接线示例图如图 2.2 – 1 所示（图中表示的为三级放射式接线），其主要优点有：

（1）较容易满足故障防护要求。

（2）较容易实现选择性动作，切断故障范围小。

（3）易寻找故障部位，便于检查、维修。

其主要缺点有：

（1）灵活性稍差。

（2）需要电线、电缆和导管的数量较多。

图 2.2 – 1　放射式接线

2.2.2 树干式接线

树干式接线示例图如图 2.2 – 2 所示。

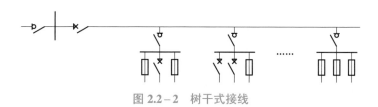

图 2.2 – 2　树干式接线

树干式接线包括以下几种形式：

（1）高层、多层建筑竖井内垂直装设的封闭式母线。

（2）多层建筑竖井内垂直敷设的预分支电缆。

（3）工业厂房屋架（或其他高空部位）装设的裸母线或封闭式母线槽（近年来裸母线应用很少）。

（4）工业厂房成排布置的中小功率设备后上方（高 2.5m 左右）设置的插接式封闭母线。

（5）道路照明由电缆或架空线分支连接到灯具的树干式接线。

（6）由滑动式小母线槽以移动方式分接到可移动灯具或小功率用电设备的可移动树干式接线（通常小母线槽兼作灯具安装支持架）。

其主要优点有：

（1）灵活性好，适应用电设备的变化、移动或增加。

（2）需要的电线、电缆和导管用量较少。

其主要缺点为：干线及其分支线（分支点到保护电器之间的线段）故障时停电范围大。

2.2.3 "变压器—干线组"接线

"变压器—干线组"是树干式的一种形式，当变压器全部或绝大部分给该干线供电时采用，接线示例图如图 2.2 - 3 所示。

图 2.2 - 3 "变压器—干线组"接线

此种接线方式的特点和树干式接线相同，但更节省低压配电柜设备和面积。

2.2.4 链式接线

链式接线主要适应于可靠性要求不高、小功率用电设备［见图 2.2 - 4（a）］、插座回路［见图 2.2 - 4（b）］及多层建筑照明配电箱［见图 2.2 - 4（c）］等。其主要优点是节省电线、电缆和导管用量；主要缺点是链接线路故障时，扩大了停电范围。

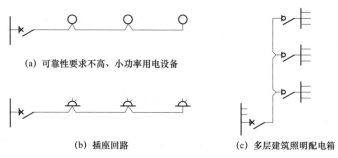

(a) 可靠性要求不高、小功率用电设备

(b) 插座回路　　　　　　(c) 多层建筑照明配电箱

图 2.2-4　链式接线

2.3　应用场所和技术要求

低压配电系统各接线方式应用场所和技术要求如下：

（1）高层公共建筑通常采用装设在竖井内的竖向封闭式母线槽组成的树干式接线方式，各楼层接出分支回路应在不超过 3m 距离内装设保护电器和隔离电器。

（2）多层公共建筑和居住建筑，当负荷电流较小时，宜采用竖向装设在竖井内的预分支电缆（或电缆）组成的树干式接线，要求同第（1）项。

（3）工业厂房用电设备多，宜采用高位树干式接线，大多固定在屋架上，采用裸母线或封闭式母线槽。裸母线造价低廉，过去几十年广泛应用，而封闭式母线槽价格贵很多倍，但安全性能好、电抗小、线路电压降和线损减小，近二三十年越来越多地取代裸母线。由于装设部位高，接出分支线路到保护电器的长度不超过 3m 的要求很难达到，因此，应对分支线路的敷设提出要求——应有机械防护（如穿钢管或线槽盒内），不靠近可燃物；分支线路发生短路时，配电干线首端的保护电器能切断，分支线路应满足短路热稳定要求。

（4）用电设备成排布置的工业场所（如机械冷加工、纺织等车间），宜采用插接式封闭母线树干式接线，保护电器（熔断器或断路器）直接装设在母线的插接口位置，维修方便，故障防护性能好。

（5）水泵房、风机房、电梯机房、锻工车间等宜采用放射式接线。

（6）多层居住建筑、办公建筑、学校以及工业厂房的照明配电箱，可采用链式接线［见图 2.2-4（c）］，所接照明配电箱数不宜太多，宜为 2～3 台，居住建筑不宜超过 4 台。

（7）插座宜采用链式接线［见图 2.2-4（b）］，但每个回路所接插座数不宜太多，线路不宜太长，对金融、证券、科研、设计等计算机应用很多的场所，链接插座数不宜超过 5 个。

（8）离配电箱较远，相互靠近的小功率用电设备可采用链式接线［见图 2.2-4（a）］，但不宜超过 5 台，功率之和不宜大于 10kW。

以下给出两个接线方式应用示例。

例1　某机械冷加工车间的配电系统接线示例如图 2.3-1 所示。从变电站低压柜接出 L1 配电线到冷冻机房配电箱 PD11 为放射式；接出 L2 封闭式干线为树干式，从 L2 干线接出 12 个分支干线到 PD201～PD212 配电箱，从配电箱 PD201 用放射式接到 L201～L205 插接式母线，用树干式连接到各台机床；L2 干线为"树干式—放射式—树干式"综合接线。

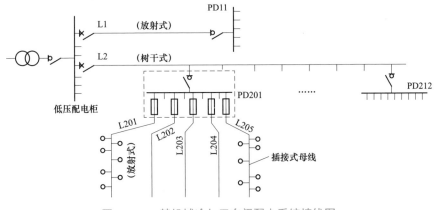

图 2.3-1　某机械冷加工车间配电系统接线图

例2　某 30 层办公楼的配电系统接线示例见图 2.3-2。主干线 L1 系装在竖井内的封闭式母线组成树干式接线，从该干线接到各层楼的配电箱以后则为放射式，包括接插座的链式接线。

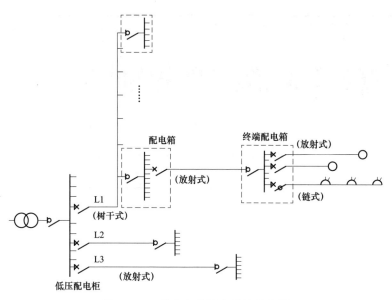

图 2.3 - 2　某办公楼配电系统接线图

3 低压配电系统的接地[6, 7]

3.1 低压配电系统接地型式

3.1.1 TN 系统

TN 系统电源（配电变压器）的中性点直接接地（通常应在低压配电柜处接地），而电气设备（Ⅰ类）外露可导电部分的保护接地是通过保护接地导体（PE 导体）连接到电源中性点（N 点），利用 N 点的系统接地装置而接地。按照中性导体（N 导体）和 PE 导体的分合配置，TN 系统又可分为以下三种类型：

（1）TN-S 系统：从变电站的低压配电柜的 PEN 母线（保护中性导体）引接出 N 导体，从该柜内的 PE 母线接出 PE 导体，即从低压配电柜起把 PE 导体和 N 导体分离，形成 TN-S 系统，见图 3.1-1 中 L11 馈线。

（2）TN-C 系统：从低压配电柜 PEN 母线接出 PEN 导体，直至终端配电箱和终端用电设备，PE 和 N 导体都是合并的，见图 3.1-1 中 L13 馈线。但连接到终端电器、插座、移动电器、手持电器和灯具的最终一段线路，宜将 PE 导体和 N 导体分开。

（3）TN-C-S 系统：从低压配电柜 PEN 母线接出 PEN 导体，到下一级配电箱（通常在建筑物进线处），将 PE 导体和 N 导体分开。在该分开点之前为

TN-C，之后则为 TN-S，见图 3.1-1 中 L12 馈线。

PE 导体可以另外增设接地。

3.1.2　TT 系统

配电变压器的中性点直接接地（通常应在低压配电柜处接地），配电设备和用电设备（Ⅰ类）外露可导电部分应单独做保护接地，通常用 PE 导体连接共同接地，同变压器中性点的系统接地完全分开，并保持必要的距离。接线图如图 3.1-2 所示。

PE 导体可另外增设接地。

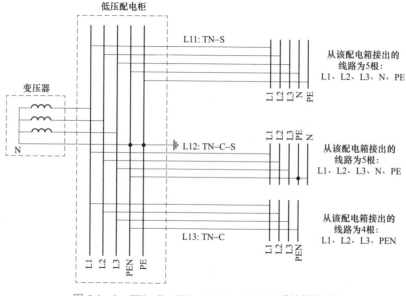

图 3.1-1　TN-S、TN-C-S、TN-C 系统接线图

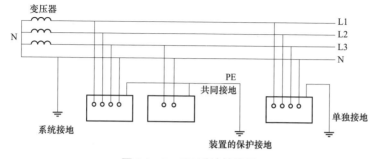

图 3.1-2　TT 系统接线图

3　低压配电系统的接地

3.1.3　IT 系统

配电变压器的中性点不接地或通过高阻抗接地,配电设备和用电设备(Ⅰ类)的外露可导电部分单独做保护接地,接线图如图 3.1-3 所示。

PE 导体可另外增设接地。

IT 系统可配出 N 导体,也可不配出 N 导体。

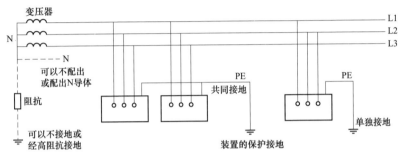

图 3.1-3　IT 系统接线图

3.2　各类型接地系统接地故障电流分析

3.2.1　TN 系统

TN 系统在用电端发生接地故障(以下统称故障)时的等效电路图如图 3.2-1 所示。

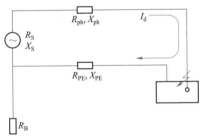

图 3.2-1　TN 系统故障时等效电路图

R_{ph}—相导体电阻,mΩ;X_{ph}—相导体电抗,mΩ;R_{PE}—PE 导体电阻,mΩ;X_{PE}—PE 导体电抗,mΩ;R_{B}—变压器中性点接地电阻,mΩ;R_{S}—变压器低压侧内电阻,mΩ;X_{S}—变压器低压侧内电抗,mΩ;I_{d}—接地故障电流(交流方均根值),以下统称故障电流,kA

故障电流（I_d）按式（3.2-1）计算

$$I_d = \frac{U_{nom}}{\sqrt{\left(\sum R_{ph \cdot p}\right)^2 + \left(\sum X_{ph \cdot p}\right)^2}} \qquad (3.2-1)$$

式中　　U_{nom}——相导体对地标称电压，V；

　　　　$R_{ph \cdot p}$——相保回路电阻，mΩ；

　　　　$X_{ph \cdot p}$——相保回路电抗，mΩ；

$\sum R_{ph \cdot p}$，$\sum X_{ph \cdot p}$——故障回路电阻、电抗，包括高压侧系统阻抗（归算到低压侧）及变压器、低压母线、低压线路相保电阻之和、电抗之和，mΩ。

当故障点离电源点（变压器）距离较长，且 PE 导体和相导体共处于电缆内或穿于同一导管、线槽内时，可认为 $X_{ph \cdot p}$ 远小于 $R_{ph \cdot p}$，可以忽略 $X_{ph \cdot p}$，并且忽略变压器低压侧内阻，式（3.2-1）可简化为式（3.2-2）

$$I_d = \frac{U_{nom}}{\sum R_{ph \cdot p}} = \frac{U_{nom}}{\sum (R_{ph} + R_{PE})} \qquad (3.2-2)$$

应指出：

（1）当线路截面积大（如相导体截面积在 120mm² 及以上）时，其电阻值较小，忽略电抗（$X_{ph \cdot p}$）将导致较大误差。相导体截面积为 120mm²（PE 导体为 70mm²）时，忽略电抗，使 I_d 增大了 3%~4%；相导体截面积为 150mm² 时，I_d 增大了 5%~6%；相导体截面积为 185mm² 时，I_d 增大了 7%~8%。为此，建议对截面积为 120mm² 及以上的相导体，按式（3.2-2）计算的 I_d 值乘以 0.96~0.92 的修正系数。

（2）当故障点离变压器距离很小（发生的概率很小），变压器容量小，线路截面积大时，忽略变压器阻抗将导致很大误差，不能用式（3.2-2）简化公式计算，应按式（3.2-1）计算，必须计入变压器阻抗。当故障点离变压器距离较短（如几十米）时，可按式（3.2-2）计算，但应乘以必要的修正系数。

（3）故障电流 I_d 的大小，对选择保护电器的参数至关重要。I_d 值大小取决于线路长度、截面积、敷设方式等因素，其值可达几百至几千安培，甚至更大。更应关注的是，线路很长导致 I_d 值很小时，将使过电流保护电器不能在规定时间内动作，必须进行计算，本书第 5 章阐述了故障防护要求和简易的计算方法。

3.2.2 TT 系统

TT 系统发生故障时的等效电路图如图 3.2-2 所示。

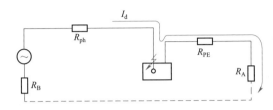

图 3.2-2　TT 系统故障时等效电路图

R_A—Ⅰ类电气设备和用电设备外露可导电部分的保护接地电阻，Ω

故障电流（I_d）按式（3.2-3）计算（忽略电源阻抗和线路电抗）

$$I_d = \frac{U_{nom}}{R_A + R_B + R_{ph} + R_{PE}} \tag{3.2-3}$$

通常，TT 系统的（$R_A + R_B$）$\gg$（$R_{ph} + R_{PE}$），式（3.2-3）可简化为式（3.2-4）

$$I_d = \frac{U_{nom}}{R_A + R_B} \tag{3.2-4}$$

用于 TT 系统时，式（3.2-4）中 R_A、R_B 单位以欧姆（Ω）计，故障电流 I_d 以安培（A）计。

由于 R_A、R_B 阻值的限制，I_d 值一般仅为几安培至几十安培，比 TN 系统的故障电流小得多，一般情况下，使用过电流保护电器无法满足切断电源的要求，应采用剩余电流动作保护电器（RCD）作故障防护。

3.2.3 IT 系统

IT 系统第一次故障时的等效电路图如图 3.2-3 所示。

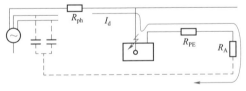

图 3.2-3　IT 系统第一次故障时等效电路图

对于电源中性点不接地的 IT 系统，第一次故障时，故障电流只能通过非故障相线路和设备的对地电容形成回路，由于容抗大，此故障电流仅为毫安级。

鉴于故障电流很小，IT 系统可以"带病"坚持工作，而不切断电流；由于故障电流很小，故障点对地的接触电压很小，没有电击危险。

故障状态继续坚持工作并非正常状态，因此应装设绝缘监测器发出报警，提示使用、维护人员采取必要措施，以避免在故障状态下"带病"工作中再次发生故障。在此期间一旦再发生第二次异相接地故障，将导致相间（或相对中性导体间）短路，产生同 TN 系统或 TT 系统一样的故障电流，此时切断电源是不可避免的。

IT 系统不宜配出 N 导体，即采用三相三线制。当配出 N 导体时，若发生 N 导体接地故障，将使 IT 系统变成 TT 系统，从而失去 IT 系统的优势。应当指出，当采用了 N 导体接地故障的检测报警装置后，仍然可以采用三线四线制线路，这样有利于为照明、插座回路、小电器提供相对地电压（我国为 220V）。

3.3　各类型接地系统适用场所

（1）TN-S 系统：适用于设有变电站的工业和公共建筑的低压配电系统，整个建筑物内应做等电位联结。

（2）TN-C-S 系统：通常用于没有变电站的工业和民用建筑，并应做等电位联结。

（3）TN-C 系统：由于 PE 导体和 N 导体合并为 PEN 导体，在正常运行中 PEN 导体将通过三相不平衡电流和 3 次（含 3 的奇次倍）谐波电流，使连接于 PEN 导体的电气装置外露可导电部分产生一定电位，从而对计算机、电子设备等产生一定干扰，甚至发生电击危险。采用 TN-C 系统虽然节省了一根导体，但将带来诸多不良后果，因此在以下场所及情况下严禁使用 TN-C 系统：

1）易发生爆炸、火灾等的危险环境；

2）游泳池、喷水池、洗浴中心；

3）手术室、数据中心、建筑工地；

4）道路照明、园林景观照明、临时用电；

5）所有插座回路。

室内外照明配电不应采用 TN-C 系统，只有在三相平衡且没有（或基本上没有）3 次谐波的配电线路可采用 TN-C 系统。

（4）TT 系统：适用于无等电位联结的户外场所，如道路照明、园林照明、施工场地、农场、户外电气装置、户外临时用电等；由于设备的外露导电部分的保护接地和电源的系统接地分开，避免了故障电压传递到设备外壳。

（5）IT 系统：IT 系统故障电流很小，接触电压很低，第一次故障时不切断电源，适用于对供电不间断性要求很高的场所，如医院手术室，采矿、核电、冶金、化工等重要工业场所，数据中心，以及高层、多层建筑的消防救援用应急电源（包括消防控制中心、消防泵、排烟风机、疏散照明等）；IT 系统是一个供电可靠性高的接地方式，由于种种原因，在我国应用较少，相信将来会进一步扩大应用范围。

3.4　变电站接地连接方法

3.4.1　中性点"一点接地"

（1）两台及多台变压器，采用 TN 及 TT 系统时，其中性点应直接接地，但不应在各台变压器中性端子处［见图 3.4-1 中的点（1）］实施接地，而应从中性点引出 PEN 母线到低压配电柜，将两台（或多台）变压器的 PEN 母线连接在一起后，再取一点如图 3.4-1 所示的点（2）进行接地。为适应引出馈线的需要，从点（2）设置一条 PE 母线。

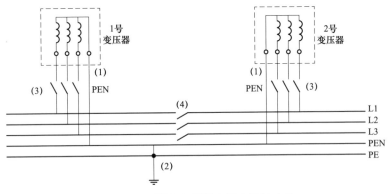

图 3.4-1　两台变压器中性点接地方法

（2）从变压器中性点引出的是 PEN 母线，即 N 和 PE 合并的状态，与三条相母线并列设置，必须对地绝缘，并应同相母线靠近，通常设置在同一封闭母线槽内。

（3）从变压器中性点到低压配电柜这段线为 PEN，即 N 和 PE 未分离，并不影响接出的馈线采用 TN-S 系统，从图 3.1-1 看，从低压配电柜起分别引出 N 导体和 PE 导体的连接方法，是 TN-S 系统。

（4）从图 3.4-1 可知，由于 PEN 导体不允许插入任何开关电器，因此，变压器引出线上装设的电器、低压柜的母联［图 3.4-1 中的（3）和（4）］装设的开关或断路器应采用 3 极，而不允许用 4 极。

3.4.2 同一变电站引出不同接地系统的馈线

同一变电站可以引出不同接地系统的馈线，包括 TN-S、TN-C-S、TN-C、TT 系统，如图 3.1-1 和图 3.4-2 所示，条件是任何馈线应满足所采用的接地系统故障防护的技术要求，如建筑物内 TN 系统的故障切断时间和等电位联结、TT 系统在规定时间内切断故障回路的可靠性保证。

3.4.3 同一馈线接地型式的改变

同一馈线的接地型式还可变换，但应符合以下原则：

（1）TN-C 系统可以变为 TN-S 系统，整条馈线称为 TN-C-S，如图 3.4-2 中的 L11 馈线。

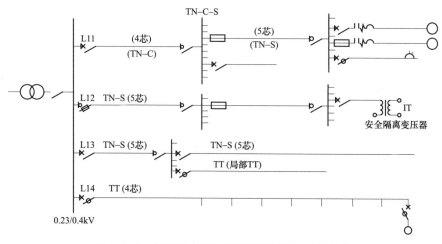

图 3.4-2 低压配电系统接出不同接地方式的馈线

3 低压配电系统的接地

（2）TN–S 系统严禁再变为 TN–C 系统，也就是说，PE 导体和 N 导体已经分离，不允许再合并为 PEN 导体，如果再合并为 PEN，就把前面的 TN–S 系统否定了，变成两根并联的 PEN 导体的 TN–C 系统。那种把和 PE 导体分开以后的 N 导体再做重复接地的做法，以及分开后的 N 导体再同 PE 导体或设备金属外壳再连接的做法，是完全错误的。

（3）TN 系统可以变成 TT 系统，如图 3.4–2 中的 L13 馈线，通常称之为局部 TT 系统。

（4）TT 系统不可能变成 TN–S 系统或 TN–C、TN–C–S 系统。

（5）通用原则：PE 导体和 N 导体一旦分离，不允许再合并；分开后的 PE 导体可以做重复接地和等电位联结，但分开后的 N 导体严禁与地或与 PE 再连接，必须采用和相导体相同绝缘的导线。

3.4.4　局部 IT 系统的连接

广泛应用于医院手术室的 IT 系统，是从整个医院的 TN–S 或 TN–C–S 系统取得的。如图 3.4–2 中的 L12 馈线，在某一配电回路装设 1:1 的安全隔离变压器，其二次侧任何一根导体不得与地连接。二次侧被视为系统的起始点，即电源点，形成电源点不接地的 IT 系统，其已经同整个 TN 系统隔离，形成一种独立于整个 TN 系统之外的局部 IT 系统。

3.5　保护接地导体的设置要求[8]

3.5.1　保护接地导体（PE 导体）的组成

（1）多芯电缆中的一根芯线（三相四线制线路的第五芯）。

（2）与相导体共用外护物（如导管、槽盒）的绝缘导体。

（3）固定敷设于电缆或穿管外侧的绝缘导体或裸导体（通常用于改建工程或技改项目增设的 PE 导体）。

（4）电缆的金属护套、屏蔽层、铠装物、编织物、同心导体，以及电线、电缆的金属导管，当符合下列两项条件时，可作为 PE 导体：

1）连接可靠，能保证其电气连续性，并且具有对机械损伤、化学或电化学损伤的防护条件；

2）其截面积符合规定要求，即与要求的 PE 导体具有同等的电导。

（5）母干线系统，低压成套开关设备和控制设备的金属外护物或框架，当满足上述第（4）款要求的两个条件时，可作为 PE 导体，但要求在每个预留的分接点上，允许与其他保护导体接地连接。

下列金属部分不允许用作 PE 导体：

（1）金属水管、暖气管、空调管；

（2）有可燃物质（含可燃气体、液体、粉末）的金属管道；

（3）承载机械应力的金属结构件，如钢柱、钢梁、钢筋等；

（4）柔性金属导管和可弯曲的金属导管；

（5）柔性的金属部件；

（6）支撑线、电缆托盘、电缆梯架。

注意：以上金属部分都必须连接到"等电位联结端子"，但这与用作 PE 导体并非一个概念。

3.5.2 PE 导体的截面积要求

相关要求见本书 10.4.3。

3.5.3 PE 导体的装设和连接要求

（1）PE 导体应和相导体布置在同一电缆内或同一外护物内，如有困难，至少应靠近相导体敷设的部位，以便使相保电抗值最小且便于计算。用扁钢或铜带沿墙敷设作 PE 导体的传统做法是不可取的，因为这种方式下，PE 导体离相导体距离大，且不确定，不仅电抗大，而且难以计算。

（2）为保证 PE 导体的可靠性和不间断要求，PE 导体中严禁接入任何开关、断路器等电器和熔断器。

（3）为测试的需要，可设置用工具拆开的接头，但不得将电流互感器、传感器、线圈等器件接入到 PE 导体中。

（4）PE 导体和设备端子采用螺栓或夹板连接器连接，应具有持久的电气连续性和足够的机械强度，螺栓应是专用的，不得兼作其他固定用。

（5）PE 导体连接不得采用锡焊。

（6）电气设备的外露可导电部分不得作为 PE 导体的组成部分，图 3.5 – 1 给出了错误连接方法和正确连接方法。

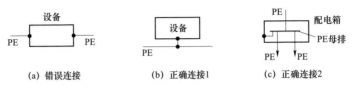

(a) 错误连接   (b) 正确连接1   (c) 正确连接2

图 3.5 – 1　PE 导体的错误连接方法和正确连接方法

（7）PE 导体的接头应设置在便于维护的部位，在配电箱、盘、盒内连接［见图 3.5 – 1（c）］，不允许在钢管、槽盒内连接。

（8）电缆内设有专用 PE 线芯时，电缆的铠装、编织、屏蔽等金属物应在两端同 PE 导体连接。这种情况下，这些金属物实际上已经同 PE 导体并联，构成了 PE 导体的组成部分，因此，其连接线截面积应满足 PE 导体的要求，不应只考虑等电位联结的截面积要求。

4 等电位联结

4.1 等电位联结[8,6,9]的作用、种类及设置

4.1.1 等电位联结的作用

建筑物内电气装置实施等电位联结（Equipotential Bonding）具有十分重要的意义，其主要作用有：

（1）降低配电系统故障时的接触电压。

（2）防止故障时由于各种原因（设计因素、施工原因、产品质量等）致使保护电器不能按规定时间切断电源而造成的电击危害。

（3）防止自建筑物外通过配电线路或金属管道引入故障电压可能导致的危害。

（4）降低外界电磁场引起的干扰，改善配电系统和电气设备的电磁兼容环境。

（5）对于爆炸危险环境，避免因电位差而产生电火花导致的危险。

（6）降低因雷电引起的建筑物空间内各系统间或金属物之间的电位差而可能导致的危害。

4.1.2 等电位联结的种类

按作用等电位联结可分为以下两类。

4

（1）保护等电位联结：为了人身和家畜的安全而设置的等电位联结，其主要作用是电路故障和雷击时降低接触电压。

（2）功能等电位联结：保证配电系统正常运行的需要而设置的等电位联结，如电子设备、数据传输电缆等，是为抗电磁干扰的需要而设置的。

按与接地的联系等电位联结可分为以下两类。

（1）接地的等电位联结。

（2）不接地的等电位联结。

按作用范围等电位联结可分为以下三类。

（1）总等电位联结（Main Equipotential Bonding，MEB）：又称保护等电位联结，在建筑物配电线路引入处，将总保护接地导体（PE）、总接地导体连接到总接地母线（Main Earthing Busbar）或总接地端子（Main Earthing Terminal），并与装置外可导电部分（包括钢柱、钢梁、钢筋等金属构件和水管、暖气管、空调管等金属管道）相连接，如图 4.1-1 所示。

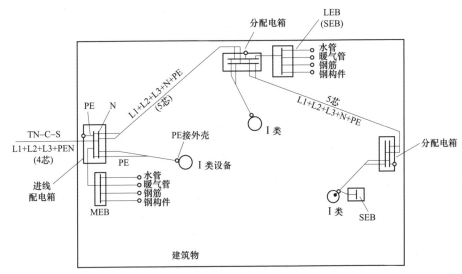

图 4.1-1　建筑物内等电位联结示意图

注　图中配电箱的相母排未表示。

（2）辅助等电位联结（Supplementary Equipotential Bonding，SEB）：在局部范围（如特定场所或用电设备）将人体可同时触及的电气设备的外露可导电部分（包括插座的 PE 导体）和外界可导电部分相互连接，以降低（乃至消除）不同导电部分之间的电位差。

（3）局部等电位联结（Local Equipotential Bonding，LEB）：对离 MEB 较远的配电装置，为降低故障时的接触电压，在该部位再做一次等电位联结，方法和 MEB 相同。

IEC 最新标准和我国正修订的 GB 50054，已取消了"局部等电位联结"这个名词，淡化了"等电位联结"的类别。笔者认为，问题不在于名词，其实质是配电线路进入建筑物处应做保护等电位联结（MEB）；而在其他特定条件的局部范围，需要把故障时的接触电压降低到安全电压以下的，应再做一次等电位联结，称之为辅助等电位联结（SEB）。

4.1.3　等电位联结的设置

等电位联结的设置应遵循：

（1）建筑物内都应设置保护等电位联结（MEB）；MEB 应设置在配电线路进入建筑物处附近，与邻近的外界可导电部分连接；当建筑物有两回路或多回路配电线路引入时，每回路都应设置 MEB，并互相连通。

（2）下列情况还应设置辅助等电位联结（SEB）：

1）故障时不能保证按规定时间切断电源，或者由于施工原因、产品质量或运行中设备、电线、电缆老化等因素导致不能按规定时间切断者，应增设 SEB 以保证故障时接触电压降低到安全电压以内（计算见本章 4.3）。

2）电击危险比较大的特殊场所（如住宅浴室、宾馆洗浴间、游泳池），爆炸危险环境，火灾危险场所，活动受限制的可导电场所（如金属罐槽内、锅炉炉膛内等）及动物饲养房等，应增加 SEB，以降低故障接触电压。

4.1.4　等电位联结的实施

（1）电气装置（包括防电击类别为Ⅰ类的配电箱、配电盘和用电设备）的外露可导电部分，通过 PE 导线的正确连接，即已经实施等电位联结，不需要另外增加连接线，如图 4.1 - 1 所示。

（2）设置 MEB 可把建筑物内所有外界可导电部分连接到一起，并通过配电箱的 PE 母排与 MEB 的接地母排或接地端子相连接，就实现了全部可导电部分的"联结"。

（3）当故障点距离 MEB 较远时，故障电流在该段 PE 导体上产生的电压降可能超过安全电压（交流 50V 或 25V），还需要在配电箱处或用电设备处补设 SEB（或 LEB）。

4.2 等电位联结和接地的关系

4.2.1 等电位联结和接地的共同处

（1）两者都有保护性和功能性的两种类别，其保护性和功能性的作用，在主要方面都具有共同性。

（2）在发生故障时，等电位联结和保护接地对降低故障处接触电压有着共同作用。

（3）两者都形成一个"等电位面"，以降低各个可导电部分之间的电位差，不同的是，接地是把大地当作参考的等电位面，等电位联结则是人为"联结"形成的等电位设施。

4.2.2 等电位联结和接地的区别

（1）防雷和防静电时，应该接地，以便将雷电流、静电荷尽快导入大地，而不是依靠等电位，尽管防雷也需要做等电位联结。

（2）就降低故障时接触电压的效果而言，等电位联结更为有效，因为增设 SEB，可以把故障时的接触电压降到期望的更低值，而接地则较难呈现如此效果。

（3）有些特殊条件下，不能或不适宜做接地，而需依靠等电位联结以防电击，如：

1）飞机在高空不可能接地，而实施良好的等电位联结，能够很好地解决防电击问题。

2）在特定的非导电场所（故障防护措施之一），可做不接地的等电位联结。

3）在土壤电阻率特别高的地方，实施接地困难，可做好等电位联结作为故障防护的后备措施，可以不接地。

4.2.3 接地和等电位联结降低接触电压效果的比较

（1）系统设定。某建筑物采用 TN-C-S 系统，电源从建筑物外变电站引入，变压器中性点接地，配电系统示意图如图 4.2-1 所示。

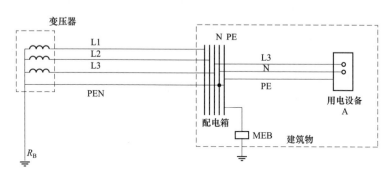

图 4.2-1 配电系统（TN-C-S）示意图

（2）设定两种情况，当设备 A 故障时，接触电压对比：

1）建筑物进线处只做重复接地，不做等电位联结，如图 4.2-2（a）所示；

2）进线处做保护等电位联结，通常也做接地，如图 4.2-2（b）所示。

（3）计算条件。

1）电缆和穿管线路，PE 和相导体同处一外护物内，可忽略电抗；

2）故障点距离变压器较远时，可忽略电源阻抗。

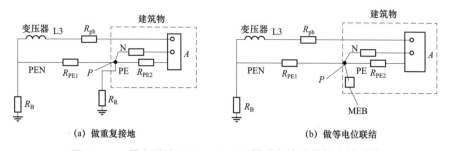

（a）做重复接地　　　　　　　　（b）做等电位联结

图 4.2-2 配电系统（TN-C-S）做重复接地或等电位联结

R_{ph}—相导体电阻：从变电站低压柜到设备 A 的相导体电阻，Ω；R_{PE1}—从变电站低压柜到建筑物进线处 P 之间的 PE 导体电阻，Ω；R_{PE2}—从进线处 P 到设备 A 之间的 PE 导体电阻，Ω；

R_B—变压器中性点系统接地电阻，Ω；R_R—建筑物进线处（配电箱）P 点做重复接地的电阻，Ω

（4）故障时两种情况接触电压计算。

1）设备 A 处故障时的等效电路图见图 4.2－3，图 4.2－3（a）是做重复接地时的等效电路，图 4.2－3（b）是做等电位联结时的等效电路。

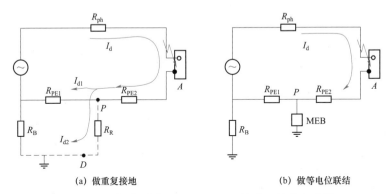

图 4.2－3　配电系统（TN－C－S）故障时等效电路图

2）做重复接地，故障时接触电压（$U_{f \cdot R}$）计算，为 A 到地（D 点）的电位差

$$U_{f \cdot R} = I_d R_{PE2} + I_{d2} R_R \qquad (4.2-1)$$

在图 4.2－3（a）中，（$R_R + R_B$）同 R_{PE1} 并联，则

$$I_{d2}(R_R + R_B) = I_{d1} R_{PE1}$$

而 $I_{d1} = I_d - I_{d2}$，所以

$$I_{d2}(R_R + R_B) = (I_d - I_{d2})R_{PE1}$$

经整理，可得

$$I_{d2} = \frac{I_d R_{PE1}}{R_R + R_B + R_{PE1}} \qquad (4.2-2)$$

将式（4.2－2）代入式（4.2－1），整理后得

$$U_{f \cdot R} = I_d \left(R_{PE2} + R_{PE1} \frac{R_R}{R_R + R_B + R_{PE1}} \right) \qquad (4.2-3)$$

3）做等电位联结，故障时接触电压（$U_{f \cdot EB}$），为 A 到 P 点（MEB 处）的电位差，计算式如下

$$U_{f \cdot EB} = I_d R_{PE2} \qquad (4.2-4)$$

（5）两种情况下故障时的接触电压比较。将式（4.2－3）和式（4.2－4）相减，可知做重复接地比做等电位联结时的接触电压高 $I_d R_{PE1} \dfrac{R_R}{R_R + R_B + R_{PE1}}$。可见等电压联结对降低接触电压效果更好。

应当指出，做等电位联结降低接触电压更有效，但是否能降低到安全电压（交流 50V，甚至 25V）以下，从式（4.2－4）看，应取决于 R_{PE2} 和 I_d 值。一般来说，当设备 A（故障处）离 MEB（P 点）距离较远时，往往不可能降到安全电压以下，此时应有进一步的措施，下一节再做论述。

4.3　辅助等电位联结的应用

4.3.1　辅助等电位联结（SEB）的作用

（1）发生故障但保护电器不能按规定时间内自动切断电源时，应在局部范围设置 SEB。

（2）在某些特定条件下，或对于特殊场所、特殊电气装置（如浴室、游泳池、Ⅰ类和Ⅱ类医疗场所、家畜养殖房舍等），可设置 SEB 作为故障防护的附加防护。

应该指出，实施 SEB 可作为故障时防电击的后备防护或附加措施，但是考虑电气火灾及配电线路热效应防护等原因，故障时仍需切断电源。

4.3.2　设置 SEB 的目的

保护等电位联结的目的就在于故障时降低接触电压，建筑物进线处设置了保护等电位联结正是出于这一目的，但这并不能使该配电系统范围内任何部位故障接触电压都能降低到安全电压（交流 50V 或 25V）以下。当无法保证在规定时间内切断电源或特定场合要求时，需要在这些范围内增加 SEB，以达到这个目标。

4.3.3　设置 SEB 的条件

交流配电系统哪些部位需设置 SEB，应按式（4.3－1）确定

$$R \leqslant \frac{50\text{V}}{I_\text{a}} \qquad\qquad (4.3-1)$$

式中　R——可同时触及的外露可导电部分和外界可导电部分之间，故障电流产生的电压降引起的接触电压的那一段线路的电阻，Ω；

　　　I_a——故障时保护电器在规定时间内切断电源的动作电流，A；

　　　50V——交流配电系统的特低电压，在某些特殊情况下，如 1 类和 2 类医疗场所，装有浴盆或淋浴的场所的 1 区内，应为 25V。

通过式（4.3-1）判断设置 SEB 的方法如下：

（1）当用电设备 D 处发生故障，从保护等电位联结（MEB）处的 PD1 配电箱到 D 之间的 PE 导体电阻值符合式（4.3-1）时，则不需要再设 SEB（校验时的 I_a 为 QF2 的动作电流），如图 4.3-1 所示。

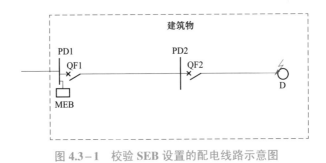

图 4.3-1　校验 SEB 设置的配电线路示意图

（2）当这段 PE 导体（PD1 到 D）的电阻 R 值不符合式（4.3-1）时，则需要在 PD2 配电箱处或设备 D 处增设 SEB。

（3）若在 PD2 处增设 SEB 后，还需要校验 PD2 到 D 之间的 PE 导体的电阻值是否符合式（4.3-1），如不符合，还应在 D 处再增设 SEB。

4.3.4　关于 SEB 设置的设计实施

配电设计中，要求按式（4.3-1）校验增设 SEB 的部位和范围，由于按式（4.3-1）校验计算量大且费时，设计中很少计算。为了帮助设计人员准确实施国家标准，又尽量减少工作量和时间，本节按式（4.3-1）计算后编制成表格，读者按 PE 导体截面积和保护电器参数，就可查出线路的最大允许长度。

表格的编制方法为：

（1）先将式（4.3-1）中的电阻 R 用长度乘单位长度电阻表示，即

$$R_{PE} = R'_{PE} L_{PE} \qquad (4.3-2)$$

式中　R_{PE}——从等电位联结点到故障点之间的 PE 导体的电阻，Ω；

　　　R'_{PE}——PE 导体的单位长度电阻，考虑故障时温升的影响，按 20℃时电阻的 1.5 倍计算，$m\Omega/m$；

　　　L_{PE}——从等电位联结处到故障点之间的 PE 导体的长度，m。

（2）将式（4.3-2）代入式（4.3-1），经整理后得

$$L_{PE} \leqslant \frac{50}{I_a} \times \frac{1000}{R'_{PE}} \qquad (4.3-3)$$

注　式（4.3-2）中的 R_{PE} 即式（4.3-1）中的 R；式（4.3-3）中的"1000"是 Ω 和 $m\Omega$ 的变换。

（3）按式（4.3-3）编制 PE 导体最大允许长度（L_{PE}）表。

1）保护电器为断路器时，式（4.3-3）中的 I_a 为瞬时脱扣器的额定电流或整定电流 I_{set3}，考虑到动作的可靠性，取 $I_a = 1.3 I_{set3}$，代入式（4.3-3）编制的 PE 导体最大允许长度 L_{PE} 列于表 4.3-1。

2）保护电器为 gG 熔断器时，切断时间 $t \leqslant 0.4s$（用于 U_{nom} 为 220V，额定电流不大于 63A 的插座回路或额定电流不大于 32A 的固定设备的末端回路），PE 导体最大允许长度 L_{PE} 列于表 4.3-2；切断时间 $t \leqslant 5s$ 时，PE 导体最大允许长度 L_{PE} 列于表 4.3-3。

3）保护电器为 aM 熔断器时，PE 导体的最大允许长度 L_{PE} 列于表 4.3-4（$t \leqslant 0.4s$ 时）和表 4.3-5（$t \leqslant 5s$ 时）。

（4）表 4.3-1～表 4.3-5 只适用于一级放射配电线路，当为多级线路时，应按 PE 导体电阻值相等的原则，把 2 级（或 3 级）不同 PE 导体截面积的线路等效折算成一级线路的等效长度（方法是：将上级 PE 导体长度乘以下级 PE 导体截面积同上级 PE 导体截面积之比，再加下级 PE 导体长度，此即为等效长度），即可应用表 4.3-1～表 4.3-5。

（5）饲养家畜等场所对于 SEB 的设置有以下特殊要求：应在这些房屋、棚屋（如牛棚）的地面以下敷设网格间距约为 150mm×150mm 的金属网格作为 SEB 的一部分，至少应有两点和等电位端子可靠连接[40]。

表 4.3-1 用断路器瞬时脱扣器作故障防护、SEB校验的 PE 导体的最大允许长度　（m）

I_{set3} (A)		200	250	320	400	500	630	800	1000	1250	1600	2000	2500	3150	4000	5000	6300
$1.3I_{set3}$ (A)		260	325	416	520	650	819	1040	1300	1625	2080	2600	3250	4095	5200	6500	8190
$\dfrac{50}{I_a}$		0.192	0.154	0.120	0.096	0.077	0.061	0.048	0.039	0.031	0.024	0.019	0.015	0.012	0.01	0.008	0.006
PE 导体 S_{PE} (mm²)	R'_{PE} (mΩ/m)																
2.5	10.32	19	15	12													
4	6.45	29	23	18	15	12											
6	4.30	44	35	27	22	18	14	11									
10	2.58	74	59	46	37	29	23	18	15	12							
16	1.61	119	95	74	59	47	38	29	24	19	14						
25	1.03	186	149	116	93	74	59	46	37	30	23	18	14				
35	0.74			162	129	104	82	64	52	42	39	25	20	16	13	10	8
50	0.52			230	184	148	117	92	75	59	46	36	28	23	19	15	11
70	0.37				259	208	164	129	105	83	64	51	40	32	27	21	16
95	0.27						225	177	144	114	88	70	55	44	37	29	22
120	0.22							218	177	141	109	86	68	54	45	36	27
150	0.17								229	182	141	111	88	70	58	47	35
185	0.14								278	221	171	135	107	85	71	57	42
240	0.11									281	218	172	136	109	87	72	54

注：
1. I_{set3} 为断路器的瞬时脱扣器的整定电流（A）。
2. S_{PE} 为线路的 PE 导体的截面积（mm²）；R'_{PE} 为线路的 PE 导体的单位长度电阻（mΩ/m），其值按 20℃ 的电阻的 1.5 倍计。
3. I_a 按 $1.3I_{set3}$ 计算，以保证动作的可靠。
4. PE 导体之 R'_{PE} 系按铜芯导体编制；当为铝芯导体时，表中允许长度应乘以 0.61。

表 4.3-2　用 gG 熔断器作故障防护、切断时间 $t \leqslant 0.4s$ 的回路 SEB 校验的 PE 导体最大允许长度 （m）

I_n (A)		16	20	25	32	40	50	63	80	100	125	160	200	250
0.4s 内切断的动作电流 I_a (A)		108	130	180	220	300	390	560	750	1030	1300	1730	2210	3000
$\dfrac{50}{I_a}$		0.463	0.385	0.278	0.227	0.167	0.128	0.089	0.067	0.049	0.039	0.029	0.023	0.017
PE 导体 S_{PE} (mm²)	R'_{PE} (mΩ/m)													
1.5	17.20	27	22	16	13	10								
2.5	10.32	45	37	27	22	16	12							
4	6.45	71	59	43	35	25	20	13						
6	4.30	107	89	64	52	38	30	20	15					
10	2.58	179	149	107	88	64	50	35	26	19				
16	1.61		239	172	141	103	80	55	41	30	24	18		
25	1.03			270	220	152	124	86	65	47	37	28	22	
35	0.74				306	225	173	120	90	66	52	39	31	23
50	0.52					321	246	171	128	94	75	55	44	32
70	0.37						346	240	181	132	105	78	62	46
95	0.27							329	248	181	144	107	85	66
120	0.22								304	222	177	131	104	77
150	0.17									288	229	170	135	100

注：1. I_n 为熔断器熔断体额定电流（A）。

2. S_{PE} 为线路的 PE 导体的截面积（mm²）；R'_{PE} 为线路的 PE 导体的单位长度电阻（mΩ/m），其值按 20℃ 电阻的 1.5 计。

3. PE 导体之 R'_{PE} 系按铜芯编制；当为铝材时，表中允许长度应乘以 0.61。

4　等电位联结

表4.3-3　用gG熔断器作故障防护、切断时间 $t \leq 5s$ 的回路 SEB 校验的 PE 导体最大允许长度　（m）

I_n (A)		25	32	40	50	63	80	100	125	160	200	250	315	400	500	630	800
5s内切断的动作电流 I_a (A)		110	150	190	250	320	425	580	715	950	1250	1650	2200	2840	3800	5100	7000
$\dfrac{50}{I_a}$		0.455	0.333	0.263	0.200	0.156	0.118	0.086	0.070	0.053	0.040	0.030	0.023	0.018	0.013	0.010	0.007
PE 导体																	
S_{PE} (mm²)	R'_{PE} (mΩ/m)																
2.5	10.32	44	32	25	19	15	11										
4	6.45	70	51	40	31	24	18	13									
6	4.30	105	77	61	46	36	27	20	16								
10	2.58	176	129	101	77	60	45	33	27	20							
16	1.61		206	163	124	96	73	53	43	32	24						
25	1.03			255	194	151	114	83	68	51	38	29	22				
35	0.74				270	210	159	116	94	71	54	40	31	24			
50	0.52					300	226	165	134	101	76	57	44	34	25		
70	0.37						318	232	189	143	108	81	62	48	35	27	18
95	0.27							318	259	196	148	111	85	66	48	37	26
120	0.22								318	240	181	136	104	81	59	45	31
150	0.17									311	235	176	135	105	76	58	41
185	0.14										285	214	164	128	92	71	50
240	0.11											272	209	163	118	90	63

注：
1. I_n 为熔断器熔断体额定电流（A）。
2. S_{PE} 为线路的 PE 导体的截面积（mm²）；R'_{PE} 为线路的 PE 导体的单位长度电阻（mΩ/m），其值按 20℃ 电阻的 1.5 倍计。
3. PE 导体之 R'_{PE} 系按铜芯编制；当为铝材时，表中允许长度应乘以 0.61。

4

表 4.3－4　用 aM 熔断器作故障防护、切断时间 $t \leq 0.4s$ 的回路 SEB 校验的 PE 导体最大允许长度 (m)

I_n (A)		10	16	20	25	32	40	50	63	80	100
0.4s 内切断的动作电流 I_a (A)		120	190	230	310	370	480	610	780	990	1250
$\dfrac{50}{I_a}$		0.417	0.263	0.217	0.161	0.135	0.104	0.082	0.064	0.051	0.040
PE 导体											
S_{PE} (mm²)	R'_{PE} (mΩ/m)										
1.5	17.20	24	15	12	9	8					
2.5	10.32	40	25	21	15	13	10				
4	6.45	64	40	33	25	21	16	12			
6	4.30	97	61	50	37	31	24	19	15		
10	2.58		101	84	62	52	40	31	24	19	
16	1.61		163	134	100	83	64	51	40	31	24
25	1.03			210	156	131	101	79	62	49	38
35	0.74				217	182	140	110	86	69	54
50	0.52					259	200	157	123	98	76
70	0.37						281	221	173	137	108

注：1. I_n 为熔断器的熔断体额定电流（A）。

2. S_{PE} 为线路的 PE 导体的截面积（mm²）；R'_{PE} 为线路的 PE 导体的单位长度电阻（mΩ/m），其值按 20℃电阻的 1.5 倍计。

3. PE 导体之 R'_{PE} 系按铜芯编制；当为铝材时，表中允许长度应乘以 0.61。

表 4.3-5　用 aM 熔断器作故障防护、切断时间 t≤5s 的回路 SEB 校验的 PE 导体最大允许长度

(m)

I_n (A)		25	32	40	50	63	80	100	125	160	200
5s 内切断的动作电流 I_a (A)		170	225	290	365	440	560	710	880	1150	1450
$\dfrac{50}{I_a}$		0.294	0.222	0.172	0.137	0.114	0.089	0.071	0.057	0.044	0.035
PE 导体											
S_{PE} (mm²)	R'_{PE} (mΩ/m)										
2.5	10.32	28	21	16	13	11					
4	6.45	45	34	26	21	17	13				
6	4.30	68	51	40	31	26	20	16			
10	2.58	114	86	66	53	44	34	27	22		
16	1.61		137	106	85	70	55	44	35	27	
25	1.03			167	133	110	86	69	55	42	34
35	0.74				185	154	120	96	77	59	47
50	0.52					219	171	136	109	84	67
70	0.37						240	191	154	118	94
95	0.27							263	211	163	129
120	0.22								259	200	159
150	0.17								335	258	205

注　1. I_n 为熔断器熔断体额定电流 (A)。

2. S_{PE} 为线路的 PE 导体的截面积 (mm²); R'_{PE} 为线路的 PE 导体的单位长度电阻 (mΩ/m),其值按 20℃电阻的 1.5 倍计。

3. PE 导体之 R'_{PE} 系按铜芯编制;当为铝材时,表中允许长度应乘以 0.61。

4

4.3.5 应用示例

例1 建筑物引入配电线，接到 PD1 配电箱做保护等电位联结（MEB），采用 TN-C-S 系统，如图4.3-2所示。从 PD1 到设备 A，用 PVC 铜芯线，5×16mm²；保护电器 QF12 的瞬时脱扣器电流 I_{set3} 为 500A，问接到设备 A 的线路长度超过多少需要增设 SEB？若将保护电器改用 gG 熔断器（FU），熔断体额定电流 I_n 为 50A，线路最大允许距离为多少可不设置 SEB？

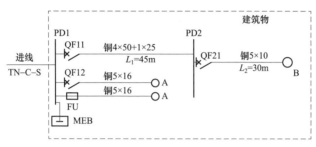

图4.3-2 配电系统设置 SEB 示例

解：QF12 的 I_{set3}=500A，线路的 PE 导体为铜芯 16mm²，查表4.3-1，得最大允许长度为 47m。即超过 47m 时需要设 SEB。

采用 gG 熔断器（FU），若要求切断时间 $t \le 0.4s$，I_n=50A，查表4.3-2，最大允许长度为 80m，在此长度以内不需要设 SEB；若要求切断时间 $t \le 5s$，则查表4.3-3，最大长度可达 124m。从本例可看出熔断器的优势。

例2 图4.3-2中，从 PD1 接到 PD2 的线路用铜芯 PVC 绝缘线 4×50+1×25mm²，长度 45m，QF11 的 I_{set3} 为 800A，问该线路末端即 PD2 处是否要设置 SEB？

解：QF11 的 I_{set3}=800A，线路的 PE 导体为铜芯 25mm²，查表4.3-1，得最大允许长度为 46m。实际长度为 45m，刚好可不设 SEB。

例3 图4.3-2中，从 PD2 接到设备 B 的线路为铜芯 PVC 绝缘 5×10mm²，QF21 的瞬时脱扣器电流 I_{set3} 为 400A，线路长度 30m。问设备 B 处故障时，该处是否需要设置 SEB？

解：由于是两级配电线路，先将上级线路 L_1 的 PE 导体折算成和 L_2 的 PE 导体截面积相同的等效长度，再加上 L_2 的实际长度，即等效长度为 $45 \times \dfrac{10}{25} +$ $30 = 48\mathrm{m}$。

再按 QF21 的 $I_{set3} = 400\mathrm{A}$，PE 导体为铜芯 $10\mathrm{mm}^2$，查表 4.3 − 1 可得，最大允许长度为 37m，等效长度 48m 已超过 37m，需要在 B 处设置 SEB，也可以在 PD2 处设置 SEB，此时由于 L_2 长度为 30m，小于最大长度 37m，因此 B 处不需要再设置 SEB，已符合要求。

5 电击防护

5.1 电击防护[6,10]的基本原则

5.1.1 通用要求

（1）电击防护的基本依据是以 GB/T 13870.1—2008《电流对人和家畜的效应 第 1 部分：通用部分》[11]为基础。

（2）电击防护的基本原则是：在正常条件下，不可能触及危险的带电部分；在正常情况下或在单一故障情况下，可触及的可导电部分不应带危险电位。

（3）电气设备的每个部分应按外部环境、使用条件采取以下一种或多种防护措施：

1）自动切断电源，是最常用的防护措施；

2）双重绝缘或加强绝缘；

3）电气分隔；

4）安全特低电压（SELV）和保护特低电压（PELV）。

（4）配电系统的电击防护和电气设备的结构配置相关联，其防护措施应和电气设备的防电击类别相配合而综合实施。

5.1.2 电击防护包含的内容

（1）在正常条件下的基本防护（直接接触防护）；

（2）单一故障条件下的故障防护（间接接触防护）；

（3）基本防护和故障防护的组合；

（4）兼有基本防护和故障防护的加强防护措施，如采用加强绝缘；

（5）特定条件下的附加防护。

5.2 电气设备防电击类别

5.2.1 概述

电击防护同电气设备（包括用电设备）的防护条件有密切关系，不同电击防护类别的电气设备应该有不同的电击防护措施。

电气设备的防电击分类依据 GB/T 17045—2020《电击防护　装置和设备的通用部分》（等同 IEC 61140：2016）[12]而确定，共分为四类，分述见后。

制造厂生产的电气设备和用电设备应按相应的防护结构和特征确定其防电击类别，并标志在该设备外壳上，用符号标识。

5.2.2 各种防电击类别的特征

5.2.2.1 0 类设备

（1）0 类设备具有基本绝缘（覆盖于危险带电部分上的绝缘）作为基本防护（直接接触防护），但没有故障防护（间接接触防护）措施，从电击防护看，是很不完善的。

（2）鉴于防电击的局限性，IEC 标准建议删去 0 类设备，由于其仍被少数产品标准所引用，故而暂时被保留，但应用场所和条件受到很严格限制。

（3）鉴于上述原因，IEC 标准率先在照明灯具删去 0 类，在 IEC 60598－1：2003《灯具　第 1 部分：一般要求与试验》中体现；GB 7000.1—2007《灯具　第 1 部分：一般要求与试验》系等同 IEC 上述标准，删去了 0 类灯具；新修订的 GB

7000.1—2015[13]同样删除了 0 类灯具；GB 50034—2013《建筑照明设计标准》[5]与此协调，规定"严禁使用 0 类灯具"。

顺便指出，删除 0 类灯具后，建筑照明固定安装的灯具绝大部分将生产为 I 类，为此在照明线路中必须提供 PE 导体。

5.2.2.2 I 类设备

（1）I 类设备利用基本绝缘作为基本防护措施，同时还具有附加防护措施，即设备外露可导电部分应做保护接地，即通过 PE 导体连接到地或等电位联结端子，作为故障防护措施。

（2）事实上，现今的电气设备（配电箱、屏，控制箱等）和用电设备（泵、风机、机床、电梯、起重机、家用洗衣机、冰箱等的电动机，电热水器等）都制造成为 I 类设备。

（3）I 类设备通常采用符号 $\textcircled{\equiv}$ 作标志；或者用字母"PE"标志，或用绿黄双色组合标志。

5.2.2.3 II 类设备

（1）II 类设备采用基本绝缘作为基本防护措施，同时还具有附加绝缘（形成双重绝缘）作为故障防护措施，或者采用能提供基本防护和故障防护功能的加强绝缘。

（2）II 类设备如有可触及的可导电部分，不应连接到 PE 导体上；当因功能性目的需要对地连接时，应做特殊处置，且应利用双重绝缘或加强绝缘与带电部分分隔。

（3）由于对其绝缘外壳的机械强度、温度等的要求，II 类设备尺寸受到一定限制，实际应用范围相对较小。

（4）II 类设备采用符号 $\boxed{\square}$ 作标志；并应设置在电源参数铭牌上或附近。

5.2.2.4 III 类设备

（1）III 类设备系将电压限制到特低电压值以内，作为基本防护措施。

（2）电气设备的最大标称电压不应超过交流 50V 或无纹波直流 120V，此处"无纹波"指纹波电压含量中的方均根值不大于直流分量的 10%。

（3）III 类设备只能用于同 SELV 和 PELV 系统连接，可满足故障防护要求。

（4）在设备出现单一故障情况时，可能呈现的稳态接触电压不应超过上述第（2）项规定的限值。

为此，SELV 和 PELV 的特低电压，应通过安全隔离变压器取得，以防止故障时高电压（如 220V 或 380V）窜入，不得使用一般降压变压器，更不允许使用自耦变压器。

安全隔离变压器应符合 GB 19212.7—2012《电源电压为 1100V 及以下的变压器、电抗器、电源装置和类似产品的安全　第 7 部分：安全隔离变压器和内装安全隔离变压器的电源装置的特殊要求和试验》[14]的规定。

（5）Ⅲ类设备不应连接 PE 导体，但 PELV 回路供电的设备的外露可导电部分可以接地。该类设备的带电导体在任何情况下都严禁与地和 PE 导体连接。

（6）Ⅲ类设备应采用符号 ⟨Ⅲ⟩ 作标志。

5.2.3　应用场所和条件

5.2.3.1　0 类设备

（1）由于 0 类设备不具备故障防护措施，所以通常不得选用；灯具早已禁止使用 0 类设备，而民用建筑灯具、装饰类灯具过去习惯为 0 类，必须格外注意，工程设计中选用的灯具，应标明防电击类别，通常是用Ⅰ类。

（2）如果制造厂提供的个别电器仍为 0 类，则只能应用于下列场所之一：

1）用于非导电环境，该场所的地板和墙面应为绝缘体，任一点的绝缘电阻不低于 50kΩ（当标称电压不大于 500V 时）或不低于 100kΩ（当标称电压大于 500V 但小于 1000V 时），并且确保外界可导电部分（如与地连通的金属构件、水暖管道等）不由场所外引入。

2）采用电气分隔防护，并对每一项设备单独提供电气分隔；通常采用隔离变压器提供电源，被分隔回路的电压不应超过 500V，其带电部分不应和其他回路带电部分、PE 导体、地相连接；其外露可导电部分也不应同 PE 导体或地连接。

（3）鉴于电气分隔增加设备及费用，而非导电环境又不可多得，所以 0 类设备将日趋减少，直至淘汰。

5.2.3.2　Ⅰ类设备

（1）各类电气设备和用电设备广泛采用Ⅰ类，其占有绝大多数比例。

（2）Ⅰ类设备必须连接 PE 导体而设置接地或接等电位联结端子，配电设计时必须计算故障电流，并选择保护电器参数。这就增加了复杂性，本书的任务之一就是要解决这个问题，本章将提供解决方案。

5.2.3.3　Ⅱ类设备

（1）Ⅱ类设备的基本防护和故障防护都依靠设备自身提供，不需要采取其他防护措施。

（2）Ⅱ类设备非常少，主要是家用台灯和小电器等设备。

5.2.3.4　Ⅲ类设备

（1）Ⅲ类设备本身提供特低电压，配电设计必须提供安全隔离变压器，以供给 SELV（安全特低电压）或 PELV（保护特低电压）系统。

（2）Ⅲ类设备主要适用于各种检查、修理用手提灯，手持式电动工具，机床、钳工台、抛光工位等的局部照明灯，以及用于电缆隧道、综合管廊、汽车修理地坑等环境的手持式灯具。

5.3　基本防护措施

基本防护系指在正常条件下能防护与危险带电导体接触的一个或多个措施组合而成，这些措施有：

（1）基本绝缘（将带电部分绝缘）。

1）绝缘层应能覆盖全部带电部分，并牢固可靠。

2）绝缘层应能耐受规定的电压，油漆、喷漆等涂层、涂料及类似物不能视作绝缘层。

3）能长期承受运行中可能出现的机械、化学、电和热的不良影响。

（2）采用遮栏或外护物。

1）遮栏和外护物的作用是防止人体触及危险的带电部分，外护物包括电气设备的外壳。

2）遮栏和外护物的防护等级不应低于 IPXXB 或 IP2X 级，其与裸带电体之间的净距不应小于 100mm（对网状遮栏）或 50mm（对于无孔板式遮栏）。

3）遮栏和外护物应具有足够的机械强度，稳定、耐久、牢靠，只能用钥匙或工具才能移动或拆卸，或者在切断带电部分电源时才能移动和拆卸。

（3）采用阻挡物。

1）在电气专用房间或区域，裸带电体采用遮栏或外护物有困难时，可采用网状或栏杆屏障等阻挡物作为基本防护。

2）阻挡物高度不应低于1.4m，应能防止人体无意识地触及裸带电体；阻挡物的防护等级不低于IPXXB或IP2X级，与裸导体的净距不应小于1.25m。

3）阻挡物应可靠固定，能防止无意识地移动，但不要求使用钥匙或工具移开。

4）该防护措施仅适用于熟练技术人员（人的能力为BA5类❶）或受过培训的人员或在这类人员监督下的人员（BA4类）才可进行。

（4）裸带电体置于伸臂范围之外。在电气专用房间或区域，未采用遮栏、外护物或阻挡物时，应将裸带电体置于伸臂范围之外，以防止人可能无意识地同时触及到不同电位的可导电部分。伸臂范围应符合下列规定（见图5.3-1）：

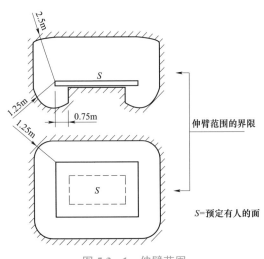

图 5.3-1　伸臂范围

1）裸导体在人活动区上方，其与人活动面的垂直净距不小于2.5m；

2）裸导体在人的活动面的侧面，其与该活动面边缘的水平净距不小于1.25m；

3）裸导体布置在人的活动面的下方，其与该活动面下方的垂直净距不小于1.25m，且与活动面边缘的水平净距不小于0.75m；

4）当人手持有导电物体（如梯子、工具、杆、棒等）时，则伸臂范围应计入该物体尺寸。

---

❶ 人的能力分类见附录C。

该防护措施适用于管理者资质同上述（3）4）的条件，本防护措施在医疗场所、居住建筑和公共建筑不适用。

5.4 故障防护

接地故障是出现最多又涉及人身安全的重要课题，因此必须对故障防护给予特别重视，尤其是应用最广泛的自动切断电源的防护措施。本章为接地故障的安全防护提供一套解决方案，既严格执行国家标准，又不需要做过多计算。

5.4.1 故障防护措施之一——自动切断电源

5.4.1.1 通用原则

（1）自动切断电源措施适用于防电击类别为Ⅰ类的设备。

（2）故障时，预期接触电压超过交流50V且持续时间可能导致人的生命危险之前，保护电器应能自动切断故障回路电源。

（3）建筑物内应做保护等电位联结，应将电气设备的外露可导电部分和装置外可导电部分连接到"等电位联结端子"，并与接地系统连接。

（4）故障时，保护电器自动切断电源的时间应符合下列规定：

1）63A及以下的插座回路和32A及以下的固定设备的终端回路，切断时间不应超过表5.4-1的规定。

2）TN系统的配电回路，除上述第1）款以外的终端回路，切断时间不应超过5s。

3）TT系统的配电回路，除上述第1）款以外的终端回路，切断时间不应超过1s。

表5.4-1　　　　　　　　　故障时保护电器最长切断时间　　　　　　　　　（s）

接地系统	相导体对地标称电压（U_{nom}）范围							
	$50V < U_{nom} \leq 120V$		$120V < U_{nom} \leq 230V$		$230V < U_{nom} \leq 400V$		$U_{nom} > 400V$	
	交流	直流	交流	直流	交流	直流	交流	直流
TN	0.8	—	0.4	5	0.2	0.4	0.1	0.1
TT	0.3	—	0.2	0.4	0.07	0.2	0.04	0.1

（5）故障时，配电线路的保护电器宜有选择性地动作，只有靠近故障处的保护电器切断，以上各级配电干线不应越级动作。

（6）对于交流系统额定电流为 32A 及以下的插座（除外由 BA4 类人员监管下使用的插座）和额定电流为 32A 及以下的户外移动式设备的回路，还应增设附加防护，应采用剩余电流动作保护电器（RCD），其额定剩余动作电流（$I_{\Delta n}$）不应超过 30mA。

5.4.1.2　TN 系统

5.4.1.2.1　故障防护要求

TN 系统故障防护电器的动作特性应符合式（5.4－1）的要求

$$Z_s I_a \leqslant U_{nom} \tag{5.4－1}$$

式中　Z_s——故障回路的阻抗，包括电源、相导体、PE 导体的阻抗，Ω；

　　　　I_a——保护电器在规定时间内切断电源的动作电流，A；

　　　　U_{nom}——相导体对地的标称电压，V。

5.4.1.2.2　设计实施

（1）由于式（5.4－1）不直观，不便设计应用，可做如下变换。TN 系统的接地故障电流 I_d 按式（5.4－2）计算为

$$I_d = \frac{U_{nom}}{Z_s} \tag{5.4－2}$$

将式（5.4－2）同式（5.4－1）综合，得

$$I_d \geqslant I_a \tag{5.4－3}$$

（2）采用断路器的瞬时过电流脱扣器做故障防护时，式（5.4－3）表达为式（5.4－4）

$$I_d \geqslant 1.3 I_{set3} \tag{5.4－4}$$

式中　I_{set3}——断路器的瞬时脱扣器的额定电流或整定电流，A。

系数 1.3 是按 GB 50054 的规定，为保证可靠动作的需要而设置的，考虑以下因素：① 断路器瞬时脱扣器动作误差，电磁脱扣器动作误差最大为±20%，电子式脱扣器动作误差最大为±10%；② 三极断路器发生单极过电流对脱扣器动作特性的影响。

（3）采用熔断器做故障防护时，式（5.4－3）可表达为

$$I_d \geqslant K_r I_n \qquad\qquad (5.4-5)$$

式中 I_n——熔断器熔断体额定电流，A；

K_r——熔断体在规定时间内的熔断电流与 I_n 的比值。

（4）K_r 值的编制。依据 GB 13539.1—2015《低压熔断器 第 1 部分：基本要求》[15]、GB/T 13539.2—2015《低压熔断器 第 2 部分：专职人员使用的熔断器的补充要求 标准化熔断器系统示例 A 至 K》[16]，并参考《工业与民用供配电设计手册（第四版）》[17]中表 11.6-16～表 11.6-18 而编制的 gG 熔断器的 K_r 值列于表 5.4-2～表 5.4-4，分别用于切断时间为 5、0.4、0.2s 的情况。关于 aM 熔断器的 K_r 值，是按企业提供的时间—电流曲线而编制的，列于表 5.4-5 和表 5.4-6。这五个表中的 K_r 推荐值考虑了熔断体的动作误差。

表 5.4-2　　　TN 系统用 gG 熔断器作故障防护 5s 内切断的 K_r 值

熔断体额定电流 I_n（A）	16	20	25	32	40	50	63	80	100
5s 内的熔断电流（A）	65	85	110	150	190	250	320	425	580
K_r 的最小值	4.1	4.3	4.4	4.7	4.8	5.0	5.1	5.3	5.8
K_r 的推荐值	4.5	5	5	5.5	5.5	5.5	6	6	6.5
熔断体额定电流 I_n（A）	125	160	200	250	315	400	500	630	800
5s 内的熔断电流（A）	715	950	1250	1650	2200	2840	3800	5100	7000
K_r 的最小值	5.7	5.9	6.3	6.6	7.0	7.1	7.6	8.1	8.8
K_r 的推荐值	6.5	6.5	7	7.5	8	8	8.5	9	10

表 5.4-3　　　TN 系统用 gG 熔断器作故障防护 0.4s 内切断的 K_r 值（用于 $U_{nom}=220V$）

熔断体额定电流 I_n（A）	16	20	25	32	40	50	63	80	100	125	160	200
0.4s 内的熔断电流（A）	108	130	180	220	300	390	560	750	1030	1300	1730	2210
K_r 的最小值	6.8	6.5	7.2	6.9	7.5	7.8	8.9	9.4	10.3	10.4	10.8	11.1
K_r 的推荐值	7.5	7.5	8	8	8.5	9	10	10.5	11.5	11.5	12	12.5

表 5.4－4　　　　　TN 系统用 gG 熔断器做故障防护 0.2s 内
切断的 K_r 值（用于 $U_{nom}=380V$）

熔断体额定电流 I_n（A）	16	20	25	32	40	50	63	80	100	125	160	200
0.2s 内的熔断电流（A）	120	150	195	260	340	460	605	880	1190	1500	1950	2600
K_r 的最小值	7.5	7.5	7.8	8.1	8.5	9.2	9.6	11	11.9	12	12.2	13
K_r 的推荐值	8.5	8.5	9	9	9.5	10	11	12.5	13	13.5	13.5	14.5

表 5.4－5　　　　TN 系统用 aM 熔断器做故障防护 5s 内切断的 K_r 值

熔断体额定电流 I_n（A）	32	40	50	63	80	100	125	160	200	250
5s 内的熔断电流（A）	225	290	365	440	560	710	880	1150	1450	1800
K_r 的最小值	7.0	7.3	7.3	7.0	7.0	7.1	7.0	7.2	7.3	7.2
K_r 的推荐值	8	8	8	8	8	8	8	8	8	8

注　由于熔断器相关国家标准中没有 aM 熔断器的时间—电流曲线，本表按照西门子公司、美国 EATON 公
司所属 Bussmann 公司、JEAN MÜLLER 公司和西安西联电气有限公司的 aM 熔断器的时间—电流曲线
编制。

表 5.4－6　　　　　TN 系统用 aM 熔断器做故障防护 0.4s 内
切断的 K_r 值（用于 $U_{nom}=220V$）

熔断体额定电流 I_n（A）	10	16	20	25	32	40	50	63	80	100
0.4s 内的熔断电流（A）	120	190	230	310	370	480	610	780	990	1250
K_r 的最小值	12.0	11.9	11.5	12.4	11.6	12.0	12.2	12.4	12.4	12.5
K_r 的推荐值	14	14	14	14	14	14	14	14	14	14

注　同表 5.4－5 注。

（5）当故障电流 I_d 很小，不能满足式（5.4－4）或式（5.4－5）要求时，应
采取以下措施之一：

1）加大相导体或（和）PE 导体截面积，以满足按规定时间切断要求，但需
要增加投资。

2）保护电器为断路器时，可采用 RCD 做故障防护，但不适用于熔断器。

3）设置辅助等电位联结，使故障时的接触电压降低到交流 50V 以下，并按式（4.3－1）校验。必须指出，为了热效应防护，特别是火灾防护的要求，最终仍需要切断电源，只是不必符合故障防护的切断时间要求，但应满足过电流热稳定的规定。

5.4.1.2.3 简易实用的查表法

采用断路器按式（5.4－4）、熔断器按式（5.4－5）计算的方法，虽比较直观方便，但仍需要计算每段配电线路的故障电流 I_d 值，工作量很大，费时费力，本节提供一个简易查表方法，可不再计算 I_d 值。具体思路如下。

（1）对式（5.4－2）进行变换，引出线路长度。

1）式（5.4－2）中的 $Z_s = \sqrt{R_{ph \cdot p}^2 + X_{ph \cdot p}^2}$（$R_{ph \cdot p}$、$X_{ph \cdot p}$ 分别为相保回路电阻、电抗），对于电缆和穿管（或线槽）敷设的线路，当 PE 导体和相导体在同一电缆内或管内，故障点离变电站有一定距离时，可以忽略线路电抗和电源阻抗（一定条件下误差较大时应予校正），此时，可近似认为 $Z_s \approx R_{ph \cdot p} \approx R_{ph} + R_{PE}$（$R_{ph}$、$R_{PE}$ 分别为相导体、PE 导体电阻）。

2）由于 $R = \rho \dfrac{L}{S}$，综合上式，代入式（5.4－2），得

$$I_d = \frac{U_{nom}}{Z_s} \approx \frac{U_{nom}}{R_{ph} + R_{PE}} = \frac{U_{nom}}{\rho \dfrac{L}{S_{ph}} + \rho \dfrac{L}{S_{PE}}} = \frac{U_{nom}}{\rho \dfrac{L}{S_{ph}} \left(1 + \dfrac{S_{ph}}{S_{PE}}\right)} = \frac{U_{nom} S_{ph}}{\rho L \left(1 + \dfrac{S_{ph}}{S_{PE}}\right)}$$

3）将上式之 I_d 取最小允许值 $I_{d \cdot min}$（即保证保护电器动作的最小值），则可得到线路长度（L）的最大允许值 L_{max}，上式变换为

$$L_{max} \leqslant \frac{U_{nom} S_{ph}}{\rho \left(1 + \dfrac{S_{ph}}{S_{PE}}\right) I_{d \cdot min}}$$

4）上式再计入故障时电阻温度系数 1.5 和校正系教 K 和 K_s，上式变为

$$L_{max} \leqslant \frac{U_{nom} S_{ph} K K_s}{1.5 \rho \left(1 + \dfrac{S_{ph}}{S_{PE}}\right) I_{d \cdot min}} \tag{5.4－6}$$

式中　L_{max} ——被保护配电线路最大允许长度，m；

S_{ph} ——被保护配电线路相导体截面积，mm^2；

S_{PE} ——被保护配电线路 PE 导体截面积，mm^2；

U_{nom} ——相导体对地的标称电压，V；

ρ ——导体温度为 20℃时的电阻率，软铜线芯为 $0.017\,24\,\Omega \cdot mm^2/m$，铝线芯为 $0.028\,2\,\Omega \cdot mm^2/m$；

1.5 ——因故障时电流加大而发热导致电阻增大的系数；

$I_{d \cdot min}$ ——预期接地故障电流最小允许值：采用断路器时，按式（5.4－4）取 $1.3I_{set3}$，采用熔断器时，按式（5.4－5）取 $K_r I_n$，A；

K ——忽略线路电抗时产生误差的校正系数，$S_{ph} \leqslant 95mm^2$ 取 1，S_{ph} 为 $120mm^2$ 和 $150mm^2$ 取 0.96，$S_{ph} \geqslant 185mm^2$ 取 0.92；

K_s ——忽略电源阻抗时产生误差的校正系数，取 0.8～1.0，故障点离配电变压器近时取低值；故障点离配电变压器远时取高值。

（2）按式（5.4－6）计算出线路最大允许长度（L_{max}，按 TN 系统故障防护）。

1）采用断路器的瞬时脱扣器（整定电流为 I_{set3}）做故障防护的线路最大允许长度列于表 5.4－7。

2）采用 gG（接刀型触头）熔断器做故障防护，切断时间 $t \leqslant 5s$ 和 $t \leqslant 0.4s$ 时的线路最大允许长度分别见表 5.4－8 和表 5.4－9。

3）采用 aM 熔断器做电动机终端回路的故障防护，切断时间 $t \leqslant 5s$ 和 $t \leqslant 0.4s$ 时的线路（指变电站到电动机）的最大允许长度分别见表 5.4－10 和表 5.4－11。

5.4.1.2.4　多级放射线路表 5.4－7～表 5.4－11 的应用

（1）以上简易查表法（查表 5.4－7～表 5.4－11）只能适用于一级放射式或树干式线路，对于广泛应用的两级和多级放射式或树干式线路，无法应用。

（2）对于多级线路，应采用"等效折算系数法"予以解决。原则是将上级线路的长度，按相保阻抗相等（或近似）的原则折算到与被校验的下级线路截面积相同时的折算长度，而后同下级被校验线路的实际长度相加，就可以运用表 5.4－7～表 5.4－11。

（3）按上述原则编制的多级线路长度折算系数 K 值列于表 5.4－12。

表 5.4－7　用断路器作故障防护时铜芯电缆最大允许长度　（m）

电缆截面积（mm²）		瞬时脱扣器整定电流（I_{set3}）（A）														
相导体 S_{ph}	PE 导体 S_{PE}	200	250	320	400	500	630	800	1000	1250	1600	2000	2500	3150	4000	5000
1.5	1.5	22	17	13	—	—	—	—	—	—	—	—	—	—	—	—
2.5	2.5	36	29	23	18	14	—	—	—	—	—	—	—	—	—	—
4	4	59	47	36	29	23	18	—	—	—	—	—	—	—	—	—
6	6	88	70	55	44	35	28	22	—	—	—	—	—	—	—	—
10	10	147	118	92	73	59	46	37	29	—	—	—	—	—	—	—
16	16	—	188	147	118	94	75	59	47	37	—	—	—	—	—	—
25	16	—	—	179	144	115	91	72	57	46	36	28	—	—	—	—
35	16	—	—	—	162	129	103	81	64	51	40	32	26	20	—	—
50	25	—	—	—	—	196	156	123	98	78	61	49	39	31	24	—
70	35	—	—	—	—	—	218	172	137	110	86	69	55	43	34	27
95	50	—	—	—	—	—	—	241	193	154	120	96	77	61	48	38
120	70	—	—	—	—	—	—	—	250	200	156	125	100	79	62	50
150	70	—	—	—	—	—	—	—	—	216	169	135	108	85	67	54
185	95	—	—	—	—	—	—	—	—	—	213	170	136	108	85	68
240	120	—	—	—	—	—	—	—	—	—	271	217	173	137	108	87

注：1. 按电源阻抗校正系数取 0.9 计算，$U_{nom}=220V$。
2. 本表也适用于绝缘线穿管敷设。
3. 当采用铝导体时，表中最大允许长度应乘以 0.61。

5　电击防护

表5.4-8　用gG熔断器作故障防护时铜芯电缆最大允许长度（t≤5s）　（m）

导体截面积 S_{ph} (mm²)	S_{PE} (mm²)	I_n (A) 16	20	25	32	40	50	63	80	100	125	160	200	250	315	400	500	630
熔断体参数 (A)	$K_r I_n$	65	85	110	150	190	250	320	425	580	715	950	1250	1650	2200	2840	3800	5100
1.5	1.5	88	67	52	38	—	—	—	—	—	—	—	—	—	—	—	—	—
2.5	2.5	147	112	87	64	50	—	—	—	—	—	—	—	—	—	—	—	—
4	4	236	180	139	102	80	61	—	—	—	—	—	—	—	—	—	—	—
6	6	354	270	209	153	121	92	72	—	—	—	—	—	—	—	—	—	—
10	10	—	450	348	255	201	153	120	90	—	—	—	—	—	—	—	—	—
16	16	—	—	557	409	323	245	191	144	105	—	—	—	—	—	—	—	—
25	16	—	—	—	499	394	299	234	176	129	104	78	—	—	—	—	—	—
35	16	—	—	—	—	443	337	263	198	145	117	88	67	—	—	—	—	—
50	25	—	—	—	—	—	510	399	301	220	178	134	102	77	—	—	—	—
70	35	—	—	—	—	—	—	559	421	308	250	188	143	108	81	—	—	—
95	50	—	—	—	—	—	—	—	590	433	351	264	201	152	114	88	—	—
120	70	—	—	—	—	—	—	—	—	561	455	342	260	197	148	114	85	—
150	70	—	—	—	—	—	—	—	—	—	491	370	281	213	159	123	92	68
185	95	—	—	—	—	—	—	—	—	—	—	466	354	268	201	156	116	86
240	120	—	—	—	—	—	—	—	—	—	—	594	451	342	256	198	148	110

注：1. 电源阻抗校正系数取 0.9，U_{nom} = 220V。

2. 本表也适用于绝缘线穿管敷设。

3. 当用铝导体时，表中最大允许长度应乘以 0.61。

表 5.4−9 用 gG 熔断器作故障防护时铜芯电缆最大允许长度 (t≤0.4s)

(m)

导体截面积 (mm²) S_{ph} \ 熔断体参数 (A) I_n		16	20	25	32	40	50	63	80	100	125	160	200	250	315
	S_{PE} \ $K_r I_n$	108	130	180	220	300	390	560	750	1030	1300	1730	2210	3000	3950
1.5	1.5	53	44	32	26	—	—	—	—	—	—	—	—	—	—
2.5	2.5	88	73	53	43	32	—	—	—	—	—	—	—	—	—
4	4	142	118	85	69	51	39	—	—	—	—	—	—	—	—
6	6	213	177	127	104	76	59	41	—	—	—	—	—	—	—
10	10	355	295	213	174	128	98	68	51	39	—	—	—	—	—
16	16	—	472	341	279	204	157	109	81	59	47	—	—	—	—
25	16	—	—	416	340	249	192	133	99	72	57	43	—	—	—
35	16	—	—	—	383	280	216	150	112	81	64	48	38	—	—
50	25	—	—	—	—	426	328	228	170	124	98	74	57	42	—
70	35	—	—	—	—	—	459	319	238	173	137	103	81	59	45
95	50	—	—	—	—	—	—	448	335	244	193	145	113	83	63
120	70	—	—	—	—	—	—	—	406	295	234	176	137	101	77

注：1. 电源阻抗校正系数取 0.9，U_{nom} =220V。

2. 本表也适用于绝缘线穿管敷设。

3. 当用铝导体时，表中最大允许长度应乘以 0.61。

表 5.4－10　用 aM 熔断器作故障防护时铜芯电缆最大允许长度（t≤5s）

（m）

导体截面积（mm²）S_{ph}	S_{PE}	32	40	50	63	80	100	125	160	200	250
熔断体参数（A）熔断体额定电流 I_n / 5s 内的动作电流		225	290	365	440	560	710	880	1150	1450	1800
2.5	2.5	42	33	—	—	—	—	—	—	—	—
4	4	68	52	42	—	—	—	—	—	—	—
6	6	102	79	63	52	—	—	—	—	—	—
10	10	170	132	105	87	68	—	—	—	—	—
16	16	272	211	168	139	109	86	69	—	—	—
25	16	—	258	205	170	133	105	85	65	—	—
35	16	—	—	230	191	150	118	95	73	58	—
50	25	—	—	—	290	228	180	145	111	88	71
70	35	—	—	—	—	319	252	203	155	123	99
95	50	—	—	—	—	—	354	285	218	173	139
120	70	—	—	—	—	—	—	370	283	224	180
150	70	—	—	—	—	—	—	400	305	242	195
185	95	—	—	—	—	—	—	—	385	305	246

注：
1. 电源阻抗校正系数取 0.9，U_{nom}＝220V。
2. 本表也适用于绝缘线穿管敷设。
3. 当用铝导体时，表中最大允许长度应乘以 0.61。
4. aM 熔断器参数来源同表 5.4－5。

表 5.4-11　用 aM 熔断器作故障防护时铜芯电缆最大允许长度（t≤0.4s）　　　　　(m)

导体截面积 (mm²) S_ph	S_PE	熔断体额定电流 I_n (A) 10	16	20	25	32	40	50	63	80	100
		0.4s 内的动作电流 120	190	230	310	370	480	610	780	990	1250
1.5	1.5	48	30	25	18	—	—	—	—	—	—
2.5	2.5	80	50	41	30	25	—	—	—	—	—
4	4	128	80	66	49	41	32	—	—	—	—
6	6	191	121	100	74	62	48	37	—	—	—
10	10	319	201	166	123	103	80	62	49	—	—
16	16	—	—	266	198	165	127	100	78	62	—
25	16	—	—	—	241	202	156	122	96	75	60
35	16	—	—	—	—	227	175	138	108	84	67
50	25	—	—	—	—	—	266	209	164	129	102
70	35	—	—	—	—	—	—	293	229	180	143

注　1. 电源阻抗校正系数取 0.9，U_{nom}=220V。

2. 本表也适用于绝缘线穿管线敷设。

3. 当用铝导体时，表中最大允许长度应乘以 0.61。

4. aM 熔断器参数来源同表 5.4-5。

表 5.4－12

多级线路长度折算系数 K 值

下级线路截面积 (mm²) 相导体	PE导体	$R'_{ph} + R'_{PE}$	6	10	16	25	35	50	70	95	120	150	185	240
上级线路截面积 (mm²) 相导体	PE导体	$R'_{ph} + R'_{PE}$	6	10	16	16	16	25	35	50	70	70	95	120
			8.78	5.37	3.36	2.76	2.45	1.61	1.15	0.82	0.61	0.56	0.43	0.34
2.5	2.5	21.1	0.42	0.25	0.16	0.13	0.12	0.08	0.06	0.04	0.04	0.03	0.02	0.02
4	4	13.2	0.67	0.41	0.26	0.21	0.19	0.12	0.09	0.06	0.05	0.04	0.03	0.03
6	6	8.78	1	0.61	0.38	0.32	0.28	0.18	0.13	0.09	0.07	0.06	0.05	0.04
10	10	5.37	—	1	0.63	0.51	0.46	0.30	0.21	0.15	0.12	0.10	0.08	0.06
16	16	3.36	—	—	1	0.82	0.73	0.48	0.34	0.24	0.18	0.17	0.12	0.10
25	16	2.76	—	—	—	1	0.89	0.58	0.42	0.30	0.22	0.20	0.16	0.12
35	16	2.45	—	—	—	—	1	0.66	0.47	0.34	0.25	0.23	0.18	0.14
50	25	1.61	—	—	—	—	—	1	0.72	0.51	0.38	0.35	0.27	0.21
70	35	1.15	—	—	—	—	—	—	1	0.72	0.53	0.49	0.37	0.29
95	50	0.82	—	—	—	—	—	—	—	1	0.74	0.69	0.52	0.41
120	70	0.61	—	—	—	—	—	—	—	—	1	0.92	0.71	0.56
150	70	0.56	—	—	—	—	—	—	—	—	—	1	0.77	0.61
185	95	0.43	—	—	—	—	—	—	—	—	—	—	1	0.79

注：1. 表中 $R'_{ph} + R'_{PE}$ 为相导体和 PE 导体单位长度电阻之和，单位为 mΩ/m，其值按 20℃时的电阻的 1.5 倍计算。

2. 本表适用于上、下级线路均为电缆或绝缘线穿管（PE 和相导体在同一电缆内或管内）的情况。

3. 本表适用于上、下级线路均为铜芯或铝芯的情况。

4. 当上级线路为铝芯，下级线路为铜芯时，表中 K 值应乘以 1.64；当上级线路为铜芯，下级线路为铝芯时，K 值应除以 1.64（或乘以 0.61）。

例1　从变电站低压配电柜（0.23/0.4kV）引出馈线，铜芯 $4 \times 120 + 1 \times 70mm^2$，长度 100m，首端断路器之 $I_{set3} = 2000A$，线路末端发生接地故障时，是否符合规范切断电源的要求？

解：查表 5.4-7，可得线路的最大允许长度为 125m，符合切断要求。

例2　已知同上例，但馈线长度为 160m，是否符合要求？若保护电器改用 gG 熔断器，其熔断体额定电流 I_n 为 200A，是否符合故障切断要求？

解：（1）由于允许长度为 125m，因此馈线长度 160m 不符合要求。

（2）若改用 gG 熔断器，切断时间 $t \leqslant 5s$，$I_n = 200A$，查表 5.4-8，允许长度可达 260m，符合要求。

例3　线路截面积、长度和保护电器的参数，均标注在图 5.4-1 中，若线路 L_2 的末端故障，是否符合切断电源的要求？

解：校验 L_2 线路故障，应将 L_1 等效折算到和 L_2 相同的截面积的长度，查表 5.4-12，可得折算系数 $K = 0.23$，则等效长度 $= L_1 K + L_2 = 100 \times 0.23 + 40 = 63m$。

再按 L_2 之 $I_{set3} = 1000A$ 查表 5.4-7，得允许长度为 64m，故符合要求。

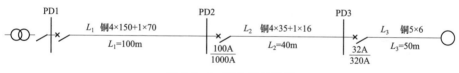

PD1　　　　　　L_1　铜4×150+1×70　　　PD2　　　L_2　铜4×35+1×16　　　PD3　　　L_3　铜5×6

$L_1 = 100m$　　　　　　　$L_2 = 40m$　　　　　　　$L_3 = 50m$

$\dfrac{100A}{1000A}$　　　　　$\dfrac{32A}{320A}$

图 5.4-1　配电系统示例

例4　图 5.4-1 的配电系统中，若线路 L_3 的末端发生接地故障，是否符合切断电源要求？

解：校验线路 L_3 故障，应将 L_1 和 L_2 等效折算到和 L_3 相同的截面积，查表 5.4-12，可得 L_1 的折算系数 $K_1 = 0.06$，L_2 的折算系数 $K_2 = 0.28$。

则等效长度 $= L_1 K_1 + L_2 K_2 + L_3 = 100 \times 0.06 + 40 \times 0.28 + 50 = 67.2m$。按 $I_{set3} = 320A$ 查表 5.4-7，得允许长度为 55m，所以不符合要求。必须采取以下措施之一：① 在 L_3 的首端加 RCD；② 把 L_3 的截面积加大一级，改为 $5 \times 10mm^2$，再查表发现符合要求了。

5 　5.4.1.2.6　相导体与无等电位联结作用的地的接地故障[6,10]

（1）建筑物内都应设置等电位联结，并接地；与无等电位联结作用的地发生接地故障，应指同建筑外的大地的接地故障，这种故障状况如图 5.4－2 所示。

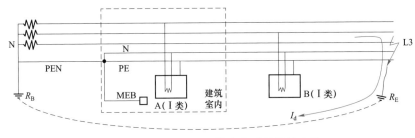

图 5.4－2　相导体与无等电位联结的地连接

（2）故障分析。

1）故障状态的等效电路图如图 5.4－3 所示。

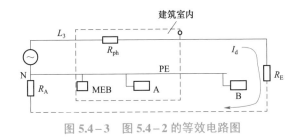

图 5.4－3　图 5.4－2 的等效电路图

2）故障电流 I_d 按式（5.4－7）计算（R_{ph} 相对于 R_B+R_E 很小，可忽略不计）为

$$I_d = \frac{U_{nom}}{R_B + R_E + R_{ph}} \approx \frac{U_{nom}}{R_B + R_E} \qquad (5.4-7)$$

式中　U_{nom}——相导体对地标称电压，V；

　　　R_B——变压器中性点工作接地电阻，Ω；

　　　R_E——故障接地电阻，Ω；

　　　R_{ph}——相导体电阻，Ω。

3）由于受 R_B 和 R_E 的限制，I_d 值一般较小，对于 TN 系统不能使保护电器切断故障；I_d 通过 R_B 产生电压降，使中性点产生对地电位 U_N，U_N 值为

$$U_N = I_d R_B \qquad (5.4-8)$$

4）U_N 将沿 PE 导体（或 PEN）传递到设备 A 和设备 B 的外壳，使之呈现一

定电位；该电位（U_N）若超过特低电压（交流 50V），就存在电击危险。为此，应使 U_N 被限制在交流 50V 以下，即

$$U_N \leqslant 50V \tag{5.4-9}$$

5）将式（5.4-7）、式（5.4-9）之 I_d、U_N 值代入式（5.4-8），得

$$50 \geqslant \frac{U_{nom}}{R_B + R_E} \times R_B$$

经整理后得

$$\frac{R_B}{R_E} \leqslant \frac{50}{U_{nom} - 50} \tag{5.4-10}$$

（3）重要结论。

1）U_N 传到建筑物内设备 A 外壳，同时传到保护等电位联结（MEB）面，使设备 A 的接触电压为 0；而室外设备 B 的外壳则呈现 U_N 电位。

结论：保护等电位联结对防电击有重要意义和显著效果。

2）室外设备 B 外壳呈现电位 U_N，是通过配电系统的 PE 导体传递的。

结论：在室外不具备保护等电位联结条件的，不应连接系统的 PE 导体，应采用 TT 系统。

（4）设计实施。

1）最简单、有效的方案：室外无保护等电位联结的场所采用 TT 系统。

2）若不采用 TT 系统，应降低 R_B 阻值，以满足式（5.4-10）的要求。然而当 $U_{nom} = 220V$ 时，按式（5.4-10）有 $R_B \leqslant 0.294R_E$，而 R_E 又是不定值，所以很难实施。只能将 R_B 尽量降低（如降低至 1~2Ω），但也不能保证符合式（5.4-10）要求。

5.4.1.3 TT 系统

5.4.1.3.1 故障防护要求

（1）TT 系统通常采用剩余电流动作保护电器（RCD）做故障防护，其动作特性应符合式（5.4-11）的要求

$$R_A I_{\Delta n} \leqslant 50V \tag{5.4-11}$$

式中　R_A——外露可导电部分的接地极电阻和 PE 导体电阻之和，Ω；

　　　$I_{\Delta n}$——RCD 的额定剩余动作电流，A。

　注　在 1 类和 2 类医疗场所等，式（5.4-11）中的 50V 应为 25V。

（2）当 TT 系统故障回路阻抗足够小，且其值可靠而稳定时，也可采用过电流保护电器做故障防护，其动作特性应符合 TN 系统的动作特性要求，即式（5.4-1）的规定；但和 TN 系统有显著差异，即式（5.4-1）中的故障回路阻抗 Z_s 明显不同，TT 系统的 Z_s 包括 R_A 和电源中性点接地电阻 R_B。

事实上，R_A 和 R_B 不容易也没有必要设计得那么小，使故障电流足以让过电流保护电器动作。因为采用 RCD 做故障防护十分有效，也很简便。

5.4.1.3.2 设计实施——$I_{\Delta n}$ 值的确定

（1）确定 $I_{\Delta n}$ 值的原则。

1）正常运行中线路和设备发生的泄漏电流不应动作。

2）发生故障时必须在表 5.4-1 规定的时间内切断电源。

（2）按上述原则，$I_{\Delta n}$ 值应符合式（5.4-12）、式（5.4-13）的要求

$$I_{\Delta n} > 2I_L \qquad (5.4-12)$$
$$I_d \geqslant 5I_{\Delta n} \qquad (5.4-13)$$

式中　I_L——RCD 所保护的回路（线路和设备）正常运行中可能出现的最大泄漏电流，A；

　　　I_d——TT 系统接地故障电流，A。

（3）式（5.4-12）的依据。GB/T 6829—2017《剩余电流动作保护电器（RCD）的一般要求》[18]规定了"额定剩余不动作电流 $I_{\Delta n0}$"，当电流等于或小于 $I_{\Delta n0}$ 时，在规定条件下 RCD 不动作。也就是要求最大泄漏电流不应超过 $I_{\Delta n0}$ 值；该标准规定 $I_{\Delta n0}$ 的优选值是 $0.5I_{\Delta n}$，即 $I_{\Delta n0} = 0.5I_{\Delta n}$，因此，必须使正常运行时的最大泄漏电流 I_L 小于 $0.5I_{\Delta n}$，这就是式（5.4-12）的标准依据。为了正常运行时 RCD 不致因泄漏电流误动作，可以选择 $I_{\Delta n}$ 值比 $2I_L$ 大得更多，但式（5.4-12）是底线。

（4）式（5.4-13）的依据。按照 GB/T 16895.21—2011《低压电气装置　第4-41 部分：安全防护　电击防护》[10]规定，TT 系统按规定时间切断电源的预期剩余故障电流应显著大于 RCD 的 $I_{\Delta n}$（通常为 5 倍），这就是式（5.4-13）的标准依据。

一般来说，只要求 $I_d > I_{\Delta n}$，RCD 就能保证动作，但是按 GB/T 6829—2017[18]的参数，无延时的 RCD，当故障电流等于 $I_{\Delta n}$ 时，其最大分断时间标准值为 0.3s，而按表 5.4-1，当 $U_{nom} = 220V$ 时，TT 系统的切断时间不应大于 0.2s，若 $I_d = 5I_{\Delta n}$ 时，最大切断时间标准值为 0.04s，这就是式（5.4-13）的理由。

5.4.1.3.3　设计实施——R_A值的确定

确定$I_{\Delta n}$值后，TT系统另一个需要确定的参数，就是R_A的取值。

（1）I_d的计算式，按本书式（3.2-4），重复如下

$$I_d = \frac{U_{nom}}{R_A + R_B} \qquad (5.4-14)$$

（2）将式（5.4-14）和式（5.4-13）综合，整理后得R_A的计算式

$$R_A \leqslant \frac{U_{nom}}{5I_{\Delta n}} - R_B \qquad (5.4-15)$$

（3）将确定了的$I_{\Delta n}$值按式（5.4-15）计算得出的R_A值列于表5.4-13。

表5.4-13　　　　　　　TN系统按$I_{\Delta n}$值确定的R_A最大允许值

$I_{\Delta n}$（mA）	R_A最大允许值（Ω）	留有余地后的推荐R_A最大值（Ω）	通常可采用的R_A值（Ω）
30	1662	1000	100
100	436	400	50
200	216	150	30~50
300	142	100	
500	84	70	30
1000	40	30	
2000	18	10	10
3000	10.6	6	4

注　本表按式（5.4-15）编制。U_{nom}取220V，R_B按4Ω计。

5.4.1.3.4　配电线路、电动机及部分设备的泄漏电流参考值

220/380V线路穿管敷设电线泄漏电流参考值见表5.4-14；电动机泄漏电流参考值见表5.4-15；部分常用电器、灯具的泄漏电流参考值见表5.4-16。以上数据引自《工业与民用供配电设计手册（第四版）》[17]。

表5.4-14　　　　　220/380V单相及三相线路穿管敷设电线
泄漏电流参考值　　　　　　　　　　（mA/km）

绝缘材质 ＼ 电线截面积（mm²）	4	6	10	16	25	35	50	70	95	120	150	185	240
聚氯乙烯	52	52	56	62	70	70	79	89	99	109	112	116	127
橡皮	27	32	39	40	45	49	49	55	55	60	60	60	61
聚乙烯	17	20	25	26	29	33	33	33	33	38	38	38	39

表 5.4-15　　　　　　　　　　　　　　　　　电动机泄漏电流参考值

电动机额定功率（kW）	1.5	2.2	5.5	7.5	11	15	18.5	22	30	37	45	55	75
正常运行的泄漏电流（mA）	0.15	0.18	0.29	0.38	0.50	0.57	0.65	0.72	0.87	1.00	1.09	1.22	1.48

表 5.4-16　　　　　　　　　　部分常用电器、灯具泄漏电流参考值

电器、灯具名称	计算机	打印机	小型移动式电器	复印机	滤波器	安装在金属构件上的荧光灯具	安装在非金属构件上的荧光灯具
泄漏电流（mA）	1～2	0.5～1	0.5～0.75	0.5～1.5	1	0.1	0.02

5.4.1.3.5　应用示例

例　某城市道路照明，从变压器低压盘引出线路，聚乙烯绝缘电缆，截面积 35mm²，全长 1350m，接 38 盏路灯，采用 TT 系统，接线见图 5.4-4，设电缆的泄漏电流为 33mA/km，每杆路灯泄漏电流为 0.2mA，应如何确定保护电器的 $I_{\Delta n}$ 和接地电阻 R_A 的参数？

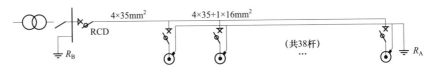

图 5.4-4　道路照明 TT 系统接线示意图

解：低压盘出线首端应采用带 RCD 的断路器，该线路及灯具的泄漏电流 $I_L \approx 33 \times \dfrac{1350}{1000} + 0.2 \times 38 = 52.15\text{mA}$。按式（5.4-12），$I_{\Delta n}$ 至少应选 200mA，为了不致因泄漏电流而误动作，所以 $I_{\Delta n}$ 可以加大到 300mA 或 500mA。

若 $I_{\Delta n}$ 选 500mA，按表 5.4-13，$R_A \leqslant 70\Omega$，为可靠推荐取 30Ω。

为了故障时有选择性动作，方便检查故障点，最好是每杆灯具再装一个 RCD，其 $I_{\Delta n}$ 可为 30mA，瞬时动作；此时线路首端的 RCD 必须延时 0.2～0.3s。

5.4.1.4　IT 系统

5.4.1.4.1　IT 系统故障防护特点

（1）电源中性点不接地或通过一个足够大的阻抗接地，称为"不接地"系统，但电气设备的外露可导电部分应做保护接地。由于故障电流太小，和 TN、TT 系

统差异很大，故障状态和故障防护措施也完全不同。

（2）某些条件下，为了抑制可能产生的过电压或谐振，需要将变压器低压侧中性点经过高阻抗接地。为了保证发生接地故障而不会切断电源，必须要使故障电流足够小，也就是要求这个高阻抗值足够大。如要求将接地故障电流限制在 200mA 以内，则该阻抗值应不小于配电系统对地标称电压 U_{nom} 的 5 倍以上；对于 220/380V 配电系统，该阻抗值不应小于 1100～1500Ω。

5.4.1.4.2 IT 系统发生第一次故障的要求

（1）IT 系统发生第一次故障不应切断电源。

1）技术要求：不切断电源，意味着带着故障继续运行，条件是：① 故障电流很小；② 用电设备的外露可导电部分的接触电压低，在正常环境条件下，该接触电压不应超过交流 50V。

为此，故障电流应满足式（5.4－16）要求

$$R_A I_d \leqslant 50V \qquad (5.4-16)$$

式中 R_A——外露可导电部分的接地极和保护接地导体的电阻之和，Ω；

I_d——第一次接地故障的故障电流，此值计及了泄漏电流和电气装置的全部接地阻抗的影响，A。

2）第一次接地故障电流 I_d 值的估算[9]。

a. 电源中性点不接地：第一次接地故障电流，从电源经相导体到电气设备外露导电部分，经 PE 导体，到接地极电阻 R_A，再从非故障相线路和设备的对地电容形成回路，见图 5.4－5；由于容抗很大，决定了故障电流 I_d 值很小，通常在毫安级，如几个到几十毫安。

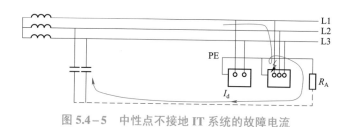

图 5.4－5 中性点不接地 IT 系统的故障电流

b. 电源中性点经过高阻抗接地：故障电流 I_d 同上，但流经 R_A 后，经高阻抗 Z_B（同对地电容并联）形成回路，见图 5.4－6；由于 Z_B 通常取值在 1100～1500Ω，

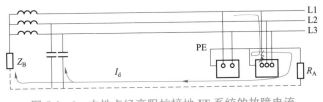

一般使 I_d 限制在 200mA 以内，再考虑电容电流的影响，可能使 I_d 值达到 200～250mA，可作为参考值。

图 5.4－6　中性点经高阻抗接地 IT 系统的故障电流

3）IT 系统接地电阻 R_A 的取值：根据式（5.4－16）要求，以及上述 I_d 值的估算，可以计算出 R_A 的取值。当中性点经高阻抗（Z_B）接地时，如前述 I_d 值参考值约为 200～250mA，代入式（5.4－16），可得 R_A＜250～200Ω；为可靠起见，还应留有足够余地，建议将 R_A 值取为 50～100Ω；对于中性点不接地的 IT 系统，R_A 值可以更大一些。

（2）IT 系统第一次故障应发出报警。

1）IT 系统第一次故障，带着很小的故障电流继续运行，但必须"报告"运行、维护人员，以便采取必要措施。

2）采用绝缘监测器（IMD），以监测 IT 系统相导体对称或非对称的对地绝缘电阻，当系统对地绝缘电阻降低到整定值以下时会发出声、光报警信号，可以人工解除音响，但应保持灯光信号，直至故障消除为止。

3）IMD 的绝缘电阻设定值，通常远低于电气装置的最小绝缘电阻，一般设定为 0.5～1.0MΩ；考虑到运行中连接上诸多的用电设备，其绝缘电阻将有较大降低，为避免不应有的误报警，IMD 的绝缘电阻整定值应小于运行中的对地绝缘电阻，通常可采用 100kΩ[9]，而 2 类医疗场所（如手术室等）采用的 IT 系统，IMD 的绝缘电阻设定值不低于 50kΩ[19]。

4）第一次故障报警后，应有条件尽快采取措施消除故障。

5.4.1.4.3　IT 系统发生第二次异相接地故障的要求

当第一次接地故障未消除，又发生另一次不同带电导体（异相）故障时，则必须自动切断电源，并分别以下列情况规定不同要求。

（1）当多个用电设备的外露可导电部分通过 PE 导体连接到共同接地极时，应按 TN 系统的要求自动切断电源，并应符合下到要求。

1）当采用三相三线制（不配出中性线），应满足以下条件

$$2I_aZ_s \leqslant \sqrt{3}U_{\text{nom}} \tag{5.4-17}$$

式中　I_a——按 TN 系统规定的时间内，使保护电器动作的电流，A；

　　　Z_s——包括相导体和 PE 导体的故障回路的阻抗，Ω。

三相三线制 IT 系统第二次异相故障电路如图 5.4-7 所示，其等效电路如图 5.4-8 所示，图中表示的是导体电阻，忽略了电抗。

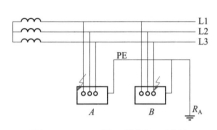

图 5.4-7　三相三线制 IT 系统
第二次异相接地故障电路图

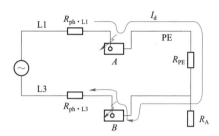

图 5.4-8　三相三线制 IT 系统第二次
异相接地故障等效电路图

2）当采用三相四线制（配出中性线）时，若为第一次和第二次发生在不同相导体（如 L1 和 L3）的接地故障，仍应满足式（5.4-17）的条件；若为一次发生在相导体、另一次发生在 N 导体的接地故障（见图 5.4-9、图 5.4-10），则应满足式（5.4-18）的条件

$$2I_aZ_s' \leqslant U_{\text{nom}} \tag{5.4-18}$$

式中　Z_s'——包括相导体、N 导体和 PE 导体的故障回路的阻抗，Ω。

3）相关说明。

a. 式（5.4-17）和式（5.4-18）的差别：前者是两个相导体通过 PE 导体的故障，形成两相的短接，公式右边是 $\sqrt{3}U_{\text{nom}}$；后者是一相导体通过 PE 导体和 N 导体的短接，公式右边是 U_{nom}。

b. 式（5.4-17）和式（5.4-18）中的系数"2"的说明：考虑最不利条件，两次故障并非如图 5.4-7 和图 5.4-9 所示的就在近旁，而是发生在不同馈电线，如图 5.4-11 所示，其故障回路阻抗，最大可接近于图 5.4-7 和图 5.4-9 的 2 倍，这是式（5.4-17）和式（5.4-18）左边的阻抗乘以"2"的原因。

（2）当用电设备的外露可导电部单独接地时，应按 TT 系统的条件和切断时间自动切断电源。

应按本章 5.4.1.3 的要求实施，不再重复叙述。

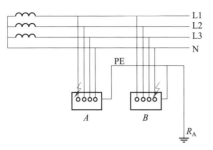
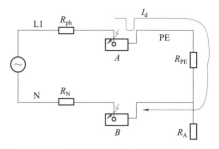

图 5.4-9　三相四线制 IT 系统第二次接地　　图 5.4-10　三相四线制 IT 系统第二次接地
故障（其中有一次为 N 接地）电路图　　　故障（其中有一次为 N 接地）等效电路图

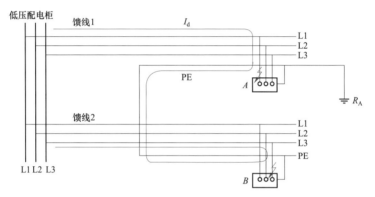

图 5.4-11　两次故障分别发生在不同馈线的故障回路

5.4.2　故障防护的其他措施

5.4.2.1　双重绝缘和加强绝缘

（1）适用范围。

1）除一些特殊场所规定有限制外，该防护措施适用于所有场所。

2）该防护措施不能被改动而降低防护的有效性，因此不应在装有插座的末端回路中采用，也不得在可随意增加电气设备的场所采用。

（2）防护措施。

1）采用基本绝缘作为基本防护，采用附加绝缘作为故障防护。

2）采用加强绝缘兼作基本防护和故障防护。

（3）对电气设备的要求。

1）采用防电击类别为 Ⅱ 类的设备，或绝缘条件等效于 Ⅱ 类的设备。

2）只有基本绝缘的电气设备，应设置防护外壳作为附加绝缘。

3）电气设备的裸带电部分，应设置加强绝缘。

（4）绝缘外护物内的可导电部分不应连接 PE 导体；设备绝缘外护物的外露可导电部分不应连接 PE 导体。

（5）配线系统应满足下列要求：

1）配线系统采用导线的额定电压不应小于系统的标称电压，且不低于 300/500V。

2）线路防护应采用下列一种或几种方式：

a. 采用非金属护套电缆；

b. 采用绝缘线敷设在非金属线槽或槽盒内，或非金属导管内。

5.4.2.2 电气分隔

（1）电气分隔防护要求：

1）采用基本绝缘或遮栏、外护物作为基本防护。

2）采用被分隔回路与其他回路或地之间做简单分隔的方式作为故障防护。

（2）电气分隔防护的电源应符合下列要求：

1）采用安全隔离变压器作为电气分隔的电源。

2）被分隔回路的电压不得超过 500V。

3）每台隔离变压器宜为一台用电设备供电。

4）当一台安全隔离变压器为多台用电设备供电时，被分隔回路的外露可导电部分应做不接地的等电位联结互相连通；该等电位联结导体不得与其他回路的 PE 导体，以及外露可导电部分、外露可导电部分相连接。

（3）电气分隔防护的配线应满足下列要求：

1）被分隔回路的导体不应与地、PE 导体相连接；外露可导电部分不应与地、PE 导体或其他回路的 PE 导体、外露可导电部分连接。

2）被分隔回路宜与其他回路分开敷设。

3）被分隔回路应采用无金属外皮的多芯电缆，或采用绝缘电线穿绝缘套管，或在绝缘槽盒内敷设。

4）被分隔回路总长度不宜超过 500m，且与回路的标称电压的乘积不宜超过 100 000V·m。

5.4.2.3 采用 SELV 系统和 PELV 系统的特低电压

（1）防护要求。

1）SELV 系统和 PELV 系统的标称电压不应超过交流 50V 或直流 120V。

2）对于特殊场所，如 1 类和 2 类医疗场所等，上述标称电压不应超过交流 25V 或直流 60V；在水中，如游泳池、浴室、文旅水域等，不应超过交流 12V。

3）SELV 系统的带电导体应有基本绝缘，外露可导电部分不允许接地，不得连接 PE 导体，也不应同其他回路的外露可导电部分和外界可导电部分连接。

4）PELV 系统回路及接入该回路的用电设备的外露可导电部分可接地。

（2）基本防护要求。

1）回路的标称电压超过交流 25V 或直流 60V 时，应设基本绝缘，或设置遮栏或外护物。

2）被液体浸没的电气设备，不论电压高低，都应具有基本绝缘。

3）正常干燥环境内，标称电压不超过交流 25V 或直流 60V 的 SELV 和有等电位联结的 PELV 的回路可不设置基本防护。

4）标称电压不超过交流 12V 或直流 30V 的 SELV 和 PELV 系统（除水中外）可不设置基本防护。

（3）SELV 和 PELV 系统的电源。

1）最常用的电源是安全隔离变压器。

2）其他电源：

a. 绕组具有等同隔离功能的电动发电机组；

b. 电化学电源（如蓄电池组）；

c. 由低压供电、标称电压符合 SELV 或 PELV 要求，采用双重绝缘或加强绝缘的移动式电源。

（4）SELV 和 PELV 系统的配线要求：

SELV 和 PELV 系统回路与其他回路带电部分之间应具有保护分隔，可以采取下列措施之一实施：

1）SELV 和 PELV 系统回路采用双重绝缘或加强绝缘。

2）其他回路采用双重绝缘或加强绝缘。

3）SELV 和 PELV 系统导体具有基本绝缘加绝缘护套，或置于绝缘外护物内。

4）SELV 和 PELV 系统回路采用接地的金属护套或接地的金属屏蔽物，与高于特低电压的回路导体隔开。

5）将 SELV 和 PELV 系统回路和其他回路拉开距离。

（5）插头和插座要求：

1）SELV 和 PELV 系统的插头、插座和其他电压回路不能互相插入，其插孔间距和结构形式有明显区别。

2）SELV 系统的插头、插座不应有接地孔、接地针，不得连接 PE 导体。

3）SELV 和 PELV 系统的插头、插座应标志电压、电流值。

5.4.2.4 将电气设备安装在非导电场所

（1）适用条件：仅适用于熟练的或受过培训的人员操作或管理（BA5 类或 BA4 类）的电气装置；但不适用于医疗场所等防电击要求高的场所。

（2）非导电场所内应有绝缘的地板和墙，应符合以下至少一种要求：

1）外露可导电部分与外界可导电部分间的距离不应处于伸臂范围以内。

2）外露可导电部分与外界可导电部分间具有绝缘材料制作的阻挡物隔开。

3）外界可导电部分上覆盖有足够机械强度的绝缘，并能承受不低于 2000V 的试验电压。

4）场所内地板和墙的绝缘体的任一点测量的电阻不应低于：

a. 装置标称电压不超过 500V 者为 50kΩ；

b. 标称电压超过 500V 者为 100kΩ。

（3）非导电场所内不应有与地连接的 PE 导体。

（4）进行不接地的等电位联结：

1）所有电气设备和线路都应具有基本防护。

2）当各外露可导电部分不能满足上述间距时，应互相连通，实施不接地的等电位联结。

5.4.3 附加防护

（1）特殊条件：

在某些受外界影响的情况下，或某些特殊场所内，在预期的应用中，具有增大的电击危险性，例如在特定条件下，人与地电位之间具有低阻抗接触的区域内，需要在主保护之外增加设置附加防护。

（2）附加防护措施之一——剩余电流动作保护电器（RCD）。

1）应用条件。主要应用于以下情况：

a. 基本防护失效时；

b. 故障防护失效时；

c. 使用者可能不慎的情况。

2）典型应用的设备和场所：

a. 一般人员使用的，特别是家庭及类似场所的普通插座；

b. 小电流（如额定电流 32A 及以下）的户外移动式设备，如施工场所和户外临时用电的设备。

3）技术要求：采用 RCD 作附加防护，其额定剩余动作电流 $I_{\Delta n}$ 不应超过 30mA，不能把 RCD 作为唯一的保护措施，更不能代替其他的基本防护和故障防护措施。

（3）附加防护措施之二——辅助等电位联结（SEB）。

1）应用条件。作为故障防护的附加防护措施，当故障防护电器不能自动切断，或不能在规定时间内切断的条件时，应设置 SEB。设计时不仅需要满足故障防护要求，还要考虑未来由于施工，运行中线路、设备等的老化等因素导致的不良后果，设置 SEB 作为附加防护，对防电击是很有意义的。

2）目的。建筑物内在电源进线处设置保护等电位联结，从而降低了故障时接触电压，但故障点离保护等电位较远时，由于 TN 系统的 PE 导体通过故障电流而产生的电压降超过交流 50V 时，若保护电器没有按规定时间内切断电源，则可能导致电击危险，因此在故障点或附近的配电箱设置 SEB，使故障时的接触电压降低到交流 50V（某些条件下为 25V）以下。

3）作用范围。SEB 可以涵盖一台电气设备，也可以是一个局部场所或一个分配电系统，因此，可以设置在某台用电设备（含插座）处，也可以设置在某个场所（如洗浴间）或分配电箱处。

4）设置 SEB 作为故障防护的附加防护，不能代替自动切断电源的故障防护，由于配电线路、电气设备过电流造成的热效应，仍需自动切断电源（不是电击防护要求），特别是火灾危险场所，更为必要。

5）典型应用场所。从更高的防电击要求考虑，以下场所必须设置 SEB：

a. 洗浴房间（包括家庭、宾馆等）；

b. 游泳池；

c. 1 类和 2 类医疗场所；

d. 农畜饲养房间或棚屋。

6）SEB 的有效性校验。对交流配电系统应符合式（5.4-19）的要求

$$R \leqslant \frac{50V}{I_a} \qquad (5.4-19)$$

式中　R——可同时触及的外露可导电部分和外界可导电部分之间的电阻，Ω；

　　　I_a——保护电器的动作电流，A。

7）式（5.4-19）的简易校验法：由于配电系统需要计算的太多，按式（5.4-19）校验以确定何处需要设置 SEB 太费时费力，本书第 4.3 节已编制成表，只要按照保护电器的整定电流（断路器的瞬时脱扣器电流 I_{set3} 或熔断器熔断体额定电流 I_n）和配电线路的 PE 导体截面积 S_{PE} 值，即可查到线路的最大允许长度，超过此长度时，应增设 SEB。

采用断路器瞬时脱扣器做故障防护时，查表 4.3-1；采用 gG 熔断器时，查表 4.3-2（切断时间 $t \leqslant 0.4s$）或表 4.3-3（$t \leqslant 5s$）；采用 aM 熔断器（用于保护电动机的终端回路时，查表 4.3-4（$t \leqslant 0.4s$）或表 4.3-5（$t \leqslant 5s$）。

6　短路保护[6,20]

6.1　短路故障的基本概念

6.1.1　短路故障的危害和保护要求

6.1.1.1　短路故障的危害

短路故障是带电导体之间非正常的金属性接触，通常故障电流大，但其发生的概率远低于接地故障，其危害主要有以下两个方面：

（1）大电流产生的机械应力，在配电装置、配电线路和开关电器中的带电导体间产生很大的排斥力，使带电导体及其固定件扭曲、变形、松动甚至断裂，损害配电系统正常运行。

（2）大电流导致带电导体及连接件发热，使温度急剧上升，超过绝缘物可能损坏的最终温度时，将使电线、电缆的绝缘材料损坏或失效；温度过高，甚至可能引起邻近可燃物燃烧，酿成火灾，导致严重后果。

6.1.1.2　短路保护的要求

发生短路故障，应采取有效措施，避免以上两种有害后果的发生。为此，短路保护电器的选型和参数的设定，应保证在短路电流对导体及其连接件产生热效应和机械效应造成线路及其绝缘损坏，以致发生电气火灾等危害之前，可靠切断电源。

6.1.2　动稳定要求

（1）绝缘电线、电缆，由于其性能柔软，带电导体间的机械力作用对其影响较小，通常不考虑其动稳定要求。

（2）硬母线（铜排或铝排）包括以下三种类型：

1）低压配电柜或配电箱内的硬母排，由成套装置的标准规定，保证母排及其连接件、固定件的动稳定。

2）配电干线采用密集型母线槽的动稳定，由其产品标准和制造厂保证。由于配电干线固定密集，承受短路电流的机械力大，比较容易满足动稳定要求。通常制造厂应提供母线槽的额定电流和保证动稳定的短时耐受电流（I_{cw}）值。

3）应用于工业厂房的裸母排，应按最大短路电流产生的机械应力计算母排、固定绝缘子、螺栓和固定支架的动稳定。近些年来，出于安全性考虑，裸母排应用很少，多被密集型母线槽所取代。

（3）开关、隔离开关、断路器、接触器等电器，都必须能够承受短路电流的机械应力，动稳定由该产品的制造厂规定，通常应给出电器的短时耐受电流（I_{cw}）允许值。然而，当额定电流较小的隔离开关、接触器设置在离变压器（特别是大容量的变压器）很近的部位时，其将承受远超过其 I_{cw} 值的短路电流，这种情况下，应依赖保护电器（熔断器或断路器）的限流特性，把大短路电流限制到某一个百分数，以保证安全。如果被限制的短路电流还大幅超过其 I_{cw} 值，可允许其触头损坏，但不应危及周围其他电器的安全，不应破坏配电系统的正常运行。

6.1.3　热稳定的物理概念及技术要求

短路电流导致电线、电缆温升的物理过程如下：

（1）电线、电缆承载工作电流和短路故障电流导致温升的物理过程如图 6.1－1 所示。图的横坐标为电流作用的时间，纵坐标为温度变化。

（2）通过正常工作电流时，电线、电缆的温度将从 θ_0 上升至 θ_n（或以下），温升过程由电流导致的发热与散热条件（视敷设方式，电线、电缆温度和周围环境温度之差值而改变）所决定。电流不变的条件下，发热与散热相等时，温度趋于稳定（图 6.1－1 中曲线①之尾部），应稳定在 θ_n 值以内的某一温度值。

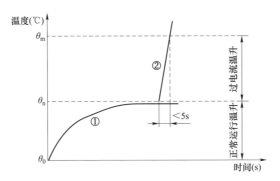

图 6.1－1　电线、电缆通过工作电流和短路电流的温升

注　1. θ_0 为环境温度，建筑物内定义为"最热月的日最高温度平均值"。

　　2. θ_n 为工作温度，指长时连续承载正常工作电流达到的温度，各种绝缘材料的电线、电缆的 θ_n 值由国家标准规定，其最大允许值见表 6.1－1。

　　3. θ_m 为最终温度，指发生过电流（包含短路、过负荷、接地故障）时，故障电流导致电线、电缆温度升高所不允许超过的限值，其值见表 6.1－1。

表 6.1－1　　　　　　电线、电缆的工作温度（θ_n）和最终温度（θ_m）

允许温度	电线、电缆绝缘的类型					
	热塑型聚氯乙烯 PVC	90℃聚氯乙烯 PVC	交联聚乙烯 XLPE 乙丙橡胶 EPR	60℃橡胶热固型	矿物质绝缘	
					PVC 护套	无护套
工作温度 θ_n（℃）	70	90	90	60	70	105
最终温度 θ_m（℃）	160（140）	160（140）	250	200	160	250

注　1. 括号内的温度值用于截面积大于 300mm² 的电线、电缆。

　　2. 工作温度 θ_n，对于短路而言，可称为初始温度。

（3）在工作过程中发生短路时，电线、电缆的温度将从 θ_n（或 θ_n 以下）急剧上升，短路持续时间很短（不超过 5s）时，可忽略散热的影响，温度近似直线上升（如图 6.1－1 中的线②），保护电器应在温度达到 θ_m 之前切断电源，以避免电线、电缆的绝缘层的损坏和失效（如软化、变形、发脆，绝缘降低乃至失去绝缘效应）；温度继续升高，可能引燃邻近的易燃或可燃材料，而导致火灾。

在温度升高至 θ_m 之前，保护电器切断电源的技术条件将在 6.2 节中解析。

6.2 保护电器类型及装设要求

6.2.1 短路保护电器的类型

低压配电系统短路保护的保护电器通常采用以下类型。

（1）反时限特性的 gG 熔断器和 aM 熔断器：一种短路特性极佳的保护电器，其良好的限流特性，对被保护回路的电器安全十分有利，降低了对线路导体截面积的要求。

（2）断路器的瞬时过电流脱扣器（包括非选择型和选择型断路器）：当前应用最广泛的一种短路保护电器，特别是塑壳型断路器（MCCB）同样具有较好的限流特性，且在不断发展进步。

（3）选择型断路器的短延时过电流脱扣器：当短路电流较小时，利用其短延时特性（如 DW45 型断路器，其延时为 0.1～0.4s），实现选择性切断，缩小了切断电路的范围，具有明显的优越性，但其价格贵，常应用于电流较大、可靠性要求高的馈线回路。

6.2.2 保护电器的兼用

每段配电回路应设置一台保护电器，兼作短路保护、过负荷保护和接地故障保护。断路器脱扣器具有两种（非选择型）或四种（选择型）功能，分别发挥不同的故障保护作用；熔断器仅有一组熔断体，承担三项保护，但必须同时满足三项保护的技术要求。

6.2.3 保护电器的装设要求

保护电器的装设有如下要求。

（1）每段配电线路都应设置短路保护电器，但属于下列情况之一者，可不装设：

1）回路的切断可能导致电气装置的运行出现危险，如旋转电机的励磁机回路、起重电磁铁的供电回路、电流互感器的二次回路。

2）某些测量回路。

（2）每段配电线路只装设一台保护电器，保护电器应装设在该段线路的首端，即配电柜（屏、箱）内，亦即引出线处，或配电干线分支处，或截面积减小处；一段线路不宜装设两台保护电器，更不应装设三台，如电气装置的进线处、装置内的控制屏（箱）的输入端，均不应再装设保护电器，必要时，可装设隔离开关，这是因为过多的保护电器将增加切断电路的概率，降低配电系统的可靠性和选择性。

（3）配电线路的分支处，导体的允通能量（K^2S^2）降低处或通常说的导体截面积减小处（或其他变化导致导体的载流量减小处）的装设要求如下：

1）保护电器应装设在分支处，或导体截面积减小（含载流量减小）处，如图 6.2－1 中的分支线 A 处。

2）当有困难时，在没有火灾危险或爆炸危险场所，允许将保护电器装设在离分支处线路长度不超过 3m 的部位，如图 6.2－1 中 B 处，该段分支线路不应再接出分支回路或电源插座，并满足以下两项要求：

a. 使该段分支线路的短路危险减至最小（如采用双层绝缘线，或将线路敷设在金属槽盒或导管内）；

b. 不装设在靠近可燃物处。

3）当满足上述第 2）款全部要求且分支线路发生短路，配电干线首端的保护电器（如图 6.2－1 之 P1）能切断电路，该分支线路符合短路热稳定要求时，允许该分支线路长度超过 3m，如图 6.2－1 之分支线 C 处。

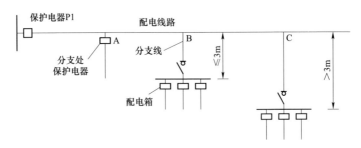

图 6.2－1　配电线路分支线保护电器装设要求

（4）保护电器装设部位示例如图 6.2－2 所示。特别提示，在配电箱、控制箱的进线处不应装设保护电器，因为在该配电线路首端已经设置了保护电器。

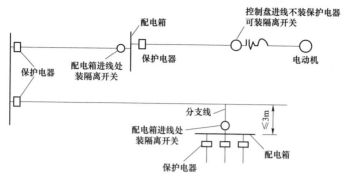

图 6.2-2　保护电器装设示例

6.3　短路保护的技术要求

绝缘电线、电缆主要考核短路热稳定要求,对于母排则应考核热稳定和动稳定。

(1)对于持续时间不超过 5s 的短路,短路电流持续时间 t 可近似地用式(6.3-1)表述;或导体截面积应符合式(6.3-2)的规定

$$t \leqslant \left(\frac{KS}{I} \right)^2 \qquad (6.3-1)$$

或

$$S \geqslant \frac{I}{K} \sqrt{t} \qquad (6.3-2)$$

式中　t——短路持续时间,s;

　　　S——导体截面积,mm^2;

　　　I——预期短路电流,交流方均根值,A;

　　　K——和导体材料的电阻率、温度系数、热容量以及相应的初始温度和最终温度有关的系数,其值列于表 6.3-1。

(2)持续时间 $t<0.1s$ 时,校验电线、电缆截面积应计入短路电流非周期分量的影响。

1)对于交流 50Hz 的配电系统,$t<0.1s$ 就是在小于 5 个周期内切断,这种情况下,短路电流的非周期分量所占比例较大,如按周期分量有效值计算将引起较大误差。

表 6.3－1   导 体 的 K 值

电线、电缆绝缘的类型		允许温度（℃）		下列导体材料的 K 值		
		初始温度θ_n	最终温度θ_m	铜	铝	铜导体的锡焊接头
热塑型聚氯乙烯 PVC	导体截面积 ≤300mm²	70	160	115	76	115
	导体截面积 >300mm²	70	140	103	68	—
90℃聚氯乙烯 PVC	导体截面积 ≤300mm²	90	160	100	66	—
	导体截面积 >300mm²	90	140	86	57	—
交联聚乙烯 XLPE 乙丙橡胶 EPR		90	250	143	94	—
60℃橡胶，热固型		60	200	141	93	—
矿物质绝缘	PVC护套	70	160	115	—	—
	无护套	105	250	135（115）	—	—

注 括号内的数字用于容易被触摸的无护套电缆。

2）$t < 0.1s$ 的情况，实际应用十分广泛，当前应用最多的断路器，主要是用瞬时过电流脱扣器作短路保护，其动作时间多在 10～30ms；采用熔断器时，当短路电流超过熔断体额定电流 16～20 倍及以上时，其熔断时间 t 也将小于 0.1s。

3）持续时间 $t < 0.1s$ 时，电线、电缆的截面积应符合式（6.3－3）的要求

$$(KS)^2 \geq I^2 t \qquad (6.3-3)$$

式中 $I^2 t$——保护电器的"允许通过的能量"值，简称"允通能量"，也称"焦
耳积分"，单位为 $A^2 \cdot s$，对于熔断路，其 $I^2 t$ 值由该产品标准规定，
对于断路器，该值由制造厂提供。

4）对于母线槽，式（6.3－3）和式（6.3－1）中的 $(KS)^2$，应采用母线槽的额定短时耐受电流 I_{cw} 和额定短时耐受时间 t_{cw} 作为母线槽的耐受短路强度的指标参数[21]。

式（6.3－3）和式（6.3－1）中的 $(KS)^2$ 系导体的焦耳能量，或导体的最大耐受能量，母线槽的焦耳能量 $(KS)^2$ 可视为与耐受能量（$I_{cw}^2 t_{cw}$）等同，写成式（6.3－4）

$$(KS)^2 = I_{cw}^2 t_{cw} \qquad (6.3-4)$$

式中　I_{cw}——母线槽的额定短时耐受电流，A；

　　　t_{cw}——母线槽的额定短时耐受时间，通常取 $t_{cw} = 1s$，s。

对于母线槽，按式（6.3-4），短路热稳定要求的式（6.3-1）和式（6.3-3）变换如下

$$I_{cw}^2 t_{cw} \geq I_K^2 t_K \quad （用于 \ 0.1s \leqslant t \leqslant 5s） \qquad (6.3-5)$$

$$I_{cw}^2 t_{cw} \geq I^2 t \quad （用于 \ t < 0.1s） \qquad (6.3-6)$$

需要特别注意的是，式（6.3-5）中的 I_k 和 t_k，就是式（6.3-1）中的 I 和 t，这里为了同式（6.3-6）中的 I^2t 有所区别，而改符号。

6.4　短路保护的设计实施

6.4.1　概述

工程设计中短路保护的设计实施，应该按照式（6.3-1）和式（6.3-3）进行计算，以确定线路导体截面积和保护电器参数，通常称为两者的配合。由于此方法线路多、计算量大、费时费力，本节将提供一套简单的方法，只需查表即可确定，完全免除计算工作量。

用于短路的保护电器，通常有以下三种类型：

（1）反时限动作特性的熔断器。

（2）利用断路器（包括非选择型和选择型）的瞬时过电流脱扣器。

（3）利用选择型断路器（智能断路器）的短延时过电流脱扣器。

以下分别就每种类型保护电器特性进行分析，确定参数的方法及对线路导体截面积的要求。

6.4.2　熔断器做短路保护

熔断器的优势之一，是具有良好的短路特性，其允通能量（I^2t）值很小，大大降低了短路时发热对线路导体截面积的要求。

6.4.2.1　熔断时间（即切断电源时间）$t \geqslant 0.1s$ 的分析

$t \geqslant 0.1s$ 时，应根据熔断体额定电流值按照式（6.3-2）计算导体最小截面积；由于熔断体的反时限特性，这种计算费时费力，按照《工业与民用供配电设计手册（第四版）》[17]的方法，在设定一些参数的条件下，计算并编制出表格，可免除麻烦的计算，只需要查表即可。

接地故障的切断电源时间，除部分末端回路外，对于 TN 系统不应超过 5s。而经研究分析，短路持续时间 t 在 $0.1 \sim 5s$ 之间，以 $t=5s$ 时对导体截面积（S）的要求最高，因此以 $t=5s$ 为计算前提既简单又保险、可靠。按 $t=5s$ 时计算，并符合 GB 13539.1—2015《低压熔断器　第 1 部分：基本要求》中封闭式限流熔断体的 gG 熔断器（额定电流 $I_n \geqslant 16A$）规定的弧前时间的门限值 [5s 动作的最大电流 I_{max}（5s）] 和时间—电流特性，计算出绝缘电线、电缆的不同类型和不同截面积（S）时熔断体额定电流（I_n）的最大允许值，列于表 6.4-1。

注：当时间 $t > 0.1s$ 时，实际上弧前时间与熔断时间的差异可不计，可以认为熔断时间等于弧前时间。

表 6.4-1　按短路保护要求 $\left(S \geqslant \dfrac{I}{K}\sqrt{t} \right)$ 不同电线、电缆类型及截面积时，
熔断体额定电流（I_n）最大允许值

熔断体额定电流 I_n (A) ＼ 电线、电缆类型　　　　　电线、电缆截面积（mm²）	聚氯乙烯 PVC（70℃）		交联聚乙烯 XLPE、乙丙橡胶 EPR（90℃）		橡胶（60℃）	
	铜 $K=115$	铝 $K=76$	铜 $K=143$	铝 $K=94$	铜 $K=141$	铝 $K=93$
1.5	16	—	20	—	16	—
2.5	25	—	32	—	32	—
4	40	—	50	—	50	—
6	50	—	63	—	63	—
10	80	63	100	63	100	63
16	125	80	160	100	160	100
25	200	125	200	160	200	160
35	250	160	315	200	315	200
50	315	250	400	250	400	250
70	400	315	500	400	500	400
95	500	400	630	500	630	500
120	630	500	800	500	800	500
150	800	630	800	630	800	630

注　1. 表中熔断体额定电流（I_n）按符合 GB 13539.1—2015 的封闭式有填料 gG 熔断器。
　　2. 动作时间 t 取 5s 计算。

例 某三级放射式配电系统，其接线方式和各段线路的计算电流（I_c）均标注在图 6.4–1 中，各级均采用 gG 熔断器保护，按过负荷保护要求 $I_c \leqslant I_n \leqslant I_z$（见本书第 7 章），按计算电流（$I_c$）选取的熔断体额定电流（$I_n$）值和绝缘电线的截面积（其载流量 I_z）亦标注在图中。试问是否符合短路保护要求？

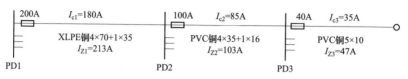

图 6.4–1　配电系统接线图（用熔断器做短路保护）

解： 按照计算电流选择的三段配电线路的类型和截面积，查表 6.4–1 可知，其短路保护的熔断体额定电流（I_n）最大允许值分别为 500、250、80A，比按过负荷保护要求选择的熔断体额定电流值 200、100、40A（标注在图 6.4–1 中）大得多，完全满足短路保护要求。

6.4.2.2　熔断时间 $t < 0.1s$ 的分析

$t < 0.1s$ 时，应按式（6.3–3）计算，即应符合 $(KS)^2 \geqslant I^2 t$ 的要求。

（1）计算 $(KS)^2$：取一个最小截面积，配电线路绝缘导体按机械强度要求，铜芯线不得小于 1.5mm^2，常用的两种绝缘线的 $(KS)^2$ 值如下。

1）PVC 绝缘线：$K = 115$，$(KS)^2 = (115 \times 1.5)^2 \approx 29\,756$（$A^2 \cdot s$）；

2）交联绝缘线（XLPE）：$K = 143$，$(KS)^2 = (143 \times 1.5)^2 \approx 46\,010$（$A^2 \cdot s$）。

（2）$I^2 t$ 值：按 GB 13539.1—2015[15]规定，gG 熔断体 0.01s 的弧前 $I^2 t$ 最大值，当熔断体额定电流 $I_n = 32A$ 时为 $5000A^2 \cdot s$；当 $I_n = 63A$ 时为 $27\,000A^2 \cdot s$。

按 GB/T 13539.2—2015《低压熔断器　第 2 部分：专职人员使用的熔断器补充要求》[16]规定，刀型触头熔断器（gG 型）选择性试验的 $I^2 t$ 极限值——最大熔断 $I^2 t$ 值，当 $I_n = 32A$ 时为 $5750A^2 \cdot s$，当 $I_n = 63A$ 时为 $21\,200A^2 \cdot s$。

（3）无论是 PVC 绝缘线还是 XLPE 铜芯线，符合机械强度要求的最小截面积为 1.5mm^2，I_n 为 32A 或 63A 时均能满足 $(KS)^2 \geqslant I^2 t$ 要求；况且按过负荷要求，对于 1.5mm^2 铜芯绝缘线，I_n 值应比 32A 更小，一定能够满足要求。

由此得出结论，当 $t < 0.1s$ 时，只要符合过负荷保护要求和机械强度要求的绝缘线截面积（S）都满足短路热稳定要求，不必校验。

6.4.3 断路器做短路保护——选择型断路器短延时脱扣器切断短路电流的分析

6.4.3.1 选择型断路器的应用和短路电流

（1）选择型断路器用于配电系统主干线或重要负荷的线路。当短路电流大于其瞬时过电流脱扣器整定电流（I_{set3}）时，由瞬时脱扣器切断（随后分析）；当短路电流小于 I_{set3} 但大于短延时过电流脱扣器整定电流（I_{set2}）时，则由短延时脱扣器切断，其动作时间为短延时脱扣器设定的时间，通常为 0.1～0.4s，分几档供设计师选择，设计中是已确定的参数。

（2）当短延时脱扣器动作时，其动作时间 $t \geqslant 0.1s$，应按式（6.3-2）计算。

（3）式（6.3-2）中的未知数 t 和 I：持续时间 t 即短延时时间，由设计师根据断路器有选择性动作要求确定；短路电流 I 也不需要计算，取断路器的瞬时脱扣器整定电流（I_{set3}）作为短延时脱扣器的最大电流，因为超过 I_{set3} 值的短路电流，将由瞬时脱扣器切断。

6.4.3.2 应用示例

例 某主馈线计算电流 $I_c = 900A$，采用选择型断路器，长延时脱扣器整定电流 $I_{set1} = 1000A$，短延时脱扣器整定电流 $I_{set2} = 5000A$，延时 0.4s，瞬时脱扣器整定电流 $I_{set3} = 20\ 000A$，线路采用铜芯交联聚乙烯电缆，按短路热稳定要求，该线路截面积至少应为何值？

解：短路电流在 5000A 以上到 20 000A 以下，由短延时脱扣器动作，按式（6.3-2）：

$$S \geqslant \frac{I}{K}\sqrt{t} = \frac{20\ 000}{143}\sqrt{0.4} = 88.5\,(\mathrm{mm}^2)$$

故选用铜芯交联聚乙烯电缆截面积不应小于 95mm²。

6.4.3.3 分析和结论

（1）从以上示例分析，导体载流量不应小于 I_{set1}（1000A），其截面积比按短路热稳定要求的 95mm² 要大得多；作者结合工程实例计算了几十个案例，证明线路截面积满足载流量要求，都能满足短路保护要求。

（2）从理论上分析，选择型断路器都应用于电流较大的主干线、主馈线，按过负荷要求，其载流量起主导作用，都比按短路热稳定要求的截面积大得多。

综上所述，可得出如下结论：采用选择型断路器，短路电流由短延时脱扣器动作切断时，都能满足要求，不必进行短路热稳定校验。

应当说明，当采用区域选择性连锁（ZS1）方式（见本书 9.5.2），下级断路器出线侧短路时，将上级选择型断路器的瞬时脱扣器闭锁，此时下级断路器因故障拒动的情况下，上级断路器的短延时脱扣器可能要切断更大的电流。经核算，其热稳定仍然符合规定。

6.4.4 断路器做短路保护——断路器瞬时脱扣器切断短路电流的分析

6.4.4.1 瞬时脱扣器的切断时间

广泛应用的非选择型断路器，短路保护是依靠其瞬时脱扣器实施的；选择型断路器，当短路电流大时，也是由瞬时脱扣器切断的。以上两种断路器，瞬时脱扣器的切断时间大多在 10～30ms，都小于 0.1s，应该按式（6.3-3），即 $(KS)^2 \geqslant I^2 t$ 计算。

6.4.4.2 $(KS)^2$ 值计算

$(KS)^2$ 值是导体的特性参数。选取最常用的 PVC 绝缘导线和交联聚乙烯绝缘的电线、电缆，计算结果列于表 6.4-2。

表中截面积（S）的选取：最小截面积是依据机械强度要求确定的（固定敷设的绝缘线，铜为 1.5mm²，铝为 10mm²）；最大截面积的确定是考虑到更大截面积的线路，载流量起决定作用，经研究和计算，更大截面积可不必进行短路保护的校验。

表 6.4-2　　　　　　　　绝缘电线、电缆的（KS）²值　　　　　　　（A²·s）

绝缘电线、电缆截面积 S（mm²）	PVC 绝缘线		交联聚乙烯绝缘电线、电缆	
	铜芯 $K=115$	铝芯 $K=76$	铜芯 $K=143$	铝芯 $K=94$
1.5	29 756	—	46 010	—
2.5	82 656	—	127 806	—
4	211 600	—	327 184	—
6	476 100	—	736 164	—
10	1 322 500	577 600	2 044 900	883 600
16	3 385 600	1 478 656	5 234 944	2 262 016
25	8 265 625	3 610 000	12 780 625	5 522 500
35	16 200 625	7 075 600	25 050 025	10 824 100

6.4.4.3 I^2t 值

（1）断路器 I^2t 值的影响因素。

1）不同生产企业的断路器，其 I^2t 值各异，甚至相差很大，所以，I^2t 值应按采用的产品，由其生产企业提供。一般来说，断路器的触头系统和灭弧系统越是先进，断开时的固有动作时间越短，其 I^2t 也越小。

2）微型断路器（MCB）通常比相同额定电流的塑壳断路器（MCCB）的 I^2t 值更小。

3）不同额定电压的断路器，其 I^2t 值也有差异，此处选用的都按 220/380V 的电压的 I^2t 值。

4）断路器额定电流值不同，其 I^2t 值差别很大，额定电流大，其 I^2t 值大大增加，从图 6.4-2 中可以看出；本节分析论证的是 16～50A 的断路器，因为更大的额定电流，其截面积由载流量主导。按作者论证：额定电流在 63A 及以上者，按载流量所选择的导体截面积，都能满足短路热稳定要求，再校验短路热稳定［按式（6.3-3）］已无意义。

5）同一企业、同一型号的断路器，相同额定电流值，其 I^2t 值也不是固定值，其随短路电流（I_k）加大而增加，从图 6.4-2 和图 6.4-3 中可以看出这一趋势；I^2t 值随短路电流变化，给设计师运用式（6.3-3）计算增加了难度。

（2）I^2t 值技术参数的收集与整理。作者收集了近年来应用较多的八家断路器生产企业常用的 MCB 和 MCCB，额定电流在 63A 及以下的 I^2t 曲线，其形式如图 6.4-2 和图 6.4-3 所示。

这些 I^2t 值曲线在工程设计中应用不大方便，经选录整理，按额定电流（取标准值 16、20、25、32、40、50、63A）和不同大小的短路电流（从 10～60kA 分几档值选录）的 I^2t 值列入附录 A 中。63A 以上的断路器，其导体截面积由载流量决定，按 I^2t 值校验短路热稳定已无必要。各企业提供的 I^2t 值曲线原始资料不列入本书，由作者保存备查。

6.4.4.4 $t<0.1s$ 时短路热稳定的设计应用

瞬时脱扣器切断短路电流，$t<0.1s$，应按 $(KS)^2 \geqslant I^2t$ 确定导体最小截面积（S）。

（1）计算方法。

1）精确计算法：按已确定选用企业的断路器型号、额定电流，再计算所装设部位可能发生的预期短路电流最大值，从附录 A 中相应表格中查得 I^2t 值，而后同表 6.4-2 中相应的 $(KS)^2$ 值对比，即可确定该绝缘线的最小截面积。

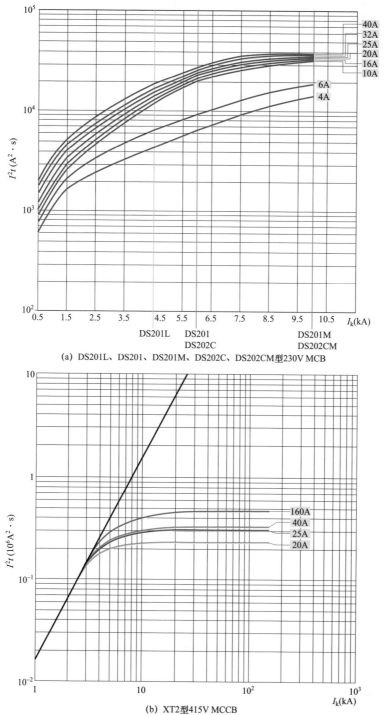

(a) DS201L、DS201、DS201M、DS202C、DS202CM型230V MCB

(b) XT2型415V MCCB

图 6.4 - 2　**ABB 断路器的 I^2t 曲线**

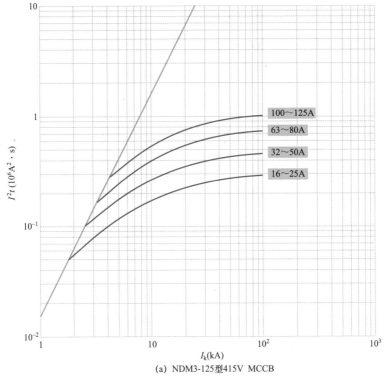

(a) NDM3-125型415V MCCB

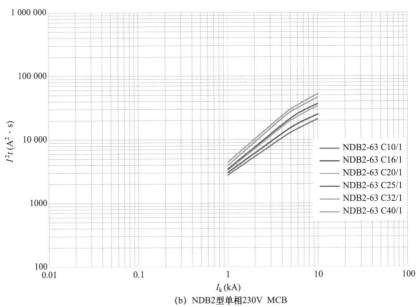

(b) NDB2型单相230V MCB

图 6.4 - 3 良信断路器的 I^2t 曲线

2）简易计算法：上述精确计算法，常常不具备条件，如没有确定生产企业和断路器型号，无法取得确切的 I^2t 值，同时，按上法计算也比较费时；因此，需要寻求一个简易方法，作者综合了部分企业的 I^2t 参数，选取了其中最大的 I^2t 值，用偏于保险的数据，并按式 $(KS)^2 \geqslant I^2t$ 的要求，对照表 6.4.2 的 $(KS)^2$ 值，直接给出了相应的导体允许最小截面积 (S)。当断路器为 MCB 时，列于表 6.4-3；断路器为 MCCB 时，列于表 6.4-4。

表 6.4-3　　　　　微型断路器（MCB）瞬时脱扣器做短路
保护的导体最小截面积

断路器额定电流（A）	短路电流为下列值时的 I^2t 值（$10^3A^2 \cdot s$）		短路电流为下列值时铜芯绝缘线的最小截面积（mm²）			
			10kA		20kA	
	10kA	20kA	PVC 绝缘	交联聚乙烯	PVC 绝缘	交联聚乙烯
16	42	58	2.5	1.5	2.5	2.5
20	55	85	2.5	2.5	4	2.5
25	55	85	2.5	2.5	4	2.5
32	67	95	2.5	2.5	4	2.5
40	67	95	2.5	2.5	4	2.5
50	95	110	4	2.5	4	2.5
63	100	115	4	2.5	4	2.5

注　采用铝芯绝缘线时，按机械强度要求，不得小于 10mm²。

表 6.4-4　　　　　塑壳断路器（MCCB）瞬时脱扣器做短路
保护的导体最小截面积

断路器额定电流（A）	短路电流为下列值时的 I^2t 值（$10^3A^2 \cdot s$）			短路电流为下列值时铜芯绝缘线的最小截面积（mm²）					
				10kA		20kA		60kA	
	10kA	20kA	60kA	PVC 绝缘	交联聚乙烯	PVC 绝缘	交联聚乙烯	PVC 绝缘	交联聚乙烯
16	280	400	600	6	4	6	6	10（16）	6
20	310	400	600	6	4	6	6	10（16）	6
25	390	480	600	6	6	10	6	10（16）	6
32	390	490	600	6	6	6	6	10（16）	6
40	490	550	650	10	6	10	6	10（16）	6
50	500	600	810	10	6	10（16）	6	10（16）	10
63	550	700	1000	10	6	10（16）	6	10（16）	10（16）

注　表中括号内的数字为采用铝芯绝缘线的截面积；其他用铝芯绝缘线时，不得小于 10mm²。

3）简易估算法：上述简单计算法（查表6.4-3或表6.4-4），仍需要求出断路器装设处的预期短路电流值，还是比较费力；本款编制的估算法是取较大短路电流（MCB取20kA，MCCB取60kA）时的I^2t值，这样就非常简单，按此估算法得出的导体最小截面积列于表6.4-5，从表6.4-5就可以直接查出导体的允许最小截面积（S）。

表6.4-5　　　　断路器瞬时脱扣器做短路保护的导体最小截面积

断路器额定电流（A）	微型断路器（MCB）		塑壳断路器（MCCB）	
	铜芯PVC绝缘线截面积（mm²）	铜芯交联聚乙烯绝缘线截面积（mm²）	铜芯PVC绝缘线截面积（mm²）	铜芯交联聚乙烯绝缘线截面积（mm²）
16	2.5	2.5	10（16）	6
20	4	2.5	10（16）	6
25	4	2.5	10（16）	6
32	4	2.5	10（16）	6
40	4	2.5	10（16）	6
50	4	2.5	10（16）	10
63	4	2.5	10（16）	10（16）

注　表中括号内的数字为采用铝芯绝缘线的截面积；其他用铝芯绝缘线时，不得小于10mm²。

（2）应用举例。

例1　某配电线路，如图6.4-4所示，在配电箱PD2引出线路L2，采用铜芯PVC绝缘线，计算电流$I_c=30$A，选用MCB微型断路器，其瞬时脱扣器做短路保护，若PD2处的短路电流$I_k=18$kA，按短路热稳定要求，L2的最小截面积应为多少？

解：采用上述三种计算方法确定线路L2的最小截面积，以资比较。

精确计算法：假若选用罗格朗公司的DX3型MCB，400V，C特性，$I_{cu}=25$kA，额定电流$I_{set1}=32$A，查附录A得该型号MCB（32A）在$I_k=20$kA时的$I^2t=19\times10^3$A²·s，按式（6.3-3），对照表6.4-2，可知L2的截面积为1.5mm²。然而，按载流量应选6mm²。

简易计算法：查表6.4-3，$I_{set1}=32$A，当$I_k=20$kA时，L2的截面积应为4mm²。

简易估算法：查表6.4-5，$I_{set1}=32$A的MCB，铜芯PVC线截面积应为4mm²。

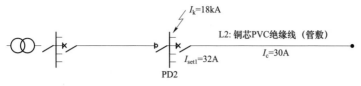

图 6.4 – 4　配电系统接线图（举例）

例 2　同例 1 的线路，PD2 配电箱引出 L2 的保护电器选用 MCCB，L2 的最小截面积应为多少？

解：（1）精确计算法。若选用罗格朗公司的 DPX3 – 160 型 MCCB，壳架为 160A，I_{set1} 仍选 32A，查附录 A 相应表格，$I_{set1}=32A$，$I_k=20kA$ 时的 $I^2t=400\times10^3A^2\cdot s$，按式（6.3 – 3），对照表 6.4 – 2，L2 用铜芯 PVC 绝缘线的截面积应为 6mm²。

（2）简易计算法。查表 6.4 – 4，$I_{set1}=32A$，$I_k=20kA$ 时，L2 的截面积应为 10mm²。

（3）简易估算法。查表 6.4 – 5，$I_{set1}=32A$，$I_k=20kA$ 时，L2 的截面积应为 10mm²。

从以上两个举例和三种方法可以看出：

1）MCCB 和 MCB 相比较，相同额定电流时，MCCB 的 I^2t 值大，按短路热稳定要求线路截面积要大些。

2）本节提供的三种计算方法，精确计算法比较严谨合理，但应用不方便，难以实现；简易估算法简便可行，只要查一个表（即表 6.4 – 5）即可直接取得最小截面积，可能需要加大截面积，但影响较小。

例 3　某变电站，自低压配电柜引出馈线采用 800A 铝导体母线槽，保护电器采用 MCCB 断路器，其额定电流为 800A，最大短路电流为 50kA，是否满足短路热稳定要求？

解：按 ABB 公司的母线槽系统，800A 铝导体母线槽的允通能量［相当于 $(KS)^2$ 或（$I_{cw}^2\,t_{cw}$）值］最小值为 $1024\times10^6A^2\cdot s$；而 ABB 的塑壳断路器（MCCB）T_{max} 型 800A，短路电流为 50kA 时最大的 I^2t 值为 $50\times10^6A^2\cdot s$，完全满足式（6.3 – 3）要求，而且导体的 $(KS)^2$ 值比断路器的 I^2t 值大 20 倍以上。证明了上述论点，截面积越大，越容易满足短路热稳定要求。

6

6.4.4.5　总结

（1）从变电站低压配电柜引出的馈线和距离变电站较近的配电箱（盘）引出的配电线路，其计算电流较小（小于 40～50A）时，不能只按载流量选择导体截面积，还应按短路热稳定要求选择，特别是 16～25A 时，往往按短路热稳定要求的截面积比载流量要求的大；工程设计中没有进行这项计算，导致线路截面积不能满足短路热稳定要求。

（2）当配电柜（盘、箱）引出的配电线路计算电流不小于 63A 时，不必进行短路热稳定校验，通常载流量对线路截面积起决定作用。

6.5　短路电流计算表

6.5.1　编制短路电流计算表的用途

配电系统中，不同变压器容量，保护电器装设在不同部位的短路电流值是设计中需要计算的，为了满足以下三个用途的需要，编制一系列表格，以免去这些计算工作量，可以直接查得各点的短路电流值。

（1）系统中每一个保护电器装设处，求得预期短路电流值，按式（6.3-2）计算短路热稳定。

（2）用断路器的瞬时脱扣器做短路保护，切断时间 $t < 0.1s$，应按式（6.3-3）计算短路热稳定；该式中的 I^2t 值应由该断路器生产企业提供，当作精确计算时，应先计算出断路器装设处的预期短路电流值，才能查得需要的 I^2t 值，见 6.4.4.4（1）1）精确计算法，并参看图 6.4-2 和图 6.4-3 的曲线。

（3）系统中任一台保护电器的分断能力的选择，必须求得该处的预期短路电流值，方能准确、合理地确定断路器的分断能力，将在本书 9.5.3 中分析。

6.5.2　编制短路电流计算表的依据和条件

6.5.2.1　计算公式

在低压配电系统，一般三相短路电流最大，但在变压器低压侧出线近端，相对地故障电流可能稍大于三相短路电流。三相短路电流周期分量有效值 I_k 按式

（6.5－1）计算，配电系统电路图见图 6.5－1。

$$I_{k} = \frac{\sqrt{3}CU}{\sqrt{3} \times \sqrt{(\Sigma R)^2 + (\Sigma X)^2}}$$

$$= \frac{CU}{\sqrt{3} \times \sqrt{(R_s + R_T + R_m + R_L)^2 + (X_s + X_T + X_m + X_L)^2}} \quad (\text{kA})$$

$$(6.5－1)$$

式中　U ——相导体之间的标称电压，220/380V 系统为 380V，V；

　　　C ——电压系数，计算三相短路电流时取 1.05；

ΣR、ΣX——计算短路电流的电阻和、电抗和，$\text{m}\Omega$；

　R_s、X_s——变压器高压侧系统的电阻、电抗（归算到低压侧），$\text{m}\Omega$；

R_T、X_T——变压器的电阻、电抗，$\text{m}\Omega$；

R_m、X_m——变压器出线端子到低压柜的母线的电阻、电抗，$\text{m}\Omega$；

R_L、X_L——配电线路的电阻、电抗，$\text{m}\Omega$。

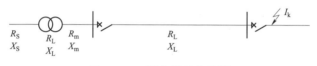

图 6.5－1　配电系统电路图

6.5.2.2　计算条件

（1）高压侧系统短路容量：设定为 300MVA；当短路容量为 500MVA 或 200MVA 时，低压柜母线处的短路电流差别不超过 5%；离开 10～20m 距离馈线处差别更小。

（2）变压器阻抗：

1）按 10/0.4kV 变压器阻抗，20/0.4kV 的变压器阻抗略有差异。

2）油浸式变压器按 SH15 型非晶合金铁芯油浸式变压器的阻抗（S11－M 型叠铁芯油浸式变压器的阻抗基本相同）；干式变压器按 SCBH15 型非晶合金铁芯干式变压器的阻抗（SCB11 型环氧树脂浇注干式变压器的阻抗基本相同）。

（3）从变压器低压端子到低压开关柜的母线长度按 10m（包括开关柜母线的平均长度），母线阻抗按铜材密集式母线槽的参数。

（4）配电线路的阻抗按 1kV 聚氯乙烯（PVC）绝缘电缆的参数；其他线路，如交联聚乙烯绝缘电缆、聚氯乙烯绝缘线穿管或槽盒内敷设的，其电抗值稍有差異，但均可以应用；铜芯线和铝芯线分别制表。

（5）所有电阻、电抗值（包括 R_s、X_s、R_T、X_T、R_m、X_m、R_L、X_L）均采用《工业与民用供配电设计手册（第四版）》[17]所列参数。

6.5.3 编制短路电流计算表的方法和应用

6.5.3.1 按变压器容量分别编制

（1）按标准规定的变压器容量，315～2500kVA 共分 10 级，每种容量分别编制表格。

（2）每种变压器容量按馈电线路为铜芯绝缘线、铝芯绝缘线和密集式母线槽（铜导体、铝导体）分别制表。

（3）计算表按油浸式变压器（SH15 型、S11-M 型）编制。鉴于干式变压器（SCBH15 型、SCB11 型）的阻抗同油浸式变压器有一些差异，对离变电站低压柜较远的（绝缘线取 60m 及以上，母线槽取 200m 及以上），短路电流差别很小，采用统一值；距离较近的（一般取 50m 及以下），则分别计算短路电流值。计算表中分母的数值用于干式变压器。

6.5.3.2 配电线路距离设置

（1）计算表中的距离，是从变电站低压配电柜到短路点（即计算点）的线路长度。0m 是指低压配电柜母线处，适用于从低压配电柜引出馈线首端之保护电器的考核。

（2）离低压配电柜距离较近者，变压器阻抗（含折算到低压侧的高压系统阻抗、变压器至低压柜母线阻抗）影响很大，所以在 60m 及以下时，每隔 10m 取一个计算点；在 60～200m，每隔 20m 取一个计算点；在 200～300m，每隔 50m 取一个计算点，母线槽计算点距离见表 6.5-21～表 6.5-27。

6.5.3.3 计算表

（1）10（20）/0.4kV、315～2500kVA 变压器馈线用铜芯绝缘电线、电缆短路电流（I_k）值计算表见表 6.5-1～表 6.5-10。

（2）10（20）/0.4kV、315～2500kVA 变压器馈线用铝芯绝缘电线、电缆短路电流（I_k）值计算表见表 6.5-11～表 6.5-20。

（3）10（20）/0.4kV、630～2500kVA 变压器馈线用密集式母线槽（铜、铝导体）短路电流（I_k）值计算表见表 6.5-21～表 6.5-27。

表 6.5－1　　10（20）/0.4kV、315kVA 变压器馈线用铜芯绝缘电线、电缆短路电流（I_k）值 （kA）

从低配电柜到短路点的距离为下列值时的短路电流（I_k）值

相导体截面积 S_{ph}（mm²）	0m	10m	20m	30m	40m	50m	60m	80m	100m	120m	140m	160m	180m	200m	250m	300m
2.5	10.3/10.3	2.5/2.5	1.3/2.5	0.9/0.9	0.66/0.66	0.53/0.53	0.45	0.34	0.27	0.23	0.2	0.18	0.16	0.14	0.12	0.1
4	10.3/10.3	3.7/3.7	2.02/2.02	1.4/1.4	1.07/1.07	0.85/0.85	0.72	0.56	0.44	0.36	0.31	0.28	0.25	0.23	0.18	0.15
6	10.3/10.3	4.9/4.9	2.9/2.9	2.02/2.02	1.56/1.56	1.26/1.26	1.06	0.79	0.65	0.55	0.44	0.39	0.35	0.33	0.27	0.23
10	10.3/10.3	6.4/6.4	4.2/4.2	3.1/3.1	2.4/2.4	2/2	1.68	1.3	1.04	0.84	0.71	0.62	0.57	0.53	0.43	0.35
16	10.3/10.3	7.7/7.7	5.6/5.6	4.4/4.4	3.6/3.6	3/3	2.55	2	1.62	1.34	1.16	1.01	0.92	0.83	0.68	0.57
25	10.3/10.3	8.5/8.5	7/7	5.7/5.7	4.8/4.8	4.2/4.2	3.6	2.9	2.38	1.97	1.76	1.55	1.4	1.28	1.04	0.86
35	10.3/10.3	9/9	7.7/7.7	6.7/6.7	6/6	5.1/5.1	4.6	3.8	3.15	2.66	2.36	2.1	1.9	1.72	1.4	1.2
50	10.3/10.3	9.3/9.3	8.3/8.3	7.5/7.5	6.7/6.7	6.1/6.1	5.5	4.7	4	3.5	3.15	2.8	2.5	2.35	1.92	1.65
70	10.3/10.3	9.5/9.5	8.8/8.8	8.1/8.1	7.5/7.5	6.9/6.9	6.4	5.6	4.9	4.35	3.9	3.6	3.25	3	2.5	2.2
95	10.3/10.3	9.7/9.7	9/9	8.5/8.5	7.9/7.9	7.5/7.5	7	6.25	5.6	5.05	4.65	4.25	3.9	3.65	3.1	2.7
120	10.3/10.3	9.8/9.8	9.2/9.2	8.8/8.8	8.2/8.2	7.8/7.8	7.4	6.7	6.1	5.5	5.15	4.75	4.4	4.15	3.6	3.15
150	10.3/10.3	9.9/9.9	9.3/9.3	8.9/8.9	8.4/8.4	8.1/8.1	7.7	7	6.5	6	5.6	5.2	4.85	4.55	3.95	3.5
185	10.3/10.3	10/10	9.4/9.4	9/9	8.6/8.6	8.3/8.3	7.9	7.3	6.8	6.3	5.9	5.55	5.2	4.95	4.35	3.85
240	10.3/10.3	10.1/10.1	9.5/9.5	9.1/9.1	8.7/8.7	8.4/8.4	8.1	7.6	7.1	6.6	6.25	5.9	5.55	5.3	4.7	4.2
2×95	10.3/10.3	10/10	9.7/9.7	9.5/9.5	9.1/9.1	8.8/8.8	8.5	7.9	7.45	6.95	6.6	6.25	5.85	5.6	4.95	4.45
2×120	10.3/10.3	10.1/10.1	9.8/9.8	9.6/9.6	9.2/9.2	8.9/8.9	8.7	8.2	7.75	7.25	7	6.7	6.3	6	5.45	4.95
2×150	10.3/10.3	10.1/10.1	9.8/9.8	9.7/9.7	9.3/9.3	9.1/9.1	8.9	8.4	8	7.6	7.35	7	6.7	6.45	5.85	5.35
2×185	10.3/10.3	10.2/10.2	9.9/9.9	9.8/9.8	9.4/9.4	9.2/9.2	9	8.6	8.2	7.85	7.6	7.3	7	6.75	6.2	5.7

表 6.5－2　　10（20）/0.4kV、400kVA 变压器馈线用铜芯绝缘电线、电缆短路电流（I_k）值　（kA）

从低压配电柜到短路点的距离为下列值时的短路电流（I_k）值

相导体截面积 S_{ph}（mm²）	0m	10m	20m	30m	40m	50m	60m	80m	100m	120m	140m	160m	180m	200m	250m	300m
2.5	12.9/13	2.55/2.55	1.33/1.33	0.93/0.93	0.68/0.68	0.54/0.54	0.45	0.34	0.27	0.23	0.2	0.18	0.16	0.14	0.12	0.1
4	12.9/13	3.8/3.8	2.06/2.06	1.42/1.42	1.1/1.1	0.86/0.86	0.72	0.56	0.44	0.36	0.31	0.28	0.25	0.23	0.18	0.15
6	12.9/13	5.2/5.3	3/3	2.07/2.07	1.58/1.58	1.28/1.28	1.08	0.8	0.65	0.55	0.44	0.39	0.35	0.33	0.27	0.23
10	12.9/13	7.1/7.2	4.5/4.6	3.2/3.2	2.5/2.5	2.05/2.05	1.72	1.32	1.05	0.85	0.72	0.63	0.58	0.54	0.44	0.35
16	12.9/13	8.9/9	6.2/6.3	4.7/4.7	3.7/3.7	3.1/3.1	2.65	2.05	1.65	1.35	1.17	1.02	0.93	0.84	0.69	0.57
25	12.9/13	10.1/10.3	7.9/8	6.3/6.4	5.2/5.2	4.4/4.4	3.8	3	2.45	2.05	1.8	1.65	1.45	1.28	1.03	0.87
35	12.9/13	10.8/10.9	9/9.1	7.5/7.6	6.4/6.5	5.6/5.6	4.9	3.9	3.25	2.8	2.45	2.15	1.95	1.78	1.45	1.2
50	12.9/13	11.3/11.4	9.9/10	8.7/8.8	7.6/7.7	6.8/6.9	6.1	5	4.3	3.75	3.25	2.9	2.6	2.4	2	1.67
70	12.9/13	11.7/11.8	10.6/10.7	9.5/9.6	8.6/8.7	7.9/8	7.2	6.1	5.3	4.7	4.2	3.8	3.4	3.15	2.65	2.25
95	12.9/13	11.9/12	11/11.1	10.1/10.2	9.4/9.4	8.7/8.8	8.1	7.1	6.2	5.6	5.1	4.6	4.2	3.9	3.25	2.8
120	12.9/13	12/12.1	11.2/11.3	10.5/10.5	9.8/9.8	9.2/9.2	8.6	7.7	6.9	6.2	5.7	5.2	4.8	4.5	3.8	3.3
150	12.9/13	12.1/12.2	11.4/11.5	10.7/10.8	10.1/10.2	9.5/9.6	9	8.1	7.4	6.7	6.2	5.7	5.3	5	4.3	3.75
185	12.9/13	12.2/12.3	11.5/11.6	10.9/11	10.3/10.4	9.8/9.9	9.3	8.5	7.8	7.2	6.7	6.2	5.8	5.45	4.7	4.15
240	12.9/13	12.3/12.3	11.6/11.6	11.1/11.1	10.5/10.5	10.1/10.1	9.6	8.9	8.2	7.7	7.15	6.6	6.2	5.9	5.15	4.6
2×95	12.9/13	12.4/12.5	11.9/12	11.4/11.5	11/11.1	10.5/10.6	10.1	9.4	8.7	8.1	7.5	7.05	6.6	6.2	5.4	4.8
2×120	12.9/13	12.5/12.6	12/12.1	11.6/11.7	11.2/11.3	10.8/10.9	10.5	9.8	9.2	8.6	8.1	7.65	7.2	6.9	6.05	5.4
2×150	12.9/13	12.5/12.6	12.1/12.2	11.7/11.8	11.4/11.5	11/11.1	10.7	10.1	9.5	8.9	8.5	8.1	7.7	7.4	6.6	6
2×185	12.9/13	12.6/12.6	12.2/12.3	11.8/11.9	11.5/11.6	11.2/11.3	10.9	10.3	9.8	9.3	8.9	8.5	8.1	7.8	7	6.4

表 6.5-3　　10（20）/0.4kV、500kVA 变压器馈线用铜芯绝缘电线、电缆短路电流（I_k）值　　（kA）

相导体截面积 S_{ph}（mm²）	从低配电柜到短路点的距离为下列值时的短路电流（I_k）值															
	0m	10m	20m	30m	40m	50m	60m	80m	100m	120m	140m	160m	180m	200m	250m	300m
2.5	16/16	2.6/2.6	1.35/1.35	0.95/0.95	0.7/0.7	0.55/0.55	0.46	0.35	0.28	0.24	0.2	0.18	0.16	0.14	0.12	0.1
4	16/16	4/4	2.1/2.1	1.45/1.45	1.15/1.15	0.9/0.9	0.75	0.58	0.45	0.37	0.3	0.28	0.25	0.23	0.18	0.15
6	16/16	5.5/5.5	3.1/3.1	2.1/2.1	1.6/1.6	1.3/1.3	1.1	0.82	0.66	0.56	0.45	0.4	0.36	0.33	0.37	0.23
10	16/16	7.8/7.8	4.7/4.7	3.3/3.3	2.6/2.6	2.1/2.1	1.75	1.35	1.1	0.9	0.75	0.66	0.6	0.55	0.45	0.36
16	16/16	10.1/10.1	6.7/6.7	4.9/4.9	3.9/3.9	3.2/3.2	2.7	2.1	1.7	1.4	1.2	1.05	0.95	0.85	0.7	0.58
25	16/16	11.8/11.9	8.8/8.8	6.8/6.8	5.5/5.5	4.6/4.6	4	3.1	2.5	2.1	1.85	1.7	1.5	1.3	1.05	0.88
35	16/16	12.9/13	10.2/10.3	8.3/8.4	7/7	6/6	5.2	4.1	3.4	2.9	2.5	2.2	2	1.8	1.45	1.25
50	16/16	13.6/13.7	11.5/11.6	9.8/9.9	8.5/8.6	7.4/7.5	6.6	5.4	4.5	3.9	3.4	3	2.7	2.45	2	1.7
70	16/16	14.2/14.2	12.5/12.5	11.1/11.1	9.8/9.9	8.8/8.9	8	6.7	5.7	5	4.4	4	3.6	3.3	2.8	2.3
95	16/16	14.5/14.5	13.1/13.1	11.9/11.9	10.8/10.9	9.9/9.9	9.1	7.8	6.8	6	5.4	4.9	4.5	4.1	3.5	2.9
120	16/16	14.6/14.6	13.4/13.5	12.4/12.5	11.4/11.5	10.6/10.6	9.6	8.6	7.6	6.8	6.1	5.6	5.2	4.8	4.1	3.5
150	16/16	14.8/14.8	13.7/13.7	12.7/12.7	11.8/11.8	11.1/11.1	10.4	9.2	8.2	7.4	6.7	6.2	5.8	5.4	4.6	3.9
185	16/16	14.9/14.9	13.9/13.9	13/13	12.2/12.2	11.5/11.5	10.8	9.7	8.8	8	7.3	6.8	6.3	5.9	5.1	4.4
240	16/16	15/15	14.1/14.1	13.2/13.2	12.5/12.5	11.8/11.9	11.2	10.1	9.3	8.5	7.8	7.3	6.8	6.4	5.6	4.9
2×95	16/16	15.2/15.2	14.5/14.5	13.7/13.7	13.1/13.1	12.5/12.5	11.9	10.8	9.9	9.1	8.4	7.8	7.2	6.8	5.9	5.1
2×120	16/16	15.3/15.3	14.7/14.7	14.1/14.1	13.4/13.4	12.9/12.9	12.4	11.4	10.5	9.8	9.2	8.6	8	7.6	6.7	5.9
2×150	16/16	15.4/15.4	14.8/14.8	14.2/14.2	13.7/13.7	13.2/13.2	12.7	11.8	11.1	10.4	9.8	9.2	8.6	8.2	7.2	6.5
2×185	16/16	15.5/15.5	14.9/14.9	14.4/14.4	13.9/13.9	13.4/13.4	13.1	12.2	11.5	10.8	10.2	9.7	9.2	8.8	7.8	7.1

表6.5-4　10（20）/0.4kV、630kVA变压器馈线用铜芯绝缘电线、电缆短路电流（I_k）值　　　　（kA）

相导体截面积 S_{ph} (mm²)	从低压配电柜到短路点的距离为下列值时的短路电流（I_k）值															
	0m	10m	20m	30m	40m	50m	60m	80m	100m	120m	140m	160m	180m	200m	250m	300m
2.5	17.9/16.3	2.7/2.7	1.4/1.4	1/1	0.75/0.75	0.6/0.6	0.48	0.37	0.3	0.26	0.22	0.19	0.17	0.15	0.12	0.1
4	17.9/16.3	4.1/4.1	2.2/2.2	1.5/1.5	1.2/1.2	1/1	0.8	0.62	0.5	0.4	0.32	0.3	0.27	0.25	0.2	0.17
6	17.9/16.3	6.1/6.1	3.2/3.2	2.2/2.2	1.7/1.7	1.4/1.4	1.2	0.9	0.7	0.6	0.48	0.44	0.42	0.4	0.35	0.3
10	17.9/16.3	8.4/8.3	5.1/5.1	3.4/3.4	2.6/2.6	2.2/2.2	1.8	1.4	1.15	0.95	0.8	0.72	0.65	0.6	0.48	0.4
16	17.9/16.3	11/10.9	7.2/7.1	5.2/5.2	4/4	3.3/3.3	2.8	2.2	1.8	1.5	1.3	1.1	1	0.9	0.72	0.6
25	17.9/16.3	13.1/12.4	9.5/9.3	7.3/7.2	5.9/5.9	4.9/4.9	4.2	3.3	2.7	2.25	2.1	1.85	1.6	1.4	1.1	0.9
35	17.9/16.3	14.3/13.5	11.2/11	8.9/8.8	7.5/7.4	6.3/6.3	5.4	4.2	3.5	3	2.6	2.3	2.1	1.9	1.5	1.3
50	17.9/16.3	15.2/14.2	12.7/12	10.6/10.3	9.1/8.9	7.9/7.8	7	5.7	4.7	4	3.5	3.1	2.8	2.5	2.1	1.75
70	17.9/16.3	15.8/14.7	13.8/13.1	12.1/11.6	10.6/10.3	9.4/9.2	8.6	7	6	5.2	4.6	4.1	3.7	3.4	2.9	2.4
95	17.9/16.3	16.2/15.1	14.5/13.7	13.1/12.4	11.8/11.4	10.7/10.4	9.8	8.4	7.3	6.4	5.7	5	4.6	4.3	3.6	3
120	17.9/16.3	16.4/15.2	15/13.9	13.7/12.8	12.5/11.8	11.5/11	10.7	9.2	8.1	7.1	6.5	5.9	5.4	5	4.2	3.7
150	17.9/16.3	16.5/15.3	15.3/14.1	14.1/13.1	13.1/12.3	11.9/11.5	11.6	10	8.9	7.9	7.2	6.6	6	5.6	4.9	4.2
185	17.9/16.3	16.6/15.4	15.4/14.3	14.3/13.3	13.4/12.6	12.5/11.9	11.9	10.5	9.4	8.6	7.9	7.2	6.7	6.2	5.4	4.6
240	17.9/16.3	16.7/15.5	15.6/14.5	14.7/13.6	13.7/13	12.9/12.2	12.2	11.6	10	9.1	8.4	7.9	7.3	6.8	5.9	5.1
2×95	17.9/16.3	17/15.6	16.1/14.8	15.3/14.2	14.5/13.5	13.7/13	13.1	11.9	10.8	9.8	9.1	8.3	7.7	7.2	6.3	5.4
2×120	17.9/16.3	17.1/15.7	16.3/15	15.6/14.5	14.9/13.9	14.2/13.4	13.6	12.4	11.4	10.5	9.8	9.2	8.5	8	7	6.2
2×150	17.9/16.3	17.2/15.8	16.5/15.1	15.8/14.6	15.2/14.1	14.6/13.7	14.1	13	11.9	11.1	10.5	9.9	9.2	8.8	7.7	6.8
2×185	17.9/16.3	17.3/15.9	16.6/15.2	16/14.8	15.5/14.3	14.8/13.9	14.4	13.3	12.5	11.7	11.1	10.4	9.8	9.4	8.3	7.5

表 6.5－5　　10（20）/0.4kV、800kVA 变压器馈线用铜芯绝缘电线、电缆短路电流（I_k）值　　（kA）

相导体截面积 S_{ph}（mm²）	从低配电柜到短路点的距离为下列值时的短路流（I_k）值															
	0m	10m	20m	30m	40m	50m	60m	80m	100m	120m	140m	160m	180m	200m	250m	300m
2.5	23.6/18.2	2.7/2.7	1.4/1.4	1/1	0.75/0.75	0.6/0.6	0.48	0.37	0.3	0.26	0.22	0.19	0.17	0.15	0.12	0.1
4	23.6/18.2	4.2/4.2	2.2/2.2	1.6/1.6	1.2/1.2	1/1	0.8	0.62	0.5	0.4	0.32	0.3	0.27	0.25	0.2	0.17
6	23.6/18.2	6.2/6.2	3.2/3.2	2.2/2.2	1.7/1.7	1.4/1.4	1.2	0.9	0.7	0.6	0.48	0.44	0.42	0.4	0.35	0.3
10	23.6/18.2	9.0/8.9	5.1/5.1	3.5/3.5	2.6/2.6	2.2/2.2	1.8	1.4	1.15	0.95	0.8	0.72	0.65	0.6	0.48	0.4
16	23.6/18.2	12.4/12.3	7.4/7.3	5.4/5.4	4.1/4.1	3.3/3.3	2.8	2.2	1.8	1.5	1.3	1.1	1	0.9	0.72	0.6
25	23.6/18.2	15.8/15.1	10.3/10	7.7/7.6	6.1/6.1	5/5	4.3	3.3	2.7	2.25	2.1	1.85	1.6	1.4	1.1	0.9
35	23.6/18.2	16.8/14.5	12.5/11.9	9.7/9.5	7.8/7.7	6.5/6.5	5.6	4.3	3.6	3	2.6	2.3	2.1	1.9	1.5	1.3
50	23.6/18.2	18.2/15.5	14.6/13	11.8/11.5	10.0/9.8	8.4/8.4	7.4	5.8	4.8	4.1	3.8	3.2	2.9	2.6	2.1	1.75
70	23.6/18.2	19.7/15.8	16.6/14	14.2/12.4	12.3/11.5	10.6/9.8	9.3	7.4	6.3	5.4	4.7	4.2	3.8	3.5	2.9	2.4
95	23.6/18.2	20/16.3	17.3/14.8	15.5/13.7	14/12.8	12.1/11.4	10.9	9.3	7.9	6.9	6.2	5.4	4.9	4.5	3.8	3.1
120	23.6/18.2	20.2/16.9	18.4/15.4	16.2/14.3	14.8/13.8	13.1/11.7	12.1	10.3	9	7.8	7.1	6.4	5.8	5.3	4.5	3.9
150	23.6/18.2	20.4/17	19.1/15.9	16.8/14.6	15.9/14	13.9/12.2	13.4	11.3	9.7	8.7	8.1	7.4	6.7	6.1	5.2	4.4
185	23.6/18.2	21/17.2	19.4/16.3	17.5/15	16.4/14.3	14.6/13.3	14	21.1	10.5	9.5	8.6	7.8	7.3	6.6	5.8	4.9
240	23.6/18.2	21.4/17.4	19.7/16.9	18/15.5	16.9/14.8	15.8/13.8	14.7	13.4	11.6	10.8	10	9.2	8.4	7.6	6.6	5.5
2×95	23.6/18.2	21.1/16.6	20/15.9	18.6/15.1	17.4/14.4	16.4/13.8	15.3	13.5	12.1	10.8	10	9.1	8.4	7.8	6.7	5.6
2×120	23.6/18.2	21.3/16.7	20.2/16	19/15.4	18/14.7	17/14.2	16.1	14.5	13.1	12.5	11.2	10.2	9.4	8.9	7.5	6.5
2×150	23.6/18.2	21.4/16.8	20.3/16.1	19.3/15.5	18.3/14.9	17.5/14.5	17.1	15.8	14.4	13.4	12.5	11.6	10.7	9.8	8.7	7.2
2×185	23.6/18.2	21.5/16.9	20.5/16.2	19.5/15.7	18.7/15.1	17.8/14.7	17.4	16.6	15.4	14.3	13.3	12.4	11.5	10.6	9.5	8.4

表6.5-6　10（20）/0.4kV、1000kVA 变压器馈线用铜芯绝缘电线、电缆短路电流（I_k）值　　　　（kA）

从低压配电柜到短路点的距离为下列值时的短路电流（I_k）值

相导体截面积 S_{ph}（mm²）	0m	10m	20m	30m	40m	50m	60m	80m	100m	120m	140m	160m	180m	200m	250m	300m
2.5	27.4/21.2	2.7/2.7	1.4/1.4	1/1	0.75/0.75	0.6/0.6	0.48	0.37	0.3	0.26	0.22	0.19	0.17	0.15	0.12	0.1
4	27.4/21.2	4.2/4.2	2.2/2.2	1.6/1.6	1.2/1.2	1/1	0.8	0.62	0.5	0.4	0.32	0.3	0.27	0.25	0.2	0.17
6	27.4/21.2	6.3/6.3	3.3/3.3	2.3/2.3	1.7/1.7	1.4/1.4	1.2	0.9	0.7	0.6	0.48	0.44	0.42	0.4	0.35	0.3
10	27.4/21.2	9.3/9.2	5.2/5.2	3.5/3.5	2.7/2.7	2.2/2.2	1.8	1.4	1.15	0.95	0.8	0.72	0.65	0.6	0.48	0.4
16	27.4/21.2	13.1/13	7.7/7.6	5.5/5.5	4.2/4.2	3.3/3.3	2.8	2.2	1.8	1.5	1.3	1.1	1	0.9	0.72	0.6
25	27.4/21.2	16.6/15.7	10.8/10.5	7.9/7.8	6.2/6.2	5.1/5.1	4.3	3.3	2.7	2.25	2.1	1.85	1.6	1.4	1.1	0.9
35	27.4/21.2	19.1/17	13.4/12.5	10.5/10.3	8.2/8.1	6.7/6.7	5.8	4.4	3.6	3	2.6	2.3	2.1	1.9	1.5	1.3
50	27.4/21.2	21.2/18	16.2/14	12.8/12.4	10.5/10.3	9/9	7.8	5.9	5	4.3	3.7	3.2	2.9	2.6	2.1	1.75
70	27.4/21.2	22.5/18.7	18.2/16	15.1/13.7	12.8/12	11.1/10.6	9.7	7.7	6.5	5.6	4.8	4.2	3.8	3.5	2.9	2.4
95	27.4/21.2	23.4/19.2	20.1/17.1	17.1/15.1	14.8/13.5	13.1/12.3	11.7	9.7	8.1	7	6.3	5.6	5.1	4.7	3.8	3.1
120	27.4/21.2	23.9/19.4	20.8/17.6	18.2/15.9	16/14.3	14.4/13.5	12.4	10.5	9.2	8	7.2	6.5	5.9	5.4	4.5	3.9
150	27.4/21.2	24.3/19.5	21.4/18.0	19.1/16.2	17.1/15	15.4/14.3	14.2	11.9	10.3	9.1	8.2	7.5	6.8	6.2	5.2	4.4
185	27.4/21.2	24.6/19.6	21.9/18.3	19.7/16.6	17.6/15.5	16.1/14.6	15	12.9	11.2	10.1	9.1	8.2	7.6	6.9	6	5
240	27.4/21.2	24.8/19.7	22.3/18.6	20.3/17	18.6/15.9	17.1/14.9	16	13.9	12.2	11	9.9	9	8.3	7.7	6.7	5.6
2×95	27.4/21.2	25.4/20.2	23.4/18.9	21.5/18	19.8/17	18.3/16	17	14.8	13.1	11.7	10.5	9.5	8.7	8.1	6.9	5.7
2×120	27.4/21.2	25.6/20.3	23.8/19.2	22.2/18.3	20.7/17.4	19.3/16.6	18.1	16	14.3	12.9	11.7	10.7	9.8	9.2	7.8	6.8
2×150	27.4/21.2	25.7/20.4	24.1/19.4	22.7/18.5	21.3/17.7	20/17	19	17.1	15.4	14	12.9	11.9	10.9	10.3	8.8	7.7
2×185	27.4/21.2	25.9/20.5	24.4/19.7	23.1/18.8	21.8/18.2	20.7/17.6	19.7	17.8	16.3	15	13.8	12.8	11.8	11.2	9.7	8.5

表 6.5-7　10（20）/0.4kV、1250kVA 变压器馈线用铜芯绝缘电线、电缆短路电流（I_k）值　　（kA）

从低配电柜到短路点的距离为下列值时的短路电流（I_k）值

相导体截面积 S_{ph} (mm²)	0m	10m	20m	30m	40m	50m	60m	80m	100m	120m	140m	160m	180m	200m	250m	300m
2.5	33.2/26.2	2.7/2.7	1.4/1.4	1/1	0.75/0.75	0.6/0.6	0.48	0.37	0.3	0.26	0.22	0.19	0.17	0.15	0.12	0.1
4	33.2/26.2	4.3/4.3	2.3/2.3	1.6/1.6	1.2/1.2	1/1	0.8	0.62	0.5	0.4	0.32	0.3	0.27	0.25	0.2	0.17
6	33.2/26.2	6.4/6.4	3.3/3.3	2.3/2.3	1.7/1.7	1.4/1.4	1.2	0.9	0.7	0.6	0.48	0.44	0.42	0.4	0.35	0.3
10	33.2/26.2	9.6/9.5	5.2/5.2	3.5/3.5	2.7/2.7	2.2/2.2	1.8	1.4	1.15	0.95	0.8	0.72	0.65	0.6	0.48	0.4
16	33.2/26.2	13.6/13.5	7.9/7.8	5.5/5.5	4.3/4.3	3.4/3.4	2.9	2.2	1.8	1.5	1.3	1.1	1	0.9	0.72	0.6
25	33.2/26.2	18.3/17.7	11.4/11.1	8.1/8	6.3/6.3	5.2/5.2	4.4	3.3	2.7	2.25	2.1	1.85	1.6	1.4	1.1	0.9
35	33.2/26.2	21.2/19.8	14.4/14	10.8/10.6	8.4/8.3	7.0/7.0	6.0	4.6	3.8	3.2	2.8	2.4	2.1	1.9	1.5	1.3
50	33.2/26.2	24.2/21.1	17.8/15.5	13.3/12.5	11.1/10.5	9.2/9.1	8	6.0	5.1	4.4	3.8	3.3	3.0	2.7	2.2	1.8
70	33.2/26.2	25.8/22.3	20.4/17.7	16.1/14.8	13.6/12.5	11.5/11.3	10.2	8.0	6.7	5.7	4.9	4.3	3.9	3.6	2.9	2.4
95	33.2/26.2	27.4/22.9	22.9/19.9	18.8/17.1	16.1/14.7	14/13.6	12.4	10.1	8.3	7.2	6.4	5.7	5.2	4.8	3.9	3.2
120	33.2/26.2	28.1/23.3	24/20.1	20.2/18	17.8/16	15.5/14.5	13.4	11.5	9.7	8.4	7.4	6.7	6.1	5.6	4.6	4
150	33.2/26.2	28.5/23.5	25/21.2	21.6/18.9	19.4/17.3	17/15.7	15.4	12.4	10.9	9.6	8.6	7.7	7	6.4	5.4	4.6
185	33.2/26.2	28.9/23.6	25.6/21.5	22.5/19.5	20.3/18.1	18/16.6	15.6	13.4	11.6	10.4	9.4	8.5	7.8	7.2	6.1	5.1
240	33.2/26.2	29.3/23.8	26.2/21.8	23.3/20	21.1/18.9	19.1/17.3	16.5	14.4	12.6	11.4	10.3	9.4	8.6	7.9	6.8	5.9
2×95	33.2/26.2	29.8/24.3	27.1/22.6	24.5/20.9	22.5/19.8	20.4/18.5	17.4	15.3	13.7	12.2	11.2	10.2	9.3	8.5	7.4	6.0
2×120	33.2/26.2	30.6/24.9	28.1/23.4	25.8/21.8	23.4/20.8	21.9/19.6	20.4	17.8	15.7	13.2	12.6	11	10.1	9.5	8.1	7.1
2×150	33.2/26.2	30.8/25.1	28.5/23.5	26.5/21.9	24.5/21	22.8/20.2	21.6	19.1	17	15.3	13.9	12.8	11.8	10.9	9.2	8
2×185	33.2/26.2	31/25.2	28.9/23.6	27.1/22	25.2/21.1	23.8/20.7	22.5	20.1	18	16.4	15	13.9	12.9	11.9	10.1	8.9

表 6.5-8　10（20）/0.4kV、1600kVA 变压器馈线用铜芯绝缘电线、电缆短路电流（I_k）值 (kA)

从低压配电柜到短路点的距离为下列值时的短路电流（I_k）值

相导体截面积 S_{ph}（mm²）	0m	10m	20m	30m	40m	50m	60m	80m	100m	120m	140m	160m	180m	200m	250m	300m
2.5	42.2/32.9	2.8/2.8	1.4/1.4	1/1	0.75/0.75	0.6/0.6	0.48	0.37	0.3	0.26	0.22	0.19	0.17	0.15	0.12	0.1
4	42.2/32.9	4.4/4.4	2.3/2.3	1.6/1.6	1.2/2	1/1	0.8	0.62	0.5	0.4	0.32	0.3	0.27	0.25	0.2	0.17
6	42.2/32.9	6.4/6.4	3.3/3.3	2.3/2.3	1.7/1.7	1.4/1.4	1.2	0.9	0.7	0.6	0.48	0.44	0.42	0.4	0.35	0.3
10	42.2/32.9	9.9/9.8	5.3/5.3	3.6/3.6	2.7/2.7	2.2/2.2	1.8	1.4	1.15	0.95	0.8	0.72	0.65	0.6	0.48	0.4
16	42.2/32.9	14.4/14.2	8.1/8	5.5/5.5	4.3/4.3	3.5/3.5	2.9	2.2	1.8	1.5	1.3	1.1	1	0.9	0.72	0.6
25	42.2/32.9	20.2/19.2	11.9/11.6	8.3/8.2	6.4/6.4	5.2/5.2	4.4	3.3	2.7	2.25	2.1	1.85	1.6	1.4	1.1	0.9
35	42.2/32.9	24.3/22.7	15.4/15.1	11.1/10.9	8.7/8.6	7.1/7.1	6	4.6	3.8	3.2	2.8	2.4	2.1	1.9	1.5	1.3
50	42.2/32.9	28.2/24.8	19.5/18.1	14.6/13.9	11.7/11.2	9.5/9.4	8.1	6.1	5.1	4.4	3.8	3.3	3	2.7	2.2	1.8
70	42.2/32.9	31.1/26.1	23.1/20.3	18.1/16.5	15/14	12.4/12.1	10.6	8.3	6.9	5.8	5.0	4.4	3.9	3.6	2.9	2.4
95	42.2/32.9	33.1/27.6	26.1/22.4	21.2/18.7	18/16.5	15.1/13.9	13.2	10.4	8.7	7.4	6.5	5.7	5.2	4.8	3.9	3.2
120	42.2/32.9	34.1/28.1	27.8/23.3	23.2/19.9	20/17.9	17.1/16.5	15.3	12.4	10.2	8.8	7.7	6.9	6.2	5.6	4.6	4
150	42.2/32.9	34.9/28.6	29.2/24.2	24.8/21.1	21.7/19.4	18.9/17.5	16.8	13.5	11.6	10.1	8.9	7.9	7.1	6.5	5.4	4.6
185	42.2/32.9	35.5/28.9	30.2/24.7	26.1/21.7	23/19.8	20.3/18.5	18.3	15.1	12.9	11.3	9.9	8.8	8	7.4	6.2	5.2
240	42.2/32.9	36/29.2	31.1/25.2	27.3/22.4	24.1/20.4	21.8/18.4	19.8	16.5	14.3	12.6	11.2	10	9.1	8.4	7	6
2×95	42.2/32.9	37.5/30.3	33.1/27.6	29.2/25.2	26.1/23.1	23.3/21.1	21.1	17.1	15.1	13	11.8	10.6	9.7	8.7	7.5	6.1
2×120	42.2/32.9	38.1/30.5	34.1/28.2	30.8/26.1	28/24.3	25.3/22.4	23.2	19.6	17.1	14.9	13	11.9	10.8	10.2	8.5	7.2
2×150	42.2/32.9	38.4/30.7	34.9/28.6	31.9/26.9	29.3/26.2	26.8/23.4	24.8	21.3	18.8	16.6	15.1	13.6	12.4	11.6	9.7	8.3
2×185	42.2/32.9	38.7/30.9	35.5/29	32.7/27.6	30.3/26.8	28/24.4	26.1	22.5	20.3	18.1	16.6	14.9	13.7	12.9	10.6	9.3

6

低压配电设计解析

表 6.5-9　10 (20) /0.4kV、2000kVA 变压器馈线用铜芯绝缘电线、电缆短路电流 (I_k) 值　(kA)

相导体截面积 S_{ph} (mm²)	从低配电柜到短路点的距离为下列值时的短路电流 (I_k) 值															
	0m	10m	20m	30m	40m	50m	60m	80m	100m	120m	140m	160m	180m	200m	250m	300m
2.5	47.2/40.3	2.9/2.9	1.4/1.4	1/1	0.75/0.75	0.6/0.6	0.48	0.37	0.3	0.26	0.22	0.19	0.17	0.15	0.12	0.1
4	47.2/40.3	4.4/4.4	2.3/2.3	1.6/1.6	1.2/1.2	1/1	0.8	0.62	0.5	0.4	0.32	0.3	0.27	0.25	0.2	0.17
6	47.2/40.3	6.5/6.5	3.3/3.3	2.3/2.3	1.7/1.7	1.4/1.4	1.2	0.9	0.7	0.6	0.48	0.44	0.42	0.4	0.35	0.3
10	47.2/40.3	10.1/10	5.3/5.3	3.6/3.6	2.7/2.7	2.2/2.2	1.9	1.5	1.2	1	0.8	0.72	0.65	0.6	0.48	0.4
16	47.2/40.3	15.1/14.8	8.2/8.1	5.6/5.6	4.3/4.3	3.5/3.5	2.9	2.2	1.8	1.5	1.3	1.1	1	0.9	0.72	0.6
25	47.2/40.3	21/20.3	12.1/12	8.4/8.4	6.5/6.5	5.3/5.3	4.4	3.3	2.7	2.25	2.1	1.85	1.6	1.4	1.1	0.9
35	47.2/40.3	25.7/24.5	15.9/15.6	11.3/11.2	8.8/8.7	7.1/7.1	6.1	4.6	3.8	3.2	2.8	2.4	2.1	1.9	1.5	1.3
50	47.2/40.3	30.2/28.1	20.3/19.6	15/14.7	11.8/11.6	9.7/9.6	8.2	6.2	5.1	4.4	3.8	3.3	3	2.7	2.2	1.8
70	47.2/40.3	33.8/30.9	24.5/23.3	18.9/18.2	15.3/14.9	12.7/12.5	10.9	8.5	7	5.9	5.1	4.5	4	3.7	3	2.5
95	47.2/40.3	36.1/32.6	27.9/26.1	22.2/21.2	18.4/17.8	15.6/15.2	13.5	10.7	8.8	7.5	6.6	5.8	5.2	4.8	3.9	3.2
120	47.2/40.3	37.4/33.5	30.1/27.7	24.6/23.2	20.7/19.9	17.9/17.2	15.7	12.6	10.4	8.9	7.8	6.9	6.2	5.6	4.6	4
150	47.2/40.3	38.3/34.1	31.5/28.9	26.4/24.8	22.7/21.5	19.8/19	17.5	14.2	11.9	10.3	9.1	8.1	7.3	6.6	5.5	4.6
185	47.2/40.3	39.1/34.5	32.7/29.8	28/25.9	24.3/22.8	21.4/20.4	19.1	15.7	13.3	11.6	10.2	9.1	8.2	7.5	6.2	5.2
240	47.2/40.3	39.6/34.9	33.8/30.5	29.3/26.9	25.9/24.1	23.1/21.7	20.8	17.2	14.9	12.9	11.5	10.4	9.4	8.6	7.1	6.1
2×95	47.2/40.3	41.5/36.4	36.1/30.9	31.6/29.1	27.9/26.1	24.7/23.5	22.2	18.4	15.6	13.5	11.9	10.7	9.6	8.8	7.2	6.1
2×120	47.2/40.3	42.1/36.8	37.4/31.7	33.4/30.4	30/27.6	27.1/25.4	24.6	20.7	17.9	15.6	13.9	12.5	11.3	10.4	8.6	7.3
2×150	47.2/40.3	42.5/37.1	38.3/32.1	34.7/31.3	31.5/28.9	28.8/26.7	26.4	22.6	19.8	17.5	15.7	14.2	13	11.9	9.9	8.5
2×185	47.2/40.3	42.9/37.3	39.1/32.5	36.1/32	32.8/29.7	30.2/27.7	28	24.3	21.4	19.1	17.3	15.7	14.4	13.3	11.2	9.6

表 6.5－10　10 (20) /0.4kV、2500kVA 变压器馈线用铜芯绝缘电线、电缆短路电流（I_k）值

从低配电柜到短路点的距离为下列值时的短路电流（I_k）值

(kA)

相导体截面积 S_{ph} (mm²)	0m	10m	20m	30m	40m	50m	60m	80m	100m	120m	140m	160m	180m	200m	250m	300m
2.5	56.9/48.8	3/3	1.5/1.5	1/1	0.75/0.75	0.6/0.6	0.48	0.37	0.3	0.26	0.22	0.19	0.17	0.15	0.12	0.1
4	56.9/48.8	4.5/4.5	2.3/2.3	1.6/1.6	1.2/1.2	1/1	0.8	0.62	0.5	0.4	0.32	0.3	0.27	0.25	0.2	0.17
6	56.9/48.8	6.5/6.5	3.4/3.4	2.3/2.3	1.7/1.7	1.4/1.4	1.2	0.9	0.7	0.6	0.48	0.44	0.42	0.4	0.35	0.3
10	56.9/48.8	10.3/10.2	5.4/5.4	3.7/3.7	2.8/2.8	2.3/2.3	1.9	1.5	1.2	1	0.8	0.72	0.65	0.6	0.48	0.4
16	56.9/48.8	15.6/15.4	8.3/8.3	5.7/5.7	4.3/4.3	3.5/3.5	2.9	2.2	1.8	1.5	1.3	1.1	1	0.9	0.72	0.6
25	56.9/48.8	22.1/21.6	12.4/12.3	8.6/8.5	6.6/6.6	5.3/5.3	4.4	3.3	2.7	2.25	2.1	1.85	1.6	1.4	1.1	0.9
35	56.9/48.8	27.7/26.6	16.5/16.2	11.6/11.5	8.9/8.9	7.2/7.2	6.1	4.6	3.8	3.2	2.8	2.4	2.1	1.9	1.5	1.3
50	56.9/48.8	33.4/31.5	21.4/20.9	15.5/15.3	12.1/12	9.9/9.8	8.4	6.4	5.2	4.5	3.9	3.4	3	2.7	2.2	1.8
70	56.9/48.8	38.1/35.2	26.4/25.3	19.9/19.3	15.8/15.5	13.1/12.9	11.1	8.6	7.1	6	5.1	4.5	4	3.7	3	2.5
95	56.9/48.8	41.3/37.6	30.5/28.9	23.8/22.9	19.4/18.9	16.3/16	14	11.1	9.1	7.7	6.7	5.8	5.2	4.8	3.9	3.2
120	56.9/48.8	43.2/39	33.3/31.1	26.7/25.4	22.1/21.3	18.8/18.3	16.4	13.1	10.7	9.1	8	7.1	6.3	5.7	4.7	4.0
150	56.9/48.8	44.5/40.1	35.4/32.7	29.1/27.4	24.5/23.4	21.1/20.4	18.5	14.8	12.3	10.6	9.3	8.2	7.4	6.7	5.5	4.6
185	56.9/48.8	45.4/40.5	37.1/33.9	31/29	26.5/25.1	23.1/22.1	20.4	16.8	13.9	12	10.5	9.4	8.4	7.7	6.3	5.3
240	56.9/48.8	46.3/41.1	38.5/35.1	32.8/30.3	28.4/26.7	25.1/23.8	22.4	18.4	15.6	13.6	12.0	10.7	9.7	8.9	7.3	6.2
2×95	56.9/48.8	48.8/43.2	41.3/37.6	35.3/32.8	30.6/28.9	26.8/25.7	23.8	19.4	16.3	14	12.3	11.1	9.9	9	7.4	6.2
2×120	56.9/48.8	50/43.7	43.1/39	37.7/34.7	33.3/31.1	29.7/28.2	26.7	22.1	18.9	16.4	14.5	13	11.7	10.7	8.8	7.5
2×150	56.9/48.8	50.3/44.2	43.6/40.1	39.5/36.1	35.4/32.7	31.9/30.2	29	24.4	21.1	18.5	16.5	14.8	13.5	12.4	10.2	8.7
2×185	56.9/48.8	50.8/44.5	45.4/40.6	40.9/37.1	37.1/33.9	33.7/31.3	31	26.4	23.1	20.4	18.3	16.5	15.1	13.9	11.6	9.9

6

低压配电设计解析

表 6.5-11　　10（20）/0.4kV、315kVA 变压器馈线用铝芯绝缘电线、电缆短路电流（I_k）值　　　　　　（kA）

相导体截面积 S_{ph}（mm²）	从低配电柜到短路点的距离为下列值时的短路电流（I_k）值															
	0m	10m	20m	30m	40m	50m	60m	80m	100m	120m	140m	160m	180m	200m	250m	300m
10	10.3/10.3	4.9/4.9	2.9/2.9	2.05/2.05	1.6/1.6	1.3/1.3	1	0.75	0.67	0.52	0.47	0.4	0.32	0.28	0.25	0.2
16	10.3/10.3	6.3/6.3	4.3/4.3	3.1/3.1	2.45/2.45	2/2	1.7	1.35	1.1	0.85	0.73	0.64	0.58	0.53	0.45	0.4
25	10.3/10.3	7.6/7.6	5.9/5.9	4.3/4.3	3.4/3.4	2.9/2.9	2.4	1.82	1.57	1.27	1.1	0.95	0.85	0.81	0.7	0.6
35	10.3/10.3	8.3/8.3	6.8/6.8	5.3/5.3	4.5/4.5	3.7/3.7	3.2	2.6	2.1	1.75	1.55	1.35	1.23	1.12	0.98	0.88
50	10.3/10.3	8.8/8.8	7.5/7.5	6.3/6.3	5.5/5.5	4.7/4.7	4.2	3.5	2.85	2.45	2.15	1.87	1.68	1.55	1.35	1.15
70	10.3/10.3	9.2/9.2	8.1/8.1	7.2/7.2	6.4/6.4	5.7/5.7	5.1	4.3	3.65	3.2	2.8	2.55	2.3	2.1	1.7	1.43
95	10.3/10.3	9.4/9.4	8.6/8.6	7.8/7.8	7.1/7.1	6.5/6.5	6	5.05	4.4	3.9	3.5	3.15	2.9	2.65	2.25	1.9
120	10.3/10.3	9.6/9.6	8.8/8.8	8.2/8.2	7.6/7.6	7.1/7.1	6.5	5.75	5.1	4.6	4.05	3.65	3.35	3.05	2.65	2.25
150	10.3/10.3	9.7/9.7	9/9	8.4/8.4	7.9/7.9	7.4/7.4	7	6.25	5.6	5.1	4.6	4.2	3.9	3.6	3.1	2.65
185	10.3/10.3	9.8/9.8	9.2/9.2	8.7/8.7	8.2/8.2	7.7/7.7	7.3	6.6	6.1	5.55	5.1	4.7	4.4	4.1	3.55	3.05
240	10.3/10.3	9.9/9.9	9.3/9.3	8.9/8.9	8.5/8.5	8.1/8.1	7.7	7.1	6.5	6	5.5	5.2	4.9	4.6	4.05	3.5
2×95	10.3/10.3	9.9/9.9	9.5/9.5	9.1/9.1	8.6/8.6	8.2/8.2	7.8	7.1	6.5	6	5.5	5.1	4.7	4.4	3.9	3.5
2×120	10.3/10.3	10/10	9.6/9.6	9.3/9.3	8.9/8.9	8.5/8.5	8.2	7.6	7.1	6.6	6.1	5.8	5.5	5.2	4.5	3.85
2×150	10.3/10.3	10.1/10.1	9.7/9.7	9.5/9.5	9.1/9.1	8.7/8.7	8.5	7.9	7.4	6.95	6.55	6.2	5.85	5.55	4.95	4.4
2×185	10.3/10.3	10.2/10.2	9.8/9.8	9.6/9.6	9.3/9.3	8.9/8.9	8.7	8.2	7.7	7.35	7	6.6	6.3	6	5.4	4.85

表 6.5-12　　10（20）/0.4kV、400kVA 变压器馈线用铝芯绝缘电线、电缆短路电流（I_k）值

从低配电柜到短路点的距离为下列值时的短路电流（I_k）值　　　（kA）

相导体截面积 S_{ph}（mm²）	0m	10m	20m	30m	40m	50m	60m	80m	100m	120m	140m	160m	180m	200m	250m	300m
10	12.9/13	5.3/5.3	2.7/2.7	2.1/2.1	1.65/1.65	1.35/1.35	1.05	0.8	0.7	0.55	0.5	0.43	0.34	0.28	0.25	0.2
16	12.9/13	7.1/7.2	4.4/4.4	3.15/3.15	2.5/2.5	2/2	1.7	1.35	1.1	0.85	0.73	0.64	0.58	0.53	0.45	0.4
25	12.9/13	8.7/8.8	6.1/6.1	4.5/4.5	3.5/3.5	2.95/2.95	2.45	1.87	1.62	1.32	1.15	1	0.88	0.84	0.7	0.6
35	12.9/13	9.8/9.9	7.3/7.3	5.7/5.7	4.7/4.7	3.9/3.9	3.35	2.65	2.15	1.8	1.6	1.37	1.25	1.15	1	0.9
50	12.9/13	10.6/10.7	8.6/8.6	7.1/7.1	6/6	5.1/5.1	4.45	3.55	2.95	2.55	2.2	1.92	1.73	1.6	1.4	1.2
70	12.9/13	11.2/11.3	9.6/9.7	8.2/8.3	7.1/7.1	6.3/6.3	5.6	4.6	3.85	3.3	2.9	2.63	2.35	2.15	1.75	1.46
95	12.9/13	11.6/11.7	10.3/10.4	9.1/9.1	8.1/8.1	7.3/7.3	6.6	5.5	4.85	4.15	3.65	3.3	3	2.72	2.3	1.92
120	12.9/13	11.8/11.9	10.6/107	9.6/9.6	8.8/8.8	8.1/8.1	7.4	6.3	5.5	4.85	4.3	3.9	3.55	3.25	2.75	2.3
150	12.9/13	11.9/12	10.9/11	10.1/10.1	9.3/9.3	8.6/8.6	8	7	6.1	5.45	4.95	4.5	4.1	3.8	3.25	2.75
185	12.9/13	12/12.1	11.2/11.3	10.4/10.4	9.7/9.7	9.1/9.1	8.5	7.5	6.7	6	5.5	5.05	4.65	4.35	3.75	3.2
240	12.9/13	12.1/12.2	11.4/11.5	10.7/10.7	10.1/10.1	9.5/9.5	9	8.1	7.3	6.7	6.2	5.75	5.35	5	4.35	3.75
2×95	12.9/13	12.2/12.3	11.5/11.6	10.9/10.9	10.3/10.3	9.7/9.7	9.1	8.1	7.3	6.65	6.05	5.5	5.1	4.75	4.1	3.5
2×120	12.9/13	12.3/12.4	11.7/11.8	11.2/11.2	10.6/10.6	10.1/10.1	9.7	8.8	8	7.3	6.8	6.3	5.9	5.5	4.8	4.1
2×150	12.9/13	12.4/12.5	11.9/12	11.4/11.4	10.9/10.9	10.5/10.5	10.1	9.5	8.6	8	7.4	6.9	6.5	6.1	5.4	4.8
2×185	12.9/13	12.5/12.6	12.1/12.2	11.7/11.7	11.3/11.3	11/11	10.5	9.8	9.1	8.6	8.1	7.6	7.15	6.75	6	5.3

表 6.5-13　10（20）/0.4kV、500kVA 变压器馈线用铝芯绝缘电线、电缆短路电流（I_k）值

从低配电柜到短路点的距离为下列值时的短路电流（I_k）值　（kA）

相导体截面积 S_{ph}（mm²）	0m	10m	20m	30m	40m	50m	60m	80m	100m	120m	140m	160m	180m	200m	250m	300m
10	16/16	5.5/5.5	2.8/2.8	2.1/2.1	1.65/1.65	1.35/1.35	1.05	0.8	0.7	0.55	0.5	0.43	0.34	0.28	0.25	0.2
16	16/16	7.7/7.8	4.2/4.2	3.25/3.25	2.5/2.5	2.02/2.02	1.72	1.37	1.12	0.87	0.75	0.65	0.6	0.55	0.45	0.4
25	16/16	9.9/10	6.5/6.5	4.7/4.7	3.6/3.6	3/3	2.5	1.9	1.65	1.35	1.18	1.02	0.9	0.85	0.7	0.6
35	16/16	11.3/11.4	8.1/8.1	6.1/6.1	5/5	4.1/4.1	3.45	2.67	2.2	1.85	1.63	1.4	1.28	1.18	1	0.9
50	16/16	12.5/12.6	9.7/9.7	7.7/7.7	6.4/6.4	5.4/5.4	4.7	3.65	2.98	2.57	2.23	1.95	1.75	1.6	1.4	1.2
70	16/16	13.4/13.5	11.1/11.1	9.2/9.2	7.9/7.9	7.1/7.1	6	4.8	4	3.4	2.9	2.63	2.35	2.15	1.75	1.46
95	16/16	14.0/14.0	12/11	10.5/10.4	9.3/9.3	8.1/8.1	7.2	5.9	5	4.3	3.8	3.4	3.05	2.8	2.3	1.92
120	16/16	14.2/14.2	12.6/12.6	11.2/11.1	10/9.9	9/8.9	8.2	6.8	5.8	5.1	4.5	4.05	3.65	3.35	2.8	2.3
150	16/16	14.4/14.4	13.1/13	11.8/11.6	10.7/10.5	9.7/9.6	8.9	7.6	6.6	5.8	5.2	4.75	4.35	4	3.35	2.8
185	16/16	14.6/14.6	13.4/13.3	12.2/12	11.3/11.1	10.4/10.3	9.6	8.4	7.4	6.6	5.95	5.4	4.95	4.55	3.9	3.3
240	16/16	14.8/14.8	13.7/13.6	12.7/12.5	11.9/11.7	11/10.9	10.3	9.1	8.2	7.4	6.7	6.15	5.7	5.3	4.65	4
2×95	16/16	14.9/14.9	13.9/13.9	12.9/12.7	12/11.8	11.2/11.1	10.7	9.2	9	7.2	6.5	5.9	5.4	5	4.3	3.6
2×120	16/16	15.1/15.1	14.2/14.2	13.4/13.4	12.6/12.5	11.8/11.7	11.2	10	9	8.1	7.4	6.8	6.3	5.85	5.05	4.3
2×150	16/16	15.2/15.2	14.4/14.4	13.7/13.7	13/13	12.4/12.3	11.8	10.7	9.7	8.9	8.2	7.6	7.1	6.65	5.75	5
2×185	16/16	15.3/15.3	14.6/14.6	14/14	13.4/13.4	12.8/12.7	12.3	11.3	10.4	9.6	9	8.5	7.95	7.4	6.5	5.65

表6.5-14　10（20）/0.4kV、630kVA 变压器馈线用铝芯电线、电缆短路电流（I_k）值

从低压配电柜到短路点的距离为下列值时的短路电流（I_k）值　（kA）

相导体截面积 S_{ph}（mm²）	0m	10m	20m	30m	40m	50m	60m	80m	100m	120m	140m	160m	180m	200m	250m	300m
10	17.9/16.3	5.8/5.6	3/3	2.15/2.15	1.7/1.7	1.4/1.4	1.1	0.85	0.75	0.6	0.52	0.45	0.36	0.3	0.25	0.2
16	17.9/16.3	8.2/8.0	4.5/4.4	3.3/3.3	2.55/2.55	2.05/2.05	1.75	1.4	1.15	0.9	0.77	0.67	0.62	0.55	0.45	0.4
25	17.9/16.3	10.6/9.8	6.8/6.7	4.9/4.8	3.7/3.7	3.1/3.1	2.6	2	1.75	1.4	1.25	1.03	0.95	0.9	0.7	0.6
35	17.9/16.3	12.3/11.1	8.5/8.3	6.4/6.3	5.6/5.5	4.2/4.2	3.5	2.7	2.25	1.88	1.65	1.42	1.3	1.2	1.02	0.9
50	17.9/16.3	13.8/13	10.4/9.8	8.2/7.8	6.7/6.3	5.6/5.5	4.8	3.7	2.98	2.57	2.23	1.95	1.75	1.6	1.4	1.2
70	17.9/16.3	14.8/13.9	12/11.4	9.9/9.6	8.3/8.1	7.1/7	6.2	4.95	4.15	3.5	3	2.68	2.38	2.18	1.78	1.48
95	17.9/16.3	15.5/14.4	13.1/12.1	11.3/10.3	9.9/9.4	8.6/8.4	7.6	6.2	5.3	4.5	3.95	3.5	3.15	2.9	2.35	1.95
120	17.9/16.3	15.8/14.7	14/12.7	12.2/11.4	10.8/10.2	9.6/9	8.7	7.2	6.1	5.3	4.7	4.2	3.75	3.43	2.88	2.38
150	17.9/16.3	16.1/14.9	14.5/13.1	12.9/12	11.6/11	10.5/9.9	9.6	8.1	7	6.1	5.4	4.9	4.45	4.1	3.4	2.85
185	17.9/16.3	16.3/15.1	14.8/13.5	13.5/12.3	12.4/11.6	11.3/10.6	10.4	8.9	7.8	6.9	6.2	5.6	5.2	4.7	4.15	3.4
240	17.9/16.3	16.5/15.2	15.2/13.8	14/12.7	13.1/12	12/11.2	11.2	9.8	8.75	7.8	7	6.5	5.95	5.5	4.8	4.05
2×95	17.9/16.3	16.7/15.3	15.6/14.2	14.6/13.1	13.2/12.1	12.2/11.4	11.3	9.9	8.5	7.7	6.8	6.2	5.65	5.2	4.5	3.75
2×120	17.9/16.3	16.9/15.5	16/14.5	15.1/13.5	14/12.4	13.1/11.8	12.2	10.8	9.6	8.65	7.8	7.2	6.6	6.1	5.3	4.5
2×150	17.9/16.3	17.1/15.7	16.4/14.8	15.6/13.9	14.6/13	13.6/12.7	12.7	11.6	10.5	9.6	8.7	8.1	7.5	7	6	5.2
2×185	17.9/16.3	17.2/15.9	16.6/15.1	15.9/14.2	15/13.8	14.1/13.4	13.5	12.3	11.3	10.4	9.65	9	8.35	7.8	6.8	5.9

表 6.5-15　　10（20）/0.4kV、800kVA 变压器馈线用铝芯绝缘电线、电缆短路电流（I_k）值　　　　　　　　　　（kA）

相导体截面积 S_{ph} (mm²)	从低配电柜到短路点的距离为下列值时的短路电流（I_k）值															
	0m	10m	20m	30m	40m	50m	60m	80m	100m	120m	140m	160m	180m	200m	250m	300m
10	23.6/18.2	6.1/5.9	3.2/3.2	2.25/2.25	1.8/1.8	1.5/1.5	1.2	0.95	0.82	0.75	0.65	0.56	0.47	0.4	0.3	0.25
16	23.6/18.2	9/8.8	5/4.9	3.35/3.35	2.6/2.6	2.1/2.1	1.8	1.45	1.2	0.95	0.8	0.7	0.64	0.57	0.47	0.4
25	23.6/18.2	11.8/10.9	7.1/7	5.05/5	3.75/3.75	3.15/3.15	2.65	2.05	1.78	1.43	1.28	1.05	0.95	0.9	0.7	0.6
35	23.6/18.2	14/12.3	9.2/9.1	6.7/6.6	5.4/5.4	4.3/4.3	3.6	2.7	2.25	1.88	1.65	1.42	1.3	1.2	1.02	0.9
50	23.6/18.2	16.1/14	12.6/11.3	8.8/8.3	7.4/7	5.8/5.7	5.0	3.8	3.0	2.6	2.25	1.95	1.75	1.6	1.4	1.2
70	23.6/18.2	17.7/14.7	14.3/12.7	10.8/9.9	9.3/8.7	7.7/7.3	6.6	5.15	4.25	3.55	3.05	2.7	2.4	2.2	1.8	1.5
95	23.6/18.2	18.8/15.4	15.8/13.7	12.7/11.5	11/10.3	9.3/8.8	8.2	6.5	5.5	4.7	4.1	3.6	3.25	3	2.95	2
120	23.6/18.2	19.3/15.7	16.7/14.1	13.9/12.8	12.2/11.1	10.6/9.8	9.4	7.7	6.5	5.6	4.9	4.3	3.9	3.45	2.9	2.4
150	23.6/18.2	19.7/15.9	17.4/14.5	15/13.3	13.4/12	11.8/10.8	10.6	8.8	7.6	6.6	5.7	5.2	4.7	4.25	3.55	2.95
185	23.6/18.2	20.1/16.1	17.9/14.9	15.9/13.9	14.3/12.8	12.8/11.7	11.7	9.9	8.6	7.5	6.6	5.95	5.5	5.85	4.3	3.6
240	23.6/18.2	20.5/16.2	18.4/15.1	16.6/14.4	15.2/13.4	13.7/12.3	12.7	10.9	9.6	8.6	7.7	7	6.3	5.8	5.1	4.2
2×95	23.6/18.2	20.7/16.4	18.7/15.3	17/14.5	15.5/13.9	14.1/12.9	12.8	11	9.4	8.5	7.5	6.8	6.2	5.6	4.9	4.1
2×120	23.6/18.2	20.9/16.6	19.3/15.6	17.7/14.8	16.4/14.1	15.1/13.2	14	12.1	10.7	9.6	8.5	7.8	7.1	6.5	5.8	5
2×150	23.6/18.2	21.1/16.8	19.7/15.9	18.2/15.1	17.1/14.6	15.9/14.1	14.9	13.2	11.7	10.6	9.5	8.8	8.1	7.4	6.35	5.5
2×185	23.6/18.2	21.3/16.9	20.1/16.1	18.7/15.3	17.7/15.1	16.7/14.8	15.8	14.3	12.8	11.7	10.6	9.9	9.1	8.3	7.1	6

表6.5-16　　10（20）/0.4kV、1000kVA变压器馈线用铝芯绝缘电线、电缆短路电流（I_k）值　　（kA）

从低配电柜到短路点的距离为下列值时的短路电流（I_k）值

相导体截面积 S_{ph}（mm²）	0m	10m	20m	30m	40m	50m	60m	80m	100m	120m	140m	160m	180m	200m	250m	300m
10	27.4/21.2	6.1/6	3.2/3.2	2.25/2.25	1.8/1.8	1.5/1.5	1.2	0.95	0.82	0.75	0.65	0.56	0.47	0.4	0.3	0.25
16	27.4/21.2	9.1/9	5.1/5	3.4/3.4	2.6/2.6	2.1/2.1	1.8	1.45	1.2	0.95	0.8	0.7	0.64	0.6	0.47	0.4
25	27.4/21.2	12.6/12	7.4/7.3	5.1/5.1	3.8/3.8	3.15/3.15	2.65	2.05	1.78	1.43	1.28	1.05	0.95	0.9	0.7	0.6
35	27.4/21.2	15.4/14.6	9.6/9.5	6.9/6.8	5.5/5.5	4.4/4.4	3.7	2.8	2.3	1.93	1.7	1.44	1.3	1.2	1.02	0.9
50	27.4/21.2	18.1/16.1	12.3/11.6	9.1/8.9	7.6/7.5	5.9/5.9	5.05	3.85	3.05	2.65	2.3	2	1.8	1.65	1.4	1.2
70	27.4/21.2	20.3/17.4	15/13.7	11.6/11.2	9.7/9.5	7.9/7.8	6.7	5.2	4.3	3.6	3.1	2.75	2.45	2.25	1.85	1.55
95	27.4/21.2	21.8/18.2	17.2/16	13.8/13.4	11.8/11.5	9.8/9.7	8.5	6.7	5.6	4.7	4.1	3.6	3.25	3	2.45	2
120	27.4/21.2	22.7/19	18.7/17	15.6/15	13.5/13.1	11.4/11.2	10	8	6.8	5.7	5	4.4	3.95	3.5	2.95	2.45
150	27.4/21.2	23.3/19.5	20/17.3	16.8/15.2	15/13.6	12.8/12.2	11.3	9.2	7.9	6.7	5.9	5.25	4.75	4.3	3.6	3
185	27.4/21.2	23.8/19.7	21.2/17.9	18/16.2	15.8/14.6	14/13.4	12.6	10.4	9	7.7	6.8	6.1	5.6	5.2	4.3	3.6
240	27.4/21.2	24.2/19.9	21.8/18.5	19/17	17/15.5	15.3/14	13.9	11.7	10.2	8.9	8	7.2	6.55	6	5.2	4.25
2×95	27.4/21.2	24.6/20	22.1/19	19.3/17.9	17.6/16	15.4/14.6	13.8	11.5	9.8	8.5	7.55	6.7	6	5.5	4.6	3.85
2×120	27.4/21.2	25/20.2	22.6/19.5	20.4/18.8	18.6/16.9	16.8/15.2	15.4	13.1	11.3	9.9	8.9	8	7.25	6.65	5.55	4.65
2×150	27.4/21.2	25.3/20.3	23.2/19.7	21.3/19.1	19.8/17.6	18/16.5	16.7	14.5	12.7	11.3	10.2	9.2	8.4	7.75	6.6	5.55
2×185	27.4/21.2	25.6/20.4	23.8/19.9	22.1/19.4	20.8/18.3	19.1/17	17.8	15.7	14	12.6	11.4	10.5	9.6	8.9	7.6	6.45

表 6.5－17　　10（20）/0.4kV、1250kVA 变压器馈线用铝芯绝缘电线、电缆短路电流（I_k）值　　（kA）

相导体截面积 S_{ph}（mm²）	从低配电柜到短路点的距离为下列值时的短路电流（I_k）值															
	0m	10m	20m	30m	40m	50m	60m	80m	100m	120m	140m	160m	180m	200m	250m	300m
10	33.2/26.2	6.3/6.2	3.3/3.3	2.3/2.3	1.8/1.8	1.5/1.5	1.2	0.95	0.82	0.75	0.65	0.56	0.47	0.4	0.3	0.25
16	33.2/26.2	9.4/9.2	5.1/5.1	3.5/3.5	2.7/2.7	2.1/2.1	1.8	1.95	1.2	0.95	0.8	0.7	0.64	0.6	0.47	0.4
25	33.2/26.2	13.4/12.9	7.6/7.5	5.2/5.2	4.0/4.0	3.2/3.2	2.7	2.1	1.8	1.45	1.3	1.05	0.95	0.9	0.7	0.6
35	33.2/26.2	16.6/15.7	10.1/9.9	7.1/7	5.6/5.6	4.5/4.5	3.7	2.8	2.3	1.93	1.7	1.44	1.3	1.2	1.02	0.9
50	33.2/26.2	19.4/18.1	13.1/12.1	9.4/9.2	7.5/7.4	6.1/6.1	5.1	3.9	3.1	2.7	2.35	2.05	1.84	1.7	1.4	1.2
70	33.2/26.2	23.1/20.4	16.2/15.3	12.3/11.9	10.2/10	8.1/8	6.9	5.4	4.4	3.65	3.15	2.8	2.5	2.3	1.9	1.6
95	33.2/26.2	25.2/21.8	20/18	14.9/14.2	12.3/12	10.3/0.1	8.9	6.9	5.7	4.75	4.3	3.7	3.35	3.1	2.5	2.1
120	33.2/26.2	26.3/22.3	21.1/19	16.7/15.5	14.5/13.6	12/11.6	10.7	8.3	6.9	5.8	5.15	4.5	4.05	3.6	3	2.5
150	33.2/26.2	27.3/22.9	22.1/19.9	18.6/16.9	16.2/15	13.7/13.1	12.2	9.7	8.1	6.9	5.9	5.4	4.8	4.4	3.7	3.1
185	33.2/26.2	27.9/23.2	23.5/20.6	20/17.9	17.7/16.1	15.2/14.3	13.6	11	9.3	8.1	7.15	6.3	5.7	5.3	4.4	3.6
240	33.2/26.2	28.5/23.5	25/21.2	21.5/18.9	19.2/17.2	16.9/15.6	15.2	12.7	10.8	9.4	8.3	7.5	6.8	6.25	5.15	4.3
2×95	33.2/26.2	29.2/24.1	25.6/21.8	21.7/19.7	19.6/18	17.5/16.3	15	12.2	10.3	8.9	7.9	6.95	6.25	5.7	4.75	3.95
2×120	33.2/26.2	29.8/24.3	26.3/22.4	23.3/20.6	20.5/18.8	18.5/17.2	16.8	14.1	12	10.4	9.25	8.25	7.45	6.85	5.7	4.75
2×150	33.2/26.2	30.2/24.4	27.1/22.8	23.8/21.2	22.1/19.7	20.2/18.2	18.6	15.8	13.7	12.1	10.7	9.65	8.75	8.05	6.8	5.7
2×185	33.2/26.2	30.5/24.5	28.1/23.1	25.6/21.7	23.5/20.5	21.6/19.3	20	17.3	15.2	13.5	12.1	11	10.1	9.3	7.9	6.65

表 6.5－18　10（20）/0.4kV、1600kVA 变压器馈线用铝芯绝缘电线、电缆短路电流（I_k）值

(kA)

相导体截面积 S_{ph}（mm²）	\multicolumn{16}{c}{从低压配电柜到短路点的距离为下列值时的短路电流（I_k）值}															
	0m	10m	20m	30m	40m	50m	60m	80m	100m	120m	140m	160m	180m	200m	250m	300m
10	42.2/32.9	6.4/6.3	3.3/3.3	2.3/2.3	1.8/1.8	1.5/1.5	1.2	0.95	0.82	0.75	0.65	0.56	0.47	0.4	0.3	0.25
16	42.2/32.9	9.8/9.6	5.2/5.1	3.5/3.5	2.7/2.7	2.1/2.1	1.8	1.45	1.2	0.95	0.8	0.7	0.64	0.6	0.47	0.4
25	42.2/32.9	14.2/13.7	7.8/7.7	5.3/5.3	4.1/4.1	3.3/3.3	2.8	2.15	1.8	1.45	1.3	1.05	0.95	0.9	0.7	0.6
35	42.2/32.9	18.1/17.2	10.4/10.2	7.2/7.2	5.6/5.6	4.5/4.5	3.7	2.8	2.3	1.93	1.7	1.44	1.3	1.2	1.02	0.9
50	42.2/32.9	22.5/20.7	13.9/13.4	10/9.7	7.7/7.6	6.2/6.2	5.2	4	3.15	2.7	2.35	2.05	1.84	1.7	1.4	1.2
70	42.2/32.9	26.7/23.7	17.7/16.8	12.9/12.1	10.9/10.1	8.4/8.3	7.1	5.5	4.5	3.7	3.2	2.8	2.5	2.3	1.9	1.6
95	42.2/32.9	30.1/25.7	21.1/19.5	16.1/15.3	12.8/12.5	10.7/10.5	9.2	7.1	5.8	4.8	4.3	3.7	3.35	3.1	2.5	2.1
120	42.2/32.9	31.5/26.8	23.6/21.3	18.6/17.3	15.9/15	12.8/12.3	11.1	8.6	7.1	6	5.3	4.6	4.1	3.6	3	2.5
150	42.2/32.9	32.9/27.6	25.7/22.8	20.8/19.1	18.1/17.3	14.8/14.1	12.9	10.1	8.4	7.15	6.1	5.5	4.9	4.5	3.7	3.1
185	42.2/32.9	34/28.1	27.5/23.9	22.8/20.5	19.8/18	16.6/15.7	14.6	11.7	9.8	8.4	7.4	6.5	5.85	5.4	4.5	3.7
240	42.2/32.9	34.9/28.7	29.1/25	24.7/21.8	20.5/18.8	18.7/17.3	16.7	13.6	11.5	9.9	8.7	7.8	7	6.4	5.3	4.4
2×95	42.2/32.9	35.7/29.4	29.7/25.6	25.5/22.3	21.3/19.4	18.4/17.3	16.1	12.9	10.8	9.2	8.1	7.1	6.4	5.8	4.8	4
2×120	42.2/32.9	36.7/30	31.5/26.8	27.1/23.9	23.7/21.3	20.9/19.2	18.5	15.1	12.8	11	9.7	8.6	7.7	7.1	5.9	4.9
2×150	42.2/32.9	37.4/30.3	32.9/27.5	29/25.1	25.8/22.9	22.9/20.9	20.6	17.1	14.7	12.8	11.4	10.1	9.1	8.4	7	5.9
2×185	42.2/32.9	37.9/30.5	33.9/28.1	30.4/26	27.4/24	24.8/22.4	22.7	19.2	16.6	14.6	13	11.7	10.5	9.8	8.2	6.9

表 6.5－19　　10 (20) /0.4kV、2000kVA 变压器馈线用铝芯绝缘电线、电缆短路电流（I_k）值　　(kA)

从低压配电柜到短路点的距离为下列值时的短路电流（I_k）值

相导体截面积 S_{ph} (mm²)	0m	10m	20m	30m	40m	50m	60m	80m	100m	120m	140m	160m	180m	200m	250m	300m
10	47.2/40.3	6.5/6.5	3.4/3.4	2.5/2.5	2/2	1.5/1.5	1.2	0.95	0.82	0.75	0.65	0.56	0.47	0.4	0.3	0.25
16	47.2/40.3	9.9/9.8	5.2/5.2	3.5/3.5	2.7/2.7	2.1/2.1	1.8	1.45	1.2	0.95	0.8	0.7	0.64	0.6	0.47	0.4
25	47.2/40.3	14.5/14.3	7.9/7.8	5.4/5.4	4.2/4.2	3.3/3.3	2.8	2.15	1.8	1.45	1.3	1.05	0.95	0.9	0.7	0.6
35	47.2/40.3	18.9/18.3	10.6/10.5	7.4/7.3	5.7/5.7	4.6/4.6	3.8	2.85	2.3	1.93	1.7	1.44	1.3	1.2	1.02	0.9
50	47.2/40.3	23.8/22.8	14.3/14	10.1/10	7.8/7.7	6.3/6.3	5.3	4.1	3.2	2.7	2.35	2.05	1.84	1.7	1.4	1.2
70	47.2/40.3	28.4/26.8	18.4/17.9	13.3/13.1	10.4/10.3	8.5/8.5	7.2	5.6	4.5	3.7	3.2	2.8	2.5	2.3	1.9	1.6
95	47.2/40.3	32/29.6	22.2/21.3	16.7/16.3	13.2/13.1	11/10.9	9.4	7.2	5.9	4.9	4.3	3.7	3.35	3.1	2.5	2.1
120	47.2/40.3	34.1/31.1	25.1/23.8	19.3/18.7	15.7/15.3	13.1/12.9	11.3	8.7	7.1	6	5.3	4.6	4.1	3.6	3	2.5
150	47.2/40.3	35.9/32.4	27.4/25.7	21.8/20.9	17.9/17.4	15.2/14.9	13.3	10.4	8.55	7.25	6.2	5.5	4.9	4.5	3.7	3.1
185	47.2/40.3	37.2/33.2	29.5/27.3	24.1/22.8	20/19.3	17.3/16.8	15.2	12.1	10	8.5	7.5	6.6	5.9	5.4	4.5	3.7
240	47.2/40.3	38.3/34.1	31.4/28.7	26.3/24.6	22.3/21.3	19.6/18.8	17.4	14.1	11.8	10.1	8.9	7.9	7.1	6.5	5.4	4.5
2×95	47.2/40.3	39.2/35.1	32/29.5	26.4/24.9	22.2/21.3	19.1/18.5	16.7	13.3	11.1	9.3	8.2	7.2	6.5	5.9	4.8	4
2×120	47.2/40.3	40.4/35.8	34.1/31.1	29.1/27.1	25/23.7	21.8/21	19.3	15.7	13.1	11.2	9.9	8.7	7.8	7.2	6	5
2×150	47.2/40.3	41.3/36.3	35.9/32.4	31.2/28.8	27.4/25.7	24.3/23.1	21.8	17.9	15.2	13.2	11.7	10.4	9.3	8.5	7.1	6
2×185	47.2/40.3	42/36.8	37.1/33.2	33/30.1	29.4/27.3	26.5/24.9	24	20.1	17.3	15.1	13.4	12	10.7	10	8.3	7

表 6.5-20　　10（20）/0.4kV、2500kVA 变压器馈线用铝芯绝缘电线、电缆短路电流（I_k）值　　（kA）

相导体截面积 S_{ph} (mm²)	从低配电柜到短路点的距离为下列值时的短路电流（I_k）值															
	0m	10m	20m	30m	40m	50m	60m	80m	100m	120m	140m	160m	180m	200m	250m	300m
10	56.9/48.8	6.6/6.6	3.5/3.5	2.5/2.5	2/2	1.5/1.5	1.2	0.95	0.82	0.75	0.65	0.56	0.47	0.4	0.3	0.25
16	56.9/48.8	10.1/10.1	5.3/5.3	3.5/3.5	2.7/2.7	2.1/2.1	1.8	1.45	1.2	0.95	0.8	0.7	0.64	0.6	0.47	0.4
25	56.9/48.8	15/14.8	8/7.9	5.5/5.5	4.2/4.2	3.3/3.3	2.8	2.15	1.8	1.45	1.3	1.05	0.95	0.9	0.7	0.6
35	56.9/48.8	19.7/19.3	10.9/10.8	7.5/7.4	5.7/5.7	4.6/4.6	3.85	2.9	2.3	1.93	1.7	1.44	1.3	1.2	1.02	0.9
50	56.9/48.8	25.4/24.6	14.8/14.5	10.3/10.2	8/7.9	6.4/6.4	5.4	4.1	3.3	2.75	2.4	2.1	1.85	1.7	1.4	1.2
70	56.9/48.8	31.1/29.6	19.3/18.9	13.8/13.6	10.7/10.6	8.7/8.7	7.4	5.7	4.6	3.8	3.3	2.9	2.6	2.4	1.95	1.6
95	56.9/48.8	35.7/33.4	23.7/23	17.4/17.1	13.8/13.6	11.3/11.2	9.6	7.3	6	5	4.4	3.8	3.45	3.2	2.6	2.1
120	56.9/48.8	38.6/35.7	27.1/25.9	20.5/19.9	16.3/16.1	13.5/13.4	11.6	8.9	7.3	6.1	5.4	4.7	4.2	3.7	3.1	2.6
150	56.9/48.8	41/37.4	30.1/28.5	23.3/22.5	18.9/18.4	15.9/15.6	13.7	10.6	8.8	7.4	6.4	5.6	5	4.6	3.8	3.2
185	56.9/48.8	42.7/38.7	32.6/30.6	26/24.9	21.4/20.8	18.2/17.8	15.8	12.4	10.3	8.7	7.7	6.7	6	5.5	4.6	3.8
240	56.9/48.8	44.4/39.8	35.2/32.6	28.9/27.2	24.3/23.2	20.9/20.2	18.3	14.7	12.2	10.4	9.1	8.1	7.3	6.6	5.5	4.6
2×95	56.9/48.8	45.6/41.1	35.7/33.3	28.7/27.3	23.7/23	20.1/19.7	17.4	13.8	11.4	9.6	8.4	7.3	6.6	6	4.9	4.1
2×120	56.9/48.8	47.6/42.2	38.9/35.7	32.2/30.2	27.2/25.9	23.4/22.6	20.5	16.3	13.6	11.6	10.2	8.9	8	7.3	6.1	5.1
2×150	56.9/48.8	48.6/43.1	41.1/37.4	34.9/32.5	30.1/28.5	26.3/25.2	23.2	18.9	15.9	13.6	12	10.6	9.5	8.7	7.3	6.1
2×185	56.9/48.8	49.5/43.7	42.8/38.7	37.2/34.3	32.7/30.6	29/27.5	25.9	21.4	18.2	15.7	13.9	12.4	11.1	10.3	8.5	7.1

表 6.5-21　　10（20）/0.4kV、630kVA 变压器馈线用密集式
母线槽短路电流（I_k）值　　　　　　　　　（kA）

密集式母线槽额定电流（A）	从低配电柜到短路点的距离为下列值时的短路电流（I_k）值							
	10m	30m	60m	100m	150m	200m	250m	300m
铜 800	17.1/15.8	15.5/14.4	13.3/12.6	11.1/10.6	8.9/8.7	7.5	6.4	5.6
铜 1000	17.2/15.9	15.8/15.1	13.9/13.1	11.8/11.3	9.8/9.6	8.3	7.3	6.4
铝 800	17.1/15.7	15.3/14.3	12.9/12.2	10.3/9.9	8.1/7.9	6.7	5.7	4.9
铝 1000	17.3/15.9	16/15	14.1/13.3	12/11.5	9.9/9.6	8.4	7.3	6.4

表 6.5-22　　10（20）/0.4kV、800kVA 变压器馈线用密集式
母线槽短路电流（I_k）值　　　　　　　　　（kA）

密集式母线槽额定电流（A）	从低配电柜到短路点的距离为下列值时的短路电流（I_k）值							
	10m	30m	60m	100m	150m	200m	250m	300m
铜 800	21.3/16.7	18.8/15.3	15.6/13.3	12.4/11.1	9.8/9.2	8.1	6.8	5.9
铜 1000	21.4/16.8	19.3/15.6	16.5/13.9	13.5/12	10.9/10	9.1	7.8	6.8
铜 1250	21.6/16.9	19.9/15.9	17.4/14.5	14.8/12.8	12.3/11.1	10.5	9.1	8.1
铝 800	21.2/16.7	18.5/15.2	14.9/12.9	11.4/10.5	8.7/8.3	7.1	5.9	5.1
铝 1000	21.5/16.9	19.5/15.8	16.7/14.1	13.6/12.1	11/10.2	9.1	7.7	6.7
铝 1250	21.7/17	20.2/16.2	18/14.9	15.3/13.2	12.8/11.6	10.9	9.5	8.3

表 6.5-23　　10（20）/0.4kV、1000kVA 变压器馈线用密集式
母线槽短路电流（I_k）值　　　　　　　　　（kA）

密集式母线槽额定电流（A）	从低配电柜到短路点的距离为下列值时的短路电流（I_k）值							
	10m	30m	60m	100m	150m	200m	250m	300m
铜 800	25.5/20.2	21.9/18.1	17.4/15.3	13.5/12.3	10.3/9.8	8.4	7.1	6.1
铜 1000	25.8/20.4	22.6/18.6	18.6/16.2	14.8/13.4	11.7/10.9	9.6	8.1	7.1
铜 1250	26.1/20.6	23.4/19.1	20.1/17.1	16.5/14.8	13.4/12.3	11.2	9.6	8.4
铜 1600	26.4/20.8	24.4/19.6	21.6/18	18.6/16.2	15.7/14.2	13.5	11.8	10.5
铝 800	25.4/20.2	21.3/18	16.4/14.7	12.2/11.4	9.1/8.8	7.3	6	5.1
铝 1000	25.9/20.5	22.9/18.9	18.9/16.4	14.9/13.6	11.6/10.9	9.5	8	6.9
铝 1250	26.3/20.7	23.9/19.4	20.7/17.5	17.1/15.2	13.9/12.9	11.7	9.9	8.7
铝 1600	26.6/20.9	24.7/19.9	22.1/18.3	19/16.6	15.9/14.4	13.7	11.9	10.6

6　短路保护

表 6.5-24　　　　10（20）/0.4kV、1250kVA 变压器馈线用密集式
母线槽短路电流（I_k）值　　　　　　　（kA）

密集式母线槽额定电流（A）	从低配电柜到短路点的距离为下列值时的短路电流（I_k）值							
	10m	30m	60m	100m	150m	200m	250m	300m
铜 800	30.5/24.8	25.3/21.7	19.5/17.6	14.6/13.7	11/10.6	8.8	7.2	6.2
铜 1000	30.9/25	26.4/22.3	21.1/18.7	16.2/15.1	12.5/11.9	10.1	8.5	7.3
铜 1250	31.3/25.2	27.7/23.1	22.9/20	18.3/16.7	15.2/13.7	12.4	10.1	8.8
铜 1600	31.7/25.4	28.9/23.8	25.1/21.4	21.1/18.7	17.4/15.9	14.7	12.7	11.2
铜 2000	32.1/25.6	30.1/24.3	26.6/22.3	23.1/20.1	19.7/17.7	17.1	15.1	13.4
铝 800	30.3/24.7	24.5/22.1	18.1/17.3	13/12.5	9.5/9.3	7.5	6.1	5.2
铝 1000	31.1/25.2	26.7/22.7	21.3/19	16.2/15.1	12.3/11.9	9.9	8.2	7.1
铝 1250	31.6/25.4	28.2/23.5	23.7/20.7	19.1/17.3	15.1/14.2	12.3	10.5	9.1
铝 1600	32/25.6	29.3/24.2	25.6/21.9	21.4/19.1	17.5/16.2	14.8	12.7	11.1
铝 2000	32.3/25.8	30.1/24.5	26.8/22.6	23.2/20.3	19.5/17.7	16.8	14.7	13

表 6.5-25　　　　10（20）/0.4kV、1600kVA 变压器馈线用密集式
母线槽短路电流（I_k）值　　　　　　　（kA）

密集式母线槽额定电流（A）	从低配电柜到短路点的距离为下列值时的短路电流（I_k）值							
	10m	30m	60m	100m	150m	200m	250m	300m
铜 800	37.9/30.5	30/25.7	21.9/20	15.8/14.9	11.2/11	9.1	7.6	6.3
铜 1000	38.4/30.8	31.5/26.7	24/21.5	17.8/16.7	13.3/12.8	10.6	8.8	7.5
铜 1250	39.1/31.2	33.4/27.9	26.6/23.3	20.4/18.8	15.7/15.2	12.7	10.6	9.1
铜 1600	39.8/31.5	35.4/29	29.7/25.4	24.1/21.5	19.3/18.7	16.1	13.6	11.9
铜 2000	40.3/31.9	36.6/29.8	32/26.8	26.9/23.5	22.3/21	19	16.4	14.5
铜 2500	40.7/32.1	37.8/30.4	33.9/28.1	29.6/25.3	25.3/23.4	22.1	19.4	17.4
铝 800	37.5/30.4	28.6/25	19.9/18.6	13.8/13.3	9.9/9.7	7.7	6.3	5.3
铝 1000	38.8/31.1	32/27.1	24.1/21.8	17.7/16.6	13.1/12.5	10.4	8.5	7.3
铝 1250	39.6/31.5	34.2/28.5	27.5/24.1	21.2/19.5	16.3/15.7	13.1	11	9.4
铝 1600	40.1/31.8	35.9/29.4	30.2/26	24.4/21.9	19.4/18.1	15.9	13.4	11.7
铝 2000	40.5/32	37.1/30.1	32.2/27.2	26.9/23.7	21.9/20.1	18.5	15.8	13.8
铝 2500	40.9/32.2	38.3/30.8	34.5/28.6	30/25.8	25.4/23	21.9	19.1	16.9

低压配电设计解析

表 6.5－26　　10（20）/0.4kV、2000kVA 变压器馈线用密集式
母线槽短路电流（I_k）值　　　　　　　（kA）

密集式母线槽额定电流（A）	从低配电柜到短路点的距离为下列值时的短路电流（I_k）值							
	10m	30m	60m	100m	150m	200m	250m	300m
铜 800	41.9/36.8	32.4/29.8	23.1/22.1	16.3/15.9	11.8/11.7	9.3	7.6	6.4
铜 1000	42.6/37.2	34.3/31.1	25.5/24.1	18.5/18	13.7/13.6	10.8	8.9	7.6
铜 1250	43.4/37.8	36.4/32.8	28.4/26.4	21.5/20.6	16.3/16	13.1	10.9	9.3
铜 1600	44.3/38.3	38.9/34.5	32.1/29.4	25.6/24.2	20.2/19.8	16.6	14.1	12.2
铜 2000	44.9/38.7	40.4/35.6	34.8/31.4	28.9/26.8	23.6/22	19.9	17.1	15
铜 2500	45.3/39.1	41.8/36.5	37.1/33.1	32/29.2	27.1/25.4	23.3	20.4	18.1
铜 3150	45.6/39.3	42.5/37.6	38.3/34.1	33.7/30.6	29.1/27	25.4	22.5	20.2
铝 800	41.5/36.6	30.7/28.6	20.8/20.1	14.2/14	10.1/10	7.8	6.4	5.4
铝 1000	43.1/37.6	34.7/31.6	25.6/23.8	18.4/17.6	13.4/13.3	10.6	8.7	7.4
铝 1250	44/38.2	37.5/33.7	29.5/27.5	22.3/21.4	16.9/16.4	13.5	11.2	9.6
铝 1600	44.7/38.7	39.6/35.1	32.7/30.1	26/24.5	20.3/19.6	16.5	14	12.1
铝 2000	45.1/39	40.9/36.1	35.1/31.8	28.8/26.8	23.1/22.2	19.2	16.4	14.2
铝 2500	45.6/39.3	42.4/37	37.8/33.9	32.4/29.7	27.1/25.5	23.1	20	17.6
铝 3150	46.1/39.6	43.8/38.1	40.2/35.7	35.8/32.4	31/28.8	27.1	23.9	21.3

表 6.5－27　　10（20）/0.4kV、2500kVA 变压器馈线用密集式
母线槽短路电流（I_k）值　　　　　　　（kA）

密集式母线槽额定电流（A）	从低配电柜到短路点的距离为下列值时的短路电流（I_k）值							
	10m	30m	60m	100m	150m	200m	250m	300m
铜 800	49.3/42.7	36.3/33.7	24.8/23.9	17.1/16.7	12.2/12	9.7	7.7	6.5
铜 1000	50.4/44.3	38.8/35.7	27.7/26.3	19.6/19.1	14.2/14	11.1	9.1	7.7
铜 1250	51.5/45.1	41.8/38	31.3/29.5	22.9/22.1	17/16.8	13.5	11.2	9.5
铜 1600	52.8/46	45.1/40.4	36.1/33.4	27.9/26.5	21.6/21	17.5	14.7	12.6
铜 2000	53.6/46.5	47.3/42.1	39.6/36.1	32/30.1	25.6/24.7	21.2	18.1	15.7
铜 2500	54.1/47.1	49.1/43.4	42.8/38.5	36/33.3	29.7/28.3	25.2	21.8	19.2
铜 3150	54.6/47.3	50.3/44.2	44.6/40	38.3/35.2	32.3/30.3	27.8	24.3	21.6
铝 800	48.7/43.3	34.1/32	22.1/21.4	14.7/14.5	10.3/10.2	7.9	6.4	5.4
铝 1000	50.9/44.8	39.3/36.2	27.7/26.5	19.3/18.9	13.9/13.7	10.8	8.9	7.5
铝 1250	52.3/45.8	43.1/39.1	32.5/30.6	23.8/23.1	17.6/17.3	14	11.5	9.8
铝 1600	53.3/46.4	46/41.2	36.7/34.1	28.2/26.9	21.5/20.9	17.3	14.4	12.5
铝 2000	54/46.9	47.8/42.6	39.8/36.5	31.7/29.9	24.9/23.9	20.3	17.1	14.8
铝 2500	54.7/47.4	50.1/44.2	43.6/39.3	36.3/33.7	29.6/28.2	24.8	21.2	18.5
铝 3150	55.3/47.8	52.1/45.5	46.9/42	40.8/37.3	34.5/32.4	29.5	25.7	22.7

6.5.3.4　计算表应用

（1）计算表（表 6.5－1～表 6.5－27 共 27 张）按式（6.5－1）计算时，电压系数按 1.0 取值（不是 1.05），是由于 I_k 值有三种用途（见本书 6.5.1）之故。当用 I_k 值计算短路电流和选择保护电器分断能力时，为了更加可靠，计算表中查得的 I_k 值应乘以 1.1。

（2）计算表中，分子的数字适用于油浸式变压器，分母的数字适用于干式变压器。只有一个数字的，则对油浸式变压器和干式变压器通用。

（3）配电级数为 2 级或以上时，各级线路截面积不同，可将上级线路按截面积比折算到下级线路的等效长度，再查计算表。

（4）配电级数为 2 级或以上，有铜芯和铝芯两种导体材质的绝缘电线、电缆时，将铝芯线的长度乘以 1.64 折算为铜芯线长度（按电阻等效原则），或将铜芯线长度乘以 0.61 折算为铝芯线长度。

（5）树干式配电系统，干线采用铜或铝导体密集式母线槽，可近似地按电阻等效原则，将母线槽长度乘以表 6.5－28 中的系数折算为相应截面积的铜芯绝缘电线、电缆的长度，再查短路电流计算表。这种折算比较复杂，未计入电抗的影响，误差可能较大，但用于选择保护电器分断能力值，往往留有一定裕量，还是可用的。

表 6.5－28　密集式母线槽（铜、铝）折算到铜芯绝缘电线、电缆的系数

密集式母线槽		密集式母线槽折算到下列截面积（mm²）的铜芯绝缘电线、电缆的系数									
额定电流（A）	导体材质	16	25	35	50	70	95	120	150	185	240
800	铜	0.08	0.13	0.18	0.25	0.35	0.48	0.60	0.75	0.93	1.20
	铝	0.10	0.16	0.22	0.32	0.45	0.61	0.77	0.96	1.18	1.53
1000	铜	0.07	0.10	0.15	0.21	0.29	0.39	0.50	0.62	0.76	0.99
	铝	0.07	0.11	0.16	0.22	0.31	0.43	0.54	0.67	0.83	1.07
1250	铜	0.05	0.08	0.11	0.16	0.23	0.31	0.39	0.49	0.60	0.78
	铝	0.05	0.08	0.12	0.17	0.23	0.31	0.40	0.49	0.61	0.79
1600	铜	0.04	0.06	0.08	0.11	0.16	0.21	0.27	0.34	0.42	0.54
	铝	0.04	0.06	0.09	0.13	0.18	0.24	0.30	0.38	0.46	0.60
2000	铜	0.03	0.04	0.06	0.08	0.12	0.16	0.20	0.25	0.31	0.40
	铝	0.03	0.05	0.07	0.10	0.14	0.19	0.24	0.30	0.37	0.48
2500	铜	0.02	0.03	0.04	0.06	0.09	0.12	0.15	0.18	0.23	0.29
	铝	0.02	0.04	0.05	0.08	0.11	0.15	0.18	0.23	0.28	0.37

6.5.3.5 短路电流计算表应用示例

例1 某配电线路，接线方式、线路截面积和长度均标示在图 6.5-2 中，试计算各级保护电器（QF0、QF1、QF2）出口处的三相短路电流值。为方便起见，通常用该保护电器所在的配电柜（箱）母线处的三相短路电流值代替，即计算 I_{k0}、I_{k1}、I_{k2} 的值。

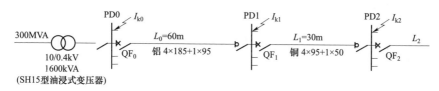

图 6.5-2　配电系统接线示例

解：（1）查表法。

1）求 I_{k0}：查表 6.5-18，1600kVA 油浸式变压器，0m 处，即 I_{k0} 为 42.2kA。

2）求 I_{k1}：查表 6.5-18，铝 185mm²，60m 处，$I_{k1} = 14.6$kA。

3）求 I_{k2}：先将 L_0 铝芯折算成铜芯，同时将 L_0 的 185mm² 折算成与 L_1 的 95mm² 相同的截面积，则 PD₂ 处的等效长度 $= 60 \times 1.64 \times \dfrac{95}{185} + 30 = 80.53$（m）。

查表 6.5-8，1600kVA 油浸式变压器，铜线 95mm²，80m 处的 $I_{k2} = 10.4$kA。

（2）按式（6.5-1）直接计算 I_{k2}。

从《工业与民用供配电设计手册（第四版）》查得：300MVA 的 $R_s = 0.05$mΩ，$X_s = 0.53$mΩ；

1600kVA 油浸式变压器之 $R_T = 0.91$mΩ，$X_T = 4.41$mΩ；

变压器至低压柜的 10m 母线，按 2500A 密集式母线槽，$R_m = 0.25$mΩ，$X_m = 0.14$（mΩ）；

线路 L_0（铝，185mm²，60m）的 $R_{L0} = 0.18 \times 60 = 10.8$mΩ，$X_{L0} = 0.069 \times 60 = 414$（mΩ）；

线路 L_1（铜，95mm²，30m）的 $R_{L1} = 0.214 \times 30 = 6.42$mΩ，$X_{L1} = 0.069 \times 30 = 2.07$（mΩ）。

代入式（6.5-1），得

$$I_{k2} = \cfrac{CU_n}{\sqrt{3} \times \sqrt{(0.05+0.91+0.25+10.8+6.42)^2 + (0.53+4.41+0.14+4.14+2.07)^2}}$$

$$= \frac{380}{\sqrt{3} \times \sqrt{466.94}} \approx 10.2 \ （kA）。$$

（3）比较：查表法求得的 I_{k2} 值比计算法相差 $10.4-10.2=0.2kA$，误差 2%。

（4）由于编制计算表时，系数 C 取 1.0，用于选择保护电器分断能力时，为可靠起见，表中查得的短路电流值（I_k）应乘以 1.1 倍。

> 例 2 某树干式线路，各项参数标示在图 6.5－3 中，试求 I_{k0}、I_{k1}、I_{k2} 的值。

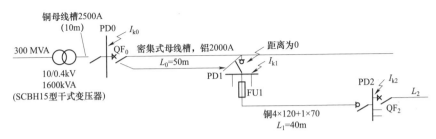

图 6.5－3 树干式配电系统接线示例

解：（1）查表法。

1）求 I_{k0}：查表 6.5－8 或表 6.5－18，1600kVA 干式变压器，0m 处，即 I_{k0} 为 32.9kA。

2）求 I_{k1}：查表 6.5－25，1600kVA 干式变压器，铝母线 2000A，60m 处的短路电流为 27.2kA，30m 处为 30.1kA，用插入法，求得 50m 铝母线处的短路电流 I_{k1} 为 28.2kA。

3）求 I_{k2}：先将铝母线槽折算成 L_1 的铜绝缘线缆，查表 6.5－28，2000A 铝母线槽折算到 L_1 的铜芯 120mm² 的系数为 0.24，故 PD2 处，即 I_{k2} 点的等效长度为 $0.24L_0 + L_1 = 50 \times 0.24 + 40 = 52m$；查表 6.5－8，1600kVA 干式变压器，铜芯 120mm²，50m 处的短路电流为 16.5kA，60m 处的短路电流为 15.3kA，用插入法求得 52m 处的短路电流 I_{k2} 为 16.26kA。

（2）按式（6.5－1）直接计算：$I_{k2}=15.8kA$（过程略）。

（3）比较：查表值与计算值相差 $16.26-15.8=0.46 \ （kA）$，误差为 2.8%。

7 过负荷保护[6, 20]

7.1 过负荷保护的技术要求

7.1.1 基本要求

（1）保护电器应在被保护线路过电流导致的热效应，对电线、电缆的绝缘、接头、端子和邻近的物料产生损害之前，切断过电流。

（2）当故障（如带电导体间的短路）可能引起过电流的数值与过负荷导致过电流的数值差不多时，线路的过负荷保护可认为也是这类故障的过电流保护。

（3）过负荷保护是对线路导体的保护，而不必对线路连接的用电设备进行保护。

（4）通过插座连接到移动设备或手持电器的软电缆，不属于过负荷保护的范围，一般不必对这类软电缆设置过负荷保护。

7.1.2 相导体的保护

（1）三相四线制线路的各相，都应装设过负荷保护并切断过电流的相导体，除第（2）项情况外，可不切断其他未发生过电流的相导体。

（2）对于连接有三相电动机的线路，切断一相导体将导致电动机的缺相运转而过电流，则应切断所有相导体；如果保护电器（如熔断器）可能导致一相导体断开，应设置防断相保护的措施。

7.1.3 中性导体（N）的保护

（1）中性导体截面积等于相导体截面积，不需要在 N 导体上装设过负荷保护，也不应断开 N 导体。

（2）中性导体截面积小于相导体截面积时，需要对 N 导体装设过电流检测并切断相导体，而不必切断中性导体。

（3）对中性导体可能出现超过相导体的电流值（是由于谐波含有率大所导致的）时，应对 N 导体装设过电流检测并切断相导体，不必切断中性导体。

（4）IT 系统配出中性导体时（一般不宜配出 N 导体），过负荷保护应装设在相导体和中性导体上并应同时切断相导体和中性导体。

（5）凡要求切断中性导体的场合，不应采用熔断器做过负荷保护。

（6）凡要求切断中性导体的场合，N 导体不应在切断相导体之前被切断。接通时，则应在相导体接通之前或同时接通。

7.2 保护电器

7.2.1 用做过负荷保护的电器特性

（1）这种保护电器应具备反时限过电流保护特性。

（2）具备这种保护特性的电器，常用的有以下两种：

1）具有长延时过电流脱扣器（即反时限脱扣器）的断路器；

2）具有 gG 特性熔断体的熔断器。

7.2.2 兼有过负荷保护和短路保护的电器

（1）断路器：具有两种或四种功能的脱扣器，长延时过电流脱扣器做过负荷保护，瞬时过电流脱扣器做短路保护。

（2）gG熔断器：其反时限特性熔断体兼有过负荷保护和短路保护两种保护功能，但应分别满足两种保护的不同要求。

7.2.3　仅具有单一功能的保护电器

（1）仅具有短路保护功能的电器有"单磁"断路器和aM型熔断两类：

1）"单磁"断路器：仅具有瞬时脱扣器；

2）aM熔断器：不具备过负荷保护功能。

这种电器的应用场合：用于供单一电动机的终端回路，做短路保护，由于已经装设了保护电动机过负荷的热继电器，不必另设线路的过负荷保护电器。

（2）仅具有过负荷保护的电器有以下两类：

1）只有热脱扣的断路器；

2）热继电器。

7.2.4　具有短路时切断、过负荷时不切断仅发报警功能的保护电器

（1）这种保护电器是专用的一种断路器。

（2）应用场所：用于过负荷时切断电路将带来更大危害或损失的重要用电负荷，如供消防救援用或运行中不能突然断电的工业设备。

7.3　过负荷保护电器与导体的配合

7.3.1　防护电线、电缆过负荷保护电器特性

过负荷保护应同时满足以下两个条件

$$I_B \leqslant I_n \leqslant I_Z \qquad (7.3-1)$$

$$I_2 \leqslant 1.45 I_Z \qquad (7.3-2)$$

式中　I_B——被保护线路的计算电流，A；

　　　I_n——熔断器熔断体额定电流或断路器反时限过电流脱扣器额定电流（对

于可调的脱扣器，为给定的整定电流），A；

I_Z——被保护线路电线、电缆的持续载流量，A；

I_2——保证保护电器在约定时间内可靠动作的电流，A，当为熔断器时，为约定时间内的约定熔断电流，当为断路器时，为约定时间内的约定动作电流。

7.3.2 关于 I_2 的参数

按照现行国家标准规定，I_2 的参数表示为 I_n 的倍数，分别引用如下。

（1）熔断器的 I_2 值。

1）专职人员使用的 gG 熔断体的约定时间和约定电流列于表 7.3−1，其数据是依据 GB 13539.1—2015《低压熔断器 第 1 部分：基本要求》[15]和 GB/T 13539.2—2015《低压熔断器 第 2 部分：专职人员使用的熔断器的补充要求（主要用于工业的熔断器）标准化熔断器系统示例 A 至 K》[16]。

表 7.3−1　　　　专职人员使用的 gG 熔断体的约定时间和约定电流

gG 熔断器类型	熔断体额定电流 I_n（A）	约定时间（h）	约定电流	
			约定不熔断电流 I_{nf}	约定熔断电流 I_f
熔断器系统 A：NH 刀型触头熔断器 熔断器系统 F：NF 圆筒形帽形熔断器	$I_n \leqslant 4$	1	$1.5I_n$	$2.1I_n$
	$4 < I_n < 16$	1	$1.5I_n$	$1.9I_n$
	$I_n \geqslant 16$	1～4	$1.25I_n$	$1.6I_n$
熔断器系统 E：BS 螺栓连接熔断器	$I_n \leqslant 1250$	1～4	$1.25I_n$	$1.6I_n$
熔断器系统 G：偏置触刀熔断器（BS 夹紧式）	$I_n \leqslant 4$	1	$1.25I_n$	$2.1I_n$
	$4 < I_n \leqslant 125$	1～2	$1.25I_n$	$1.6I_n$

注　"约定熔断电流 I_f"，就是式（7.3−2）中的 I_2。

2）非熟练人员使用的 gG 熔断体的约定时间和约定电流列于表 7.3−2。其数据是依据 GB 13539.1—2015 和 GB/T 13539.3—2017《低压熔断器 第 3 部分：非熟练人员使用的熔断器的补充要求（主要用于家用和类似用途的熔断器）标准化熔断器系统示例 A 至 F》[22]。

表 7.3-2　　　非熟练人员使用的 gG 熔断体的约定时间和约定电流

gG 熔断器类型		熔断体额定电流 I_n（A）	约定时间（h）	约定电流	
				约定不熔断电流 I_{nf}	约定熔断电流 I_f
熔断器系统 A：D 型熔断器		2，4	1	$1.5I_n$	$2.1I_n$
		6，10	1	$1.5I_n$	$1.9I_n$
		$13 \leqslant I_n \leqslant 35$	1	$1.25I_n$	$1.6I_n$
熔断器系统 B：NF 圆管式熔断器		$I_n \leqslant 4$	1	$1.5I_n$	$2.1I_n$
		$4 < I_n < 16$	1	$1.5I_n$	$1.9I_n$
		$16 \leqslant I_n \leqslant 63$	1	$1.25I_n$	$1.6I_n$
熔断器系统 C：BS 圆管式熔断器	类型 I	$5 \leqslant I_n \leqslant 45$	1	$1.25I_n$	$1.6I_n$
	类型 II	$5 \leqslant I_n \leqslant 100$	1	$1.25I_n$	$1.6I_n$
熔断器系统 F：用于插头的圆管式熔断器 BS		$\leqslant 13$	0.5	$1.6I_n$	$1.9I_n$

注　"约定熔断电流 I_f"，就是式（7.3-2）中的 I_2。

（2）断路器的 I_2 值。

1）断路器的反时限过电流脱扣器的动作特性列于表 7.3-3。表 7.3-3 中规定了在基准温度下的约定时间、约定不脱扣电流和约定脱扣电流［即式（7.3-2）中的 I_2］，数据依据 GB/T 14048.2—2020《低压开关设备和控制设备　第 2 部分：断路器》[23]。

表 7.3-3　　　　　断路器反时限过电流脱扣器的动作特性

各相极脱扣器同时通电		约定时间（h）	
约定不脱扣电流	约定脱扣电流	$I_n > 63A$	$I_n \leqslant 63A$
$1.05I_n$	$1.30I_n$	2	1

注　I_n 为反时限过电流脱扣器额定电流或整定电流。

2）家用及类似场所用断路器的"时间—电流"动作特性列于表 7.3-4。表 7.3-4 中的 $1.13I_n$ 是约定不脱扣电流，$1.45I_n$ 是约定脱扣电流（即 I_2），本表依据 GB 10963.1—2005《电气附件　家用及类似场所用过电流保护断路器　第 1 部分：用于交流的断路器》[24]（已考虑该标准修订版的报批稿）。

表 7.3-4　　　家用和类似场所用断路器的"时间—电流"动作特性

试验电流	起始状态	脱扣或不脱扣时间极限（h）		预期结果
		$I_n \leq 63A$	$I_n > 63A$	
$1.13I_n$	冷态	1	2	不脱扣
$1.45I_n$	电流在 5s 内稳定增加	1	2	脱扣

注　I_n 为反时限过电流脱扣器额定电流，A。

7.3.3　过负荷保护电器与导体配合图解

式（7.3-1）和式（7.3-2）规定的配合图解见图 7.3-1。图 7.3-1 除形象地显示两个公式的规定外，也可以看出以下两个问题：

（1）图 7.3-1 中的 I_1 是约定时间的约定不脱扣电流或约定不熔断电流，其值分别解析如下：

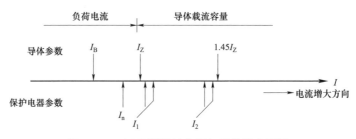

图 7.3-1　过负荷保护电器与导体配合图解

1）断路器：按表 7.3-3，约定不脱扣电流 $I_1 = 1.05I_n$；当选择的导体载流量 I_Z 刚刚等于 I_n 或稍大一点时，若线路实际工作电流大于 I_n，并达到 $1.05I_n$ 时，则导致导体连续过负荷，最大可达 5%，断路器反时限脱扣器不动作；但大多情况是 $I_Z > I_n$，如果比 I_n 大 5% 或以上时，则不会出现过负荷而不动作现象；结论是可能有不超过 5% 的连续过负荷，对于家用断路器则有可能达到 13% 以内过负荷而不动作。

2）熔断器：按表 7.3-1 和表 7.3-2，当 $I_n \geq 16A$ 时，约定不熔断电流 I_{nf}（即图 7.3-1 中的 I_1）为 $1.25I_n$；当选择导体的载流量 I_Z 等于或稍大于 I_n 时，若线路实际工作电流大于 I_n，以致达到 $1.25I_n$ 以内的电流，将导致最大可达 25% 的连续过负荷而不熔断，对电线、电缆的绝缘有较大影响，导致绝缘的加速老化，降低其绝缘性能，从而增加了故障的概率；这是熔断器做过负荷保护远不如断路器的缘由。

对于 $I_n<16A$ 的熔断器，其约定不熔断电流 I_{nf}（即 I_1）为 $1.5I_n$，用于插头的圆管式熔断器（BS）I_{nf} 为 $1.6I_n$，同样存在可能使导体过负荷问题，熔断器不能保护小倍数过负荷电流。

（2）图 7.3-1 中 I_2 是约定时间的约定脱扣电流，或约定熔断电流，解析如下：

1）断路器：按表 7.3-3，约定脱扣电流 $I_2=1.3I_n$，而按表 7.3-4，家用断路器的约定脱扣电流 $I_2=1.45I_n$，对照图 7.3-1，均不超过 $1.45I_z$，都符合式（7.3-2）的要求。

2）熔断器，从表 7.3-1 和表 7.3-2 可知，$I_n \geq 16A$ 的熔断器，$I_2=1.6I_n$，由图 7.3-1 中可知，有可能超过 $1.45I_z$，不符合式（7.3-2）的要求；$I_n \leq 13A$ 的熔断器，I_2 值可达 1.9 和 2.1，更可能超过 $1.45I_z$，不符合式（7.3-2）的要求。解决方法见 7.6.3。

7.3.4 采用熔断器做过负荷保护的改进

由表 7.3-1 和表 7.3-2 分析得知，由于熔断器的约定不熔断电流 $I_{nf}=1.25I_n$（对于 $I_n \leq 13A$ 的 I_{nf} 可达 $1.5I_n$ 和 $1.6I_n$），采用熔断器做线路过负荷保护存在明显的缺陷。为了弥补这个不足，当采用熔断器做配电线路过负荷保护时，属于下列条件之一者，按式（7.3-1）和式（7.3-2）确定的导体截面积宜加大一级，或者按 $I_n \leq 0.8I_z$ 选择导体截面积：

（1）火灾危险场所。

（2）重要的用电负荷。

（3）供电可靠性要求高的用电负荷。

（4）长时间连读工作而稳定的用电负荷。

北美的布线规程也考虑了这一因素，规定了对于连续工作 2h 以上的用电负荷，将计算电流乘以 1.25 的系数选择截面积。

7.4 过负荷保护电器的装设

7.4.1 保护电器装设要求和位置

（1）一般情况下，每段配电线路都应装设过负荷保护电器。

（2）通常过负荷保护和短路保护、接地故障防护共用一台保护电器，其性能和参数应分别满足各项保护的全部技术要求。

（3）这种保护电器应装设在被保护线路的首端。

（4）在线路导体载流量降低的地点，如截面积减少处、配电干线分支处，应装设过负荷保护电器（7.4.2 和 7.4.3 中的场合除外）。

（5）分支回路没有接出电源插座时，过负荷保护电器装设要求如下：

1）分支回路（如图 7.4-1 的 L1）的长度不超过 3m，且处于外护物（如钢管、槽盒）内，敷设在难燃材料表面，过负荷保护电器只需装设在配电箱 PD1 的各出线回路。

2）分支回路 L1 已具有符合规定的短路保护时，L1 的长度不受限制。

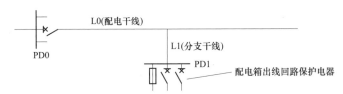

图 7.4-1　配电干线的分支回路过负荷保护电器装设示意图

7.4.2　不需要装设过负荷保护的场合

（1）截面积减小的线路和配电干线的分支线路，得到配电干线首端的保护电器保护，符合过负荷保护要求的。

（2）不可能过负荷的线路，已经具有短路保护的。

（3）配电箱（盘）引出的各回路均装有过负荷和短路保护（如图 7.4-2 的 PD2 的保护电器 P21）、配电箱（PD2）的电源进线（L1）之首端已装设过负荷和短路保护电器（P11），则配电箱（PD2）的进线处，即线路 L1 的末端不需要再装设过负荷和短路保护，通常应装设一个隔离开关（QS2）。

（4）用电设备或用电设备控制箱（盘）进线处，不需要装设过负荷和短路保护电器（如图 7.4-3 的 A 点），因线路 L1、L2 的首端已装设该类保护电器 P11、P12。

图 7.4-2　配电线路 L1 的末端不需装过负荷保护电器

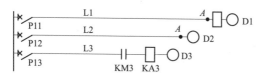

图 7.4-3　电动机进线处不需装过负荷保护电器

（5）电动机（如图 7.4-3 的 D3）已装设热继电器（图 7.4-3 中的 KA3）做电动机过负荷保护，则其配电线路 L3 的首端不需要装设过负荷保护，只装设短路保护电器，如图 7.4-3 中的 P13 只需选用单磁断路器。

（6）控制回路、信号回路、电信回路及其他类似回路不需要装设过负荷保护。

7.4.3　由于安全的原因不应装设过负荷保护的回路

突然切断电源会导致某些危险或用电设备的损坏，该回路不应装设自动切断电源的过负荷保护，但宜设置过负荷发出报警信号的措施，这类情况如下：

（1）旋转电机的励磁机回路。

（2）起重电磁铁的供电回路。

（3）电流互感器的二次回路。

（4）消防救援设施的供电回路。

（5）防盗警报器、燃气警报器等安全设施的供电回路。

（6）医院手术室用电的回路。

7.5　并联导体的过负荷保护

当配电干线负荷电流大又不适合采用母干线的场合，可以采用两根或多根电缆或绝缘线并联的方式。

7.5.1　多根导体并联用 1 台过负荷保护电器

（1）多根导体并联时应采用 1 台过负荷保护电器的方式。

（2）并联导体的根数不宜太多，鉴于多根导体在端子上连接的困难，以及各导体电流分布不平衡等因素，最好不超过 3 根。

（3）并联导体的任一根导体不应接出分支回路或插座，不得采用预分支电缆。

（4）并联导体的任一根导体上不应装设开关电器或隔离电器。

（5）宜采用两条或三条 4 芯或 5 芯电缆、绝缘线并联的方式。

（6）并联导体的各根导体中承载的电流应分配均衡，任一根导体承载的电流值与平均值之差不应大于平均值的 10%，即应符合式（7.5-1）的要求

$$\left| \frac{\sum I}{n} - I_\mathrm{h} \right| \leq \frac{\sum I}{n} \times 10\% \qquad (7.5-1)$$

式中　$\sum I$——各并联导体电流之和，A；

　　　　n——并联导体根数；

　　　　I_h——任一根导体承载的电流，A。

（7）为满足式（7.5-1）要求，各导体的阻抗应相同或接近，应满足下列全部条件：

1）电缆、电线的型号相同，线芯材料、绝缘材料相同，电缆结构相同。

2）电线、电缆的截面积相同，宜为同一卷轴的电线、电缆，否则应在施工前进行测量，选取实际截面积相同的电线、电缆。

3）电线、电缆的长度相等。

4）布线方式相同。

5）电线、电缆不得有中间接头。

（8）符合第（7）款条件时，该配电线路的载流量 I_Z 值可以取各导体载流量之和。

7.5.2　并联各导体分别装设过负荷保护电器

（1）当不能满足式（7.5-1）的要求时，可采用每根导体分别装设过负荷保护电器，如图 7.5-1 所示。

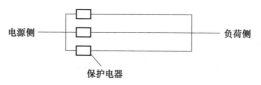

图 7.5-1　每根导体分别装设过负荷保护电路

（2）各导体分别装设过负荷保护时，每根导体的过负荷保护都应符合式（7.3-1）和式（7.3-2）的规定。

（3）实际工程设计阶段，无法确定并联各导体的阻抗值及差异，就无法计算各导体回路的分配电流，也不可能确定各导体过负荷保护电器的参数，需要在施工中经实测后计算确定。

（4）鉴于上述原因，不建议采取各导体分别装设过负荷保护的方式。

7.6　过负荷保护的应用

7.6.1　方便设计应用的措施

过负荷保护应按式（7.3-1）和式（7.3-2）实施，为方便应用，本节进行以下两项工作：

（1）消除式（7.3-1）中的 I_2 参数，设计时不必再查询此值。

（2）把式（7.3-1）和式（7.3-2）合并为一个公式，更便于应用。

以下就断路器和熔断器分别变换。

7.6.2　采用断路器做过负荷保护

（1）式（7.3-2）的变换。

1）符合 GB/T 14048.2—2020[23]要求的断路器：由表 7.3-3 可知，$I_2=1.30I_n$，代入式（7.3-2），得 $1.30I_n \leqslant 1.45I_Z$，即

$$I_n \leqslant 1.11I_Z \qquad (7.6-1)$$

2）对家用断路器：符合 GB 10963.1—2005[24]的要求，由表 7.3-4 可知，$I_2=1.45I_n$，代入式（7.3-2），得 $1.45I_n \leqslant 1.45I_Z$，即

$$I_n \leq I_Z \qquad\qquad (7.6-2)$$

（2）变换结果：式（7.6-1）、式（7.6-2）已经包含在式（7.3-1）中，即满足式（7.3-1）就一定满足式（7.6-1）、式（7.6-2）。

结论：不论何种断路器，符合现行国家标准的，满足式（7.3-1）就能满足式（7.3-2）规定。设计中只要执行式（7.3-1）即可。

7.6.3 采用熔断器做过负荷保护

（1）熔断体额定电流 $I_n \geq 16A$ 的 gG 熔断器：按表 7.3-1 和表 7.3-2 可知，$I_2 = 1.6I_n$；但从 GB 13539.1—2015[15]中，对"gG 熔断体约定电缆过载保护试验"：为了验证熔断体能保护电缆过载，熔断体安装在合适的熔断器支持件或试验底座上，连接导体采用 PVC 绝缘铜导线，其截面积应符合 $I_Z \geq I_n$ 的要求选取，通以熔断体额定电流（I_n）预热，预热时间等于约定时间，随后试验电流增至 $1.45I_Z$，熔断体应在小于约定时间内熔断。

另外，按 GB/T 13539.2—2015[16]附录 AA "电缆过载保护的特殊试验"：对于额定电流 $I_n \geq 16A$ 的熔断器，用 3 个相同熔断体通以 $1.13I_n$ 的电流，约定时间内不熔断，然后试验电流不中断地在 5s 内升至 $1.45I_n$，一个熔断体应在约定时间内熔断。

从以上熔断器两项国家标准要求的过负荷试验分析，可以认为：$I_n \geq 16A$ 的 gG 熔断体，只要满足 $I_Z \geq I_n$ 要求，就能保护电线、电缆的过负荷。也就是只要执行式（7.3-1）即可。

（2）$I_n \leq 13A$ 的 gG 熔断器（含非熟练人员使用的）：从表 7.3-1 和表 7.3-2 可知：$4A < I_n \leq 13A$ 的，I_2（即 I_f）为 $1.9I_n$（有部分类型为 $1.6I_n$）。而 $I_n \leq 4A$ 的，I_2 为 $2.1I_n$，将这两个值代入式（7.3-2），可得：

1）$4A < I_n \leq 13A$ 时，$1.9I_n \leq 1.45I_Z$，整理后得

$$I_n \leq 0.76I_Z \qquad\qquad (7.6-3)$$

2）$I_n \leq 4A$ 时，$2.1I_n \leq 1.45I_Z$，整理后得

$$I_n \leq 0.69I_Z \qquad\qquad (7.6-4)$$

7.6.4 过负荷保护应用的综合结论

综前分析，断路器和熔断器用做过负荷保护的实际应用式列于表 7.6-1。执

行表 7.6-1 的要求，就符合式（7.3-1）和式（7.3-2）的规定。

表 7.6-1 过负荷保护的实用要求

保护电器		过负荷保护要求	说　明
类型	额定电流 I_n		
断路器（含家用）	任意值	$I_B \leqslant I_n \leqslant I_Z$	只要执行过负荷保护式（7.3-1）
熔断器（含非熟练人员使用的）	$I_n \geqslant 16A$	$I_B \leqslant I_n \leqslant I_Z$	
	$4A < I_n \leqslant 13A$	$I_B \leqslant I_n \leqslant 0.76 I_Z$	铜导体最小截面积为 1.5mm²，I_n 为 12～13A 时，可能要求 2.5mm²
	$I_n \leqslant 4A$	$I_B \leqslant I_n \leqslant 0.69 I_Z$	按铜芯 1.5mm² 已足够，不需要为过负荷加大截面积

8 低压配电系统的热效应防护[6, 25, 26]

8.1 热效应防护的范围和基本要求

8.1.1 防护范围

（1）电气装置和配电线路通过电流，导致温度升高，产生的正常或非正常（故障条件）的发热效应，可能引燃邻近周围可燃物质和电气装置、电线电缆绝缘物及安装件的燃烧，从而导致对人的伤害，以及对建筑物等财产的损害。

（2）如生产人员、使用人员和维护人员操作、使用不慎，可能触及电气设备、照明器件和配电线路，由于发热而可能导致其表面过高的温度，对人灼伤的危险。

（3）电气加热系统、加热元件等发热元素的过高温度导致的危害。

第（1）项内容是配电系统设计更需关注和防护的重点。

8.1.2 基本要求

电气装置、照明设施及配电线路的发热效应，不应导致电气火灾事故，引起燃烧和产生烟气，对人和家畜造成伤害，以及对房屋和各种设施等财产造成损失；以及对配电系统运行造成中断或破坏。

8.2 电气火灾的危害和防护要求

8.2.1 电气火灾的危害和危险场所

（1）电气火灾的状况和危害。电气（含照明设施）引起的火灾事故占整个火灾的比例很大；根据消防局（原属公安部）数据：2008～2012 年间，电气火灾次数占整个火灾事故次数的 33.37%；2013 年电气火灾达 11.3 万起，占整个火灾次数的 1/3，死亡 703 人，伤 515 人，直接财产损失 18.5 亿元；2015 年接报火灾 33.8 万起，死亡 1742 人，伤 1112 人，电气火灾占 30%。仅举一例：2015 年 7 月 11 日汉阳紫荆佳苑某 32 层住宅，24 层电缆井道起火，电缆燃烧的气体和浓烟导致 7 人死亡、12 人受伤；说明电气设计（故障防护等）、电缆质量、施工安装和井道防火封堵等存在诸多问题，必须引起足够重视。

美国住宅的火灾，每年有 4 万多起和电气、照明线路老化有关，年损失达 6.5 亿～10 亿美元，迫使美国决定更换 40 年以上老旧住宅的线路，并规定住宅配电线路的截面积至少应采用 AWG12 号线（截面积为 3.3mm²）。

（2）火灾危险环境。火灾危险环境是指生产、加工、处理或储存、运输中存在下列可燃物质之一的环境：

1）闪点高于环境温度的可燃液体，如柴油、润滑油和食用油等，应该指出，闪点低于环境温度的、应用很多的煤油和汽油，属于爆炸危险环境，是一种更剧烈的燃烧现象，本质上是属于一种极端的火灾危险；当其数量和配置达不到爆炸危险条件的，应属火灾危险环境。

2）悬浮状或堆积状的可燃粉尘（如煤粉、面粉、镁粉、铝粉、铁粉、"彩色跑"粉等），或可燃纤维（如棉花、丝、毛、麻、烟丝、木质等纤维）。

3）固体状可燃物质（如煤、焦炭、木材、布料、服装、被褥、窗帘、家具等）。

（3）火灾危险场所，主要有：

1）生产、加工或使用可燃物质的场所，如木材加工、烟丝加工、棉麻加工、造纸，纺织，成衣，镁材加工等。

2）储存可燃物质的库房、堆场，如滑油库，柴油库，食用油库，棉花、麻制品、布料库，木材库，粮库，烟叶库，煤场，草料场等。

3）处理、转运可燃物质的物流场所。

4）销售、展示、放置可燃物质的商场、超市、大卖场、展览馆、博物馆、图书馆、书店等。

5）建筑材料为可燃材料的建筑，如木质建筑。

8.2.2　电气装置和线路火灾防护的一般要求

（1）电气设备的选型、装设应符合使用环境和使用条件，以确保在正常运行时的温度和故障条件下的预期温度不致引起火灾。

（2）电气线路发生短路、接地故障、过负荷时，保护电器应可靠保证在温度升高到绝缘电线、电缆的最终温度前切断电源。

（3）易燃材料库房等场所的保护电器，应使故障电流产生的能量不足以引燃邻近的可燃物质。

（4）固定安装的电气设备可能达到的表面温度，应有必要措施，以防止对相邻材料造成火灾危险，如采取下列有效方法的一种：

1）将电气设备装设或封闭在能承受可能产生的最高温度的外护物（外壳）内，该外护物应采用非燃烧材料制作，这种材料应具有低热导率。

2）采用耐高温的隔热材料将电气设备与可燃材料相隔离。

3）使电气设备与周围的可燃材料保持必要的距离，并且有良好的散热条件，其安装固定件或支持件应为隔热材料。

（5）电气设备在正常运行中可能产生的电弧或电火花，对邻近材料不应造成危险，否则应采取以下的一种措施：

1）将电气设备用不可燃、低热导率、机械强度稳定的耐电弧材料（如厚度不小于 20mm 的玻璃纤维硅胶板）完全封闭。

2）采用耐电弧材料将电气设备与周围物料分隔。

3）使电气设备与周围物料保持必要的安全距离。

（6）单独安装的、有可燃液体的电气设备，应有预防液体泄漏的措施。可燃液体量超过 25L 时，应设置收集泄漏液体的储留池；或将设备安装在具有足够耐火等级，并有向户外通风的小室内，还应设有防止液体燃烧产生的火焰、烟气蔓延到其他部位的措施。

8.3 火灾预防措施

8.3.1 配电系统火灾预防措施

（1）配电系统各级配电线路的保护电器的类型和参数应满足短路、过负荷和接地故障的防护要求，保证故障时，在电线、电缆达到最终允许温度之前切断电源的动作可靠性和灵敏度。故障时，依靠等电位联结，将接触电压降低到交流 50V以下的情况下，也必须保证自动切断电源。

（2）对火灾特别危险且疏散条件困难的场所供电，或穿过该场所的配电回路的保护电器，应装设在该场所的外部。

（3）配电箱应按防火分区设置；终端回路不宜跨越防火分区。

（4）火灾危险环境的每个供电设备应装设隔离开关。

（5）火灾危险环境不应采用 TN-C 接地系统，该区域内不得有 PEN 导体出现。

（6）建筑物内应按规定设置保护等电位联结。故障时，电气装置的外露可导电部分呈现的接触电压超过交流 50V 时，应增设辅助等电位联结。

（7）TN 和 TT 系统的终端回路，应装设额定剩余动作电流（$I_{\Delta n}$）不超过300mA的剩余电流动作保护电器（RCD）；有天花板内或地板内装设的采暖用电热膜元件的电阻性故障可能引起火灾的，应装设 $I_{\Delta n} \leqslant 30mA$ 的 RCD。

（8）采用 IT 系统时，应装设监测整个系统的绝缘监测装置（IMD），或在终端回路装设剩余电流监视器。

（9）电气火灾监控系统装设场所如下：

1）老年人照料设施的非消防用电负荷应设置电气火灾监控系统。

2）下列建筑场所的非消防用电负荷宜装设电气火灾监控系统；对于消防负荷也宜装设电气火灾监控系统，但应发出报警而不应切断电源：

a. 高度大于 50m 的乙、丙类工业厂房和丙类库房，室外消防用水量大于

30L/s 的厂房、仓库；

b. 一类高层民用建筑；

c. 座位数超过 1500 个的剧场、影院，座位数超过 3000 个的体育馆，任一层建筑面积超过 3000m² 的商场和展览馆，省（市、区）级及以上的广播、电视、电信和财贸金融建筑，室外消防用水量大于 25L/s 的其他公共建筑；

d. 国家级文物保护单位的重点砖木或木结构的古建筑。

（10）下列场所的终端回路宜设置电弧故障保护器（AFDD）：

1）住宅建筑，旅馆的客房，公寓，学生、职工宿舍，幼儿园，养老居室；

2）加工、存储有火灾危险材料的场所，如木材车间，易燃品仓库，柴油库、棉麻仓库、粮食库等；

3）用易燃材料构造的建筑，如木制建筑；

4）具有火灾易蔓延的建筑物，如高层建筑，强迫通风系统，有烟囱效应的形状的；

5）藏有特别重要物品、珍贵物品且易发生火灾危险的场所，如国家历史文物馆、档案馆、博物馆、数据中心等。

8.3.2 电气设备的火灾防护措施

（1）配电箱、控制箱、启动器等电气设备宜设置在火灾危险环境之外；当需要设置在该场所以内时，其外壳防护等级应符合以下要求：

1）一般火灾危险场所，不应低于 IP4X；

2）有可燃粉尘或可燃纤维环境的场所，不应低于 IP5X；

3）有导电粉尘或纤维（如煤粉、焦炭粉、镁粉、铝粉、铁粉等）的环境者，不应低于 IP6X。

（2）嵌入墙内、顶棚内的电气箱、盒的外壳防护等级不应低于 IP3X。

（3）嵌入燃烧性能为 B1 或 B2 级保温材料的墙内、顶棚内的电气箱、盒，应采用不燃隔热材料制作，将箱、盒外壳与保温材料做防火隔离。

注　B1 级为难燃材料（制品），B2 级为可燃材料（制品）。

（4）由 SELV 或 PELV 系统供电的回路中，电气设备外壳的防护等级不应低于 IP2X 或 IPXXB；或者配置能承受 1min 直流 500V 试验电压的绝缘材料。

（5）火灾危险场所的电加热器、电阻器等电气设备的外壳温度，正常运行中不应超过 90℃，故障条件下不应超过 115℃。

如果场所有存在易引起火灾危险的粉尘、纤维，可能聚集在电气设备的外壳上，应采取有效措施防止外壳温度超过上述值。

（6）带电加热装置的机械通风入口不应设置在有可燃粉尘的部位，加热装置应设有自动限温的控制措施。

8.3.3　照明灯具的火灾防护措施

（1）火灾危险场所装设的灯具外壳防护等级不应低于 IP4X；有可燃粉尘和可燃纤维环境内的灯具外壳不应低于 IP5X；有导电粉尘或纤维环境的灯具外壳不应低于 IP6X。

（2）灯具的结构和装设应能避免粉尘的大量积聚；装设部位和方式，应具有方便维护和清扫的条件。

（3）灯具应有防机械应力的措施，并应装设有防护外力损害光源和防止光源及部件坠落的安全防护罩，防护罩应使用专用工具方可拆卸。

（4）可燃材料库（如棉花库、纺织品库、纸品库、粮库、滑油库等）不应采用白炽灯、卤素灯等热辐射光源；库房内灯具的发热部件应有隔热措施。

（5）照明配电箱、控制器、灯开关等电器宜装设在可燃材料库房外。

（6）灯功率 60W 及以上的灯具及其电器附件，不应直接安装在可燃物表面，安装时应有必要的防火隔热措施。

（7）在火灾危险场所内，不应装设灯功率 100W 及以上的卤钨灯等热辐射光源；必须装设时，灯具引入电线应有隔热材料（如瓷套管、矿棉等）保护，并远离可燃材料。

（8）在具有可燃建筑材料的场所，聚光灯具和投影仪与可燃材料间应保持足够距离，且不应小于下列值：

1）灯功率 $P \leqslant 100W$ 时为 0.5m；

2）$100W < P \leqslant 300W$ 时为 0.8m；

3）$300W < P \leqslant 500W$ 时为 1.0m；

4）$P > 500W$ 时宜适当加大。

8.3.4　配电系统布线的火灾防护措施

（1）火灾危险场所的配电线路，采用的绝缘导线或电缆的额定电压不应低于工作电压，220/380V 配电系统的电压不应低于 450/750V。

（2）配电和照明的终端回路、插座回路，以及有剧烈振动的配电线路，应采用铜芯绝缘线，其他回路宜采用铜芯绝缘线。

（3）配电线路不应采用裸导线，起重机不应采用裸滑触线供电。

（4）火灾危险场所应采用低烟无卤阻燃型电线、电缆；或者将电线、电缆布置在不燃材料制作的导管或槽盒内。

（5）火灾危险场所采用 gG 熔断器做过负荷保护时，导体的载流量不宜小于熔断体额定电流的 1.25 倍。

（6）在有可燃材料的闷顶、吊顶内的配电、照明线路，应敷设在金属导管或封闭式金属槽盒内。

（7）电线、电缆不应有中间接头。如果有接头，应设置在防火的外护物内。

（8）火灾危险场所不宜有无关的配电管线穿过。

（9）电梯井道内，除敷设电梯自身的线路外，不得敷设其他配电线路。

（10）配电线路穿过建筑构件（墙、顶、楼板、地板、天花板、隔断等）的洞孔，以及穿线的导管、线槽内，应采用非燃烧材料严密封堵；穿过有防火要求的建筑构件，还应进行管、槽内及管、槽与洞孔间的防火封堵。

（11）导线的连接应采用连接器或螺栓连接，不应采用锡焊连接。更不得采用扭结、缠绕胶带的方式；万可电子（天津）有限公司的连接器产品安全可靠，环保，电阻低，抗振动，操作简便、快捷，免维护，用于 450V、41A 以下，6mm² 及以下铜绝缘导线的连接、端接和"T"接，连接器有通用型和推线式两种（见图 8.3-1），后者用于单芯硬导线直接插入。

（a）通用型　　　　　　　　　　（b）推线式

图 8.3-1　连接器示例

（12）配电线路暗敷时，应穿管敷设在不燃性结构内，保护层厚度不应小于30mm。

8.4 电气设备外壳热效应灼伤防护

8.4.1 一般原则

装设在伸臂范围以内的电气设备，其表面温度应限制到可能对操作和使用人员导致灼伤的温度。

8.4.2 表面温度限值

电气设备可触及的外壳，装设在人的伸臂范围以内，在正常运行中，其表面温度不应超过表8.4－1的限值。

表8.4－1　伸臂范围内电气设备可触及部分正常运行时的温度限值

电气设备可触及的部分	可触及表面的材料	温度限值（℃）
操作时手握的部分	金属的	55
	非金属的	65
可触及，但非手握部分	金属的	70
	非金属的	80
正常操作不必触及的部分	金属的	80
	非金属的	90

8.4.3 超过表面温度限值应采取防护措施

当电气设备可触及的外壳的表面温度超过表8.4－1规定的最高限值时，应采取防止意外接触的下列防护措施之一：

（1）增设隔热防护层。

（2）设置警示标识：防止意外触及，操作时进行必要的隔离。

8.4.4 在儿童可能触及的条件下的防护要求

在托儿所、幼儿园、少年之家、小学校及儿童游乐场所和其他类似场所，电气设备可触及的表面，应采用的防护措施：

（1）这类电气设备不应装设在儿童能触及的场所或部位。

（2）将儿童可能接近和触及的电气设备的表面温度控制在不超过 60℃。

8.5　本章（热效应防护）主要依据说明

8.5.1　主要依据的国家标准、规范

GB /T 16895.2—2017（IEC 60364-4-42：2010）《低压电气装置　第 4-42 部分：安全防护　热效应保护》[25]

GB 50016—2014（2018 年版）《建筑设计防火规范》[26]

GB 50054—2011《低压配电设计规范》[6]

8.5.2　参考资料

参考了 GB 50058—1992《爆炸和火灾危险环境电力装置设计规范》，但该规范已于 2014 年作废；新修订的 GB 50058—2014《爆炸危险环境电力装置设计规范》[49]已经取消了火灾危险环境的内容。

9 低压电器选择

9.1 低压电器的种类和技术要求

9.1.1 低压电器的种类

（1）开关电器和隔离电器：包括开关、隔离器、隔离开关。

（2）保护电器：包括断路器、熔断器和剩余电流动作保护电器。

（3）控制电器：包括接触器、启动器。

（4）计量电器：包括电流互感器和各种电参数计量、显示仪表。

以上（1）、（2）项统称为配电电器，是本书讨论的主要内容，特别是保护电器，在低压配电系统中具有特殊重要地位，是关系到用电安全、供电可靠的主要因素，对其性能和技术参数应有较多了解。

9.1.2 配电电器选择的一般技术要求[6]

配电设计选用的低压配电电器应符合现行的相关国家标准，必要时还应经过质量认证和能效认证，并应符合以下技术要求：

（1）电器应适应所在场所的环境条件，应按 GB/T 16895.18—2010《建筑物电气装置 第5-51部分：电气设备的选择和安装 通用规则》[27]的要求，考虑各种外界的影响，包括环境温度、空气湿度、灰尘、水、腐蚀性气体、振动、电磁辐射、高海拔（大于 2000m）的特殊条件。

考虑到电器的防水、防固体异物（粉尘）进入及防止人体接近危险（带电）部件，选用封闭电器外壳的防护等级与应用见附录 B。

（2）电器的额定频率应与配电系统的频率统一。

（3）电器的额定电压应与配电回路的标称电压相适应（交流为方均根值）。

（4）电器的额定电流不应小于所在配电回路的计算电流或工作电流。

（5）电器应具有必要的短时耐受能力，能满足短路条件下的动稳定和热稳定。

9.1.3　保护电器的特殊技术要求

保护电器作为过电流和故障防护的重要电器，除应符合上述一般技术要求外，还应满足以下特殊技术要求：

（1）接地故障时，按规定条件自动切断电源。

（2）短路时，自动切断电源，以满足线路的热稳定和动稳定要求。

（3）符合过负荷保护要求：保护电器的参数和被保护线路导体截面积合理配合，以保证导体在达到最终温度前切断电源。

（4）用电设备（含照明设备）正常工作和启动过程中，不应切断电源。

（5）各种故障条件下，上下级保护电器应有选择性动作，力求切断电路的范围最小。

（6）发生短路等故障时，短路保护电器应具有分断最大短路电流的能力，对于断路器还应具有接通最大短路电流的能力。

9.2　开关、断路器的极数选择[6,9]

9.2.1　开关、断路器极数的概念

三相四线制配电系统，开关、隔离开关、断路器选用三极或四极，对单相两

线制线路，选用单极或两极，其实质是断开相导体时，是否要断开中性导体（N）的问题。

9.2.2　两个对立的原则

（1）在切断相导体的同时，是否要切断 N 导体，应考虑以下两个要求：

1）从电气操作、维护安全出发，最好断开所有带电导体，包括相导体和 N 导体。

2）采用四极开关、断路器，在极端不利条件下，如相导体导通而 N 极未导通时，就有可能导致相导体未切断而 N 导体断开的不正常现象，俗称为"断零"，从而造成中性点偏移，在三相负荷不平衡条件下，使某相电压升高，接到该相的计算机、电子设备等对电压敏感的设备，因过电压而受损，因此从这点考虑应尽量少选用四极开关、断路器。

（2）以上两个要求互相矛盾，应根据配电系统形式、接地方式、等电位联结等因素合理选择；一般说，采用 TN 接地系统，设置了保护等电位联结，3 次谐波含有率小，还有完善的辅助等电位联结的条件下，能有效地保证维修时的安全，宜选用三极。

（3）对于 TN-C 系统和 TN-C-S 系统的 TN-C 部分，即出现 PEN 导体（PE 和 N 未分离）的情况下，禁止采用四极。

9.2.3　四极开关、断路器的通断要求

四极开关（含隔离开关、断路器，下同）的接通，应保证 N 极和各相触头同时接通，或先于各相接通；断开时，应保证 N 极和各相触头同时断开，或 N 极后断开。

9.2.4　应装设四极开关的情况

（1）TN 系统（或 TT 系统）与配出 N 导体的 IT 系统间的转换开关。

（2）配出 N 导体的 IT 系统内的所有用三相四线制系统的开关。

（3）TT 系统的隔离开关。

（4）双电源转换开关，当两个电源来自同一变电站时（这种情况如采用三极

开关将产生杂散电流，导致电磁场干扰，图解见图 9.2-1）。

（5）采用剩余电流保护电器保护的电路，除在 TN-S 系统中，N 导体为可靠的地电位外。

（6）在电路中需防止电流流经不期望的路径，会产生杂散电流的场合。

9.2.5　宜装设四极开关（或单相两线制的双极开关）场合

（1）建筑物进线处的隔离开关。

（2）多层或高层建筑各楼层配电箱的进线隔离开关。

（3）住宅配电箱，旅馆客房配电箱，办公、教室和类似场所的配电箱，采用单相两线制的进线隔离开关宜选用双极。

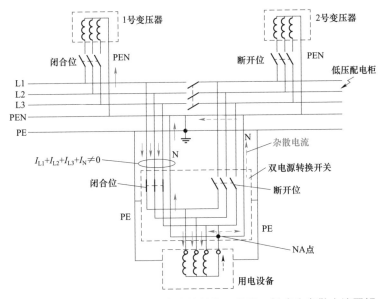

图 9.2-1　两个电源来自同一变电站转换开关用三极产生杂散电流图解

注　双电源转换开关若采用三极，左边开关闭合时，电流经左边线路的 N 导体返回；同时在 NA 点处，将有另一股电流经右边线路的 N 导体返回，形成杂散电流（红色虚线表示）；导致左边线路的相导体和 N 导体电流矢量和不等于 0，将产生电磁场干扰。

9.2.6　不允许装设四极开关的情况

（1）配电变压器低压侧中性端子到低压配电柜的总开关。

（2）变电站两台或多台变压器时，低压配电柜两段或多段母线的联络开关。

（3）TN–C 系统及 TN–C–S 系统中的 TN–C 部分（即 N 和 PE 导体合并为 PEN 导体部分）的开关。

9.2.7 不需要装设四极开关的情况

（1）建筑物内的 TN–S 系统，以及 TN–C–S 的 TN–S 部分（即 N 和 PE 导体分离的部分），设置有等电位联结时。

（2）双电源转换开关，当两个电源来自不处于同一建筑物内的两个变电站或配电箱、盘的。

（3）配电箱出线回路的断路器。

9.2.8 采用熔断器式隔离开关做保护电器的回路

任何情况下，都不应采用四极，N 导体上不应装设熔断器。

9.3 开关、隔离开关的选择[28,29]

9.3.1 开关、隔离开关的名称、定义、功能和图形

（1）名称和定义。按照 GB 14048.1—2012《低压开关设备和控制设备 第 1 部分：总则》[28] 及 GB/T 14048.3—2017《低压开关设备和控制设备 第 3 部分：开关、隔离器、隔离开关及熔断器组合电器》[29] 的名称（术语）及定义如下。

1）开关：在正常电路条件（包括过负荷工作条件）能接通、承载和分断电流，也能在规定的非正常条件（如短路）承载电流一定时间的机械式开关电器。一般来说，开关可以接通一定值的短路电流，但不能分断短路电流。

2）隔离器：在断开状况下能符合规定的隔离功能要求的机械开关电器。隔离器不能接通和分断电流，但能承载正常电流条件下的电流，也能承载一定时间内非正常电路条件（短路）下的电流。

3）隔离开关：在断开位置上能满足隔离要求的开关，即具备开关和隔离器

两者功能的电器。

4）开关熔断器组（包括单断点和双断点）：开关与熔断器串联构成的组合电器；双断点是在电路中熔断体的两侧均提供断开的这种方式。

5）熔断器式开关（包括单断点和双断点）：用熔断体或带有熔断体载熔件作为动触头的开关；双断点是在电路中熔断体的两侧均提供断开的这种方式。

6）隔离开关熔断器组（包括单断点和双断点）：隔离开关与熔断器串联构成的组合电器，双断点是在电路中熔断体的两侧均提供断开，以满足隔离功能规定要求的方式。

7）熔断器式隔离开关（包括单触点和双触点）：用熔断体或带有熔断体载熔件作为动触头的隔离开关，双触点是在电路中熔断体的两侧均提供断开，以满足隔离功能规定要求的方式。

（2）电器功能和图形。开关、隔离器、隔离开关及与熔断器组合电器的基本功能和图形列于表 9.3-1，隔离开关和隔离开关熔断器组合电器外形图（示例）见图 9.3-1。

表 9.3-1　　　　　　　　　　开关等电器的基本功能和图形表

基本功能		
接通和分断电流	隔离	接通、分断和隔离
开关	隔离器	隔离开关
开关熔断器组单断点	隔离器熔断器组单断点	隔离开关熔断器组单断点
开关熔断器组双断点	隔离器熔断器组双断点	隔离开关熔断器组双断点
熔断器式开关单断点	熔断器式隔离器组单断点	熔断器式隔离开关单断点
熔断器式开关双断点	熔断器式隔离器组双断点	熔断器式隔离开关双断点

注　1. 表 9.3-1 所列的基本功能，不是全部功能，其他功能将在 9.3.3 中叙述。
　　2. 按 GB/T 14048.3—2017 规定，低压开关分别称为开关、隔离器、隔离开关及与熔断器组合电器；过去采用过的"刀开关""闸刀开关""负荷开关"的名词均已淘汰。
　　3. 低压隔离开关可以接通、分断正常电流，完全不同于中压（如 10kV）的隔离开关。

(a) 隔离开关

(b) 隔离开关熔断器组 (315~400A)

(c) 熔断器式隔离开关 (250~630A)

图 9.3−1   隔离开关和隔离开关熔断器组合电器外形示例

9.3.2   分类

（1）按使用类别分类。

1）使用类别及所规定的典型用途见表 9.3−2。

表 9.3−2   使用类别及所规定的典型用途

电流种类	使用类别		典型用途
	类别 A	类别 B	
交流	AC−20A	AC−20B	空载条件下闭合和断开（美国不允许使用）
	AC−21A	AC−21B	通断电阻性负荷，包括适当的过负荷
	AC−22A	AC−22B	通断电阻和电感混合负荷，包括适当的过负荷
	AC−23A	AC−23B	通断电动机负荷或其他高电感负荷
直流	DC−20A	DC−20B	空载条件下闭合和断开（美国不允许使用）
	DC−21A	DC−21B	通断电阻性负荷，包括适当的过负荷
	DC−22A	DC−22B	通断电阻和电感混合负荷，包括适当的过负荷（如并激电动机）
	DC−23A	DC−23B	通断高电感负荷（如串激电动机）

2）使用类别的应用说明。

a. AC-20A、AC-20B、DC-20A、DC-20B 不能带负荷操作，实际上是"隔离器"，不能用做"开关"，在产品铭牌上应予以标识。

b. 根据预期用途，使用类别 A 可用于经常操作，类别 B 仅用于不经常操作。

c. AC-23 使用类别包括偶尔通断单台电动机。

d. 表 9.3-2 所示使用类别不适用于通常用做启动、加速、反接制动和（或）停止单台电动机的电器；用于这类要求的单台电动机的电器使用类别另有专门技术要求。

（2）按人力操作电器的方式分类。

1）有关人力操作：完全靠直接施加人力的操作。

2）无关人力操作：能源来自人力，在操作过程中储能和释能的储能操作。

3）半无关人力操作：靠直接施加达到某一阈值的人力的操作。

（3）按防护等级分类。封闭式开关电器的外壳，用 IP 代码表示的防护等级，以防止外部影响和防止接近或触及带电部分和运动部分的措施。

9.3.3 特性

（1）正常负荷和过载特性。

1）额定接通能力：参照额定工作电压、额定工作电流及使用类别确定，列于表 9.3-3。

表 9.3-3 验证额定接通和分断能力

使用类别	额定工作电流 (I_n)	额定接通能力			额定分断能力			操作循环次数
		I/I_n	$\cos\varphi$	L/R（ms）	I_c/I_n	$\cos\varphi$	L/R（ms）	
AC-21A，AC-21B	全部值	1.5	0.95		1.5	0.95		5
AC-22A，AC-22B	全部值	3	0.65		3	0.65		5
AC-23A，AC-23B	$I_n \leqslant 100A$	10	0.45		8	0.45		5
	$I_n > 100A$	10	0.35		8	0.35		3
DC-21A，DC-21B	全部值	1.5		1	1.5	·	1	5
DC-22A，DC-22B	全部值	4		2.5	4		2.5	5
DC-23A，DC-23B	全部值	4		15	4		4	5

注　1. 接通在外施电压为额定电压（U_n）之 1.05 倍进行；分断在恢复电压为 1.05U_n 进行。

　　2. I/I_n 为接通电流（I）与额定电流（I_n）之比，I_c/I_n 为分断电流（I_c）与 I_n 之比。

　　3. L/R 为时间常数。

2）额定分断能力：参照额定工作电压、额定工作电流及使用类别确定，列于表 9.3-3。

3）接通能力和分断能力，不能用于 AC-20、DC-20 的开关电器。

（2）短路特性。

1）额定短时耐受电流（I_{cw}）：开关、隔离器、隔离开关应具有短时承受这个电流而不发生任何损坏。

I_{cw} 值不得小于最大额定工作电流（I_n）的 12 倍，通电持续时间为 1s。

I_{cw} 值对于交流是指交流分量有效值。

2）额定短路接通能力（I_{cm}）：该值是在额定工作电压、额定频率和规定的功率因数（交流）或时间常数（直流）下的短路接通能力电流值，用最大预期峰值电流表示，该电流值由制造单位规定。I_{cm} 不适用于带熔断器的电器。

开关、隔离开关具有一定的短路接通能力，是优于过去的"负荷开关"的一个重要性能，是在万一电路存在短路状态下接通开关或隔离开关时保证操作者安全的重要因素。

9.3.4　隔离电器的技术要求

隔离电器关系到维护、检修安全，必须满足国家标准规定的下述技术指标，本章叙述的专用隔离电器包括隔离器和隔离开关。

（1）承受规定的冲击耐受电压。隔离电器在隔离位置的触头间，电源端和负荷端间，应能承受过电压类别为 Ⅳ 类和 Ⅲ 类，对于 0.23/0.4kV 的配电系统，额定冲击耐受电压最低值分别为 8kV 和 5kV；0.4/0.69kV 系统，分别为 10kV 和 8kV。过电压类别为 Ⅰ 类或 Ⅱ 类的电器，不能用做隔离。该规定依据 GB/T 17045—2020[12] 规定的参数。

（2）必要的隔离距离和触头位置显示。隔离电器在断开位置时必须具有符合隔离功能安全要求的隔离距离，并应提供以下一种或几种方法显示主触头位置：

1）用操动器的位置；

2）独立的机械式指示器；

3）所有主动触头可视。

（3）触头间的泄漏电流应符合下列规定。额定工作电压 U_n 大于 50V 的隔离电器，在负载和电源接线端子之间，当施加电压为 $1.1U_n$ 时，泄漏电流不得超过下列值：

1）使用类别为 AC-20A、AC-20B、DC-20A、DC-20B 的隔离器，每极为 0.5mA；

2）其他使用类别的，每极最大为 2mA。

（4）触头在断开位置时可以挂锁。

9.3.5　几种配电电器的主要功能对比

（1）隔离开关、断路器、熔断器的主要功能对比列于表 9.3-4。

表 9.3-4　　隔离开关、断路器、熔断器主要性能对比

性能	电器名称			
	隔离开关	断路器	gG 熔断器（刀型触头为例）	隔离开关熔断器组
开关功能	有	有	无	有
保护功能	无	有	有	有
承载正常电流功能	可	可	可	可
隔离功能	有	大部分有	有	有
分断能力（对短路）	无	有	有	有
接通能力（对短路）	有	有	无	有
短时耐受能力（对短路）	有	有	熔断器支持件具有峰值耐受电流	—
结构特征	具有触头系统、灭弧系统	具有触头、灭弧系统及脱扣器	全封闭、有填料，良好限流和灭弧	同隔离开关、熔断器

（2）性能说明。

1）隔离功能：专用隔离电器（隔离开关、隔离器）具有更好的隔离功能。

2）短路分断能力：gG 熔断器以低廉的成本就可达到很高的分断能力，断路器（以 MCCB 为例），制造厂提供多级不同大小的分断能力产品，供工程设计选择，以实现满足需要分断能力的条件下价格较低、较合理。

3）短路接通能力：正常条件下，不可能用断路器、隔离开关去接通短路电流和接地故障电流，仅是在不知情条件下偶然发生的事件；具备短路接通能力，

是对操作者安全和邻近电器不受损害的重要保证；隔离开关的短路接通能力远小于断路器。

4）短时耐受能力：隔离开关的短时耐受能力远低于断路器，但能保证配电系统安全，可能导致自身触头的损坏；熔断器支持件应具有峰值耐受电流，该耐受电流不应小于与支持件配用的任何熔断体的最大截断电流值，当短路电流达到最大截断电流值时，熔断体必须熔断，而熔断体则不需要考核短时耐受能力。

9.3.6　隔离开关的应用

隔离开关在低压配电系统中，为检修、维护安全，有广泛的应用场合，举例如下。

（1）配电箱、屏进线处。

1）放射式配电系统各级配电箱进线端，如图 9.3-2 所示的配电箱 PD11、PD12 的进线端应装设隔离开关 QS11、QS12。

2）树干式配电系统的每个分支回路处，如图 9.3-2 所示的 QS21、QS22 等。

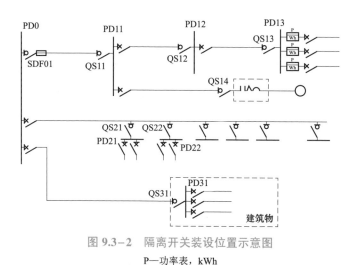

图 9.3-2　隔离开关装设位置示意图

P—功率表，kWh

3）建筑物供电的馈线进线处，如图 9.3-2 所示的 QS31。

4）楼层电表和配电箱的进线端，如图 9.3-2 所示的 PD13 的进线处的 QS13。

（2）电动机控制中心主回路进线端宜装隔离开关，如图 9.3－2 所示的 QS14。

（3）变电站低压配电柜引出馈线，当采用熔断器做保护电器时，宜装设隔离开关熔断器组，如图 9.3－2 所示的 SDF01。

（4）数据中心和类似场所：

1）逆变器的前端宜装隔离开关。

2）蓄电池组的前端宜装隔离开关。

3）旁路应装隔离开关。

4）固态转换开关输入和输出端。

（5）特殊场所的隔离要求。

1）施工场所的成套设备或配电箱、屏的电源进线端，应装设有通断和隔离功能的隔离开关，并可以挂锁[39]。

2）农业和园艺设施（包括牛棚、猪圈、马厩、鸡舍等饲养场所和草料、饲料储存库等）的每个建筑物、棚屋的电气装置和配电装置进线端应设单独的隔离开关，且不应装设在家畜可能到达的位置[40]。

3）展览馆、陈列馆，给每个临时构筑物（如一个展位）、每个户外的电气装置的回路进线端应装设隔离开关，并应装设在只能用钥匙或工具才能开启的封闭箱、盒内[41]。

4）游乐场、马戏场的构筑物、棚屋和每个单独的娱乐设施的配电装置（含临时的），以及供户外配电回路应装设隔离开关，并能断开包括 N 导体的所有带电导体，并应装设在只能用钥匙或工具才能开启的封闭箱、柜内[42]。

5）旅游房车、野营房车的停车场，每台配电箱进线端应装设隔离开关，并能断开包括 N 导体的所有带电导体[17]。

6）游艇码头、轮船码头，连接到游艇、船只的供电回路，每个配电箱进线端应装设隔离开关，并能断开包括 N 导体的所有带电导体[17]。

（6）太阳能光伏电源装置的隔离要求[43]。

1）光伏阵列汇流箱输出接至逆变器之间应设隔离开关。

2）光伏子阵列汇流连接箱输出宜设隔离电器。

3）逆变器的交流侧和直流侧应有隔离措施。

9.4 保护电器的主要性能

9.4.1 熔断器的主要性能[15,16,22]

（1）熔断器分类。

1）按结构分类。

a. 专职人员使用的熔断器（主要用于工业的熔断器），有以下类别：

（a）刀型触头熔断器；

（b）螺栓连接熔断器；

（c）圆筒形帽熔断器；

（d）偏置触刀熔断器。

b. 非熟练人员使用的熔断器（主要用于家用和类似用途的熔断器），有以下类别：

（a）系统 A：D 型熔断器；

（b）系统 B：NF 圆管式熔断器；

（c）系统 C：BS 圆管式熔断器；

（d）系统 F：用于插头的圆管式（BS 插头熔断器）。

2）按分断范围分类。

a. g 熔断体：全范围分断能力熔断体，能分断使熔断体熔化的电流至额定分断能力之间的所有电流的限流熔断体。

b. a 熔断体：部分范围分断能力熔断体，能分断某一最小电流值（通常为熔断体额定电流 I_n 的某一倍数)至额定分断能力之间的所有电流的限流熔断体。

3）按使用类别分类。

a. G 类：一般用途熔断体，配电线路保护用；

b. M 类：保护电动机的熔断体；

c. Tr 类：保护变压器的熔断体；

d. R 和 S 类：半导体设备保护用熔断体，R 类更快速，S 类耗散功率较小；

e. D 类：延时熔断体，北美用；

f. N 类：非延时熔断体，北美用；

g. PV 类：太阳能光伏系统保护用熔断体。

4）分断范围和使用类别的组合。

a. gG：一般用途全范围分断能力的熔断体；

b. gM：保护电动机电路全范围分断能力的熔断体；

c. aM：保护电动机电路部分范围分断能力的熔断体；

d. gD：全范围分断能力延时熔断体，北美用；

e. gN：全范围分断能力非延时熔断体，北美用；

f. gR：半导体设备保护全范围分断能力的熔断体；

g. gPV：用于太阳能光伏系统全范围分断能力的熔断体。

（2）典型熔断体的结构概要[30]。配电线路保护用的 gG 刀型触头熔断体，是一种典型的全封闭有填料的限流型熔断体，其结构示意和外形见图 9.4-1。

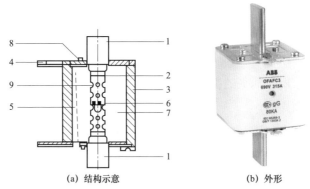

(a) 结构示意　　　　　(b) 外形

图 9.4-1　全封闭有填料熔断体结构示意和外形图

1—刀型触头；2—熔件；3—熔管；4—端板（含搭扣）；5—指示器线；

6—M 效应材料；7—填料；8—指示器；9—狭颈

（3）熔断器的动作和限流特性[30]。

1）短路条件下的动作：短路时熔断体的多个狭颈（见图 9.4-1）同时熔化，形成了一系列电弧，此电弧电压保证了电流急剧下降至零，这个现象称为"限流"，这个过程表示在图 9.4-2 中。

a. 图 9.4-2 中，t_m 为熔化阶段，t_a 为燃弧阶段，从狭颈起弧，至电弧被填料熄灭。t_m 和 t_a 之和为（全）熔断时间。

b. 弧前 I^2t 和熔断 I^2t 值分别表示在弧前时间内和熔断时间内，短路电流在被保护电路中释放的能量。

c. 限流熔断体，在高倍数短路电流下，其截断电流 i_c 大大低于预期短路电流 I_p 的峰值，从而降低了 I^2t 值，有利于对线路的保护。

2）过负荷条件下的动作。

a. 过负荷期间，熔断体的"M 效应"材料（低熔点材料）熔化，形成电弧，石英砂填料快速熄弧，强制电流下降至零。动作过程仍分为两个阶段，熔断器过负荷动作特性（交流），表示在图 9.4-3 中。

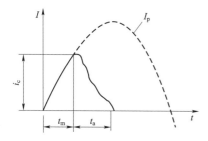

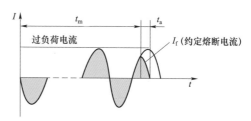

图 9.4-2　限流熔断器动作特性

t_m—弧前时间；t_a—燃弧时间；I_p—预期短路电流（交流）；i_c—截断电流，被熔断器限制的电流

图 9.4-3　熔断器过负荷动作特性（交流）

（a）t_m 为弧前（熔化）阶段，时间与过负荷电流大小成反变，可大于数毫秒、数秒，以至若干分钟、一两个小时。

（b）t_a 为燃弧时间段，其值取决于外施电压。

b. 弧前 I^2t 和熔断 I^2t 值分别表示在弧前时间和熔断时间内，过负荷电流在被保护电路中释放的能量。

c. 当熔断时间大于 0.1s（数周波）时，t_a 比 t_m 小得多，可以忽视不计，可认为 t_m 等于熔断时间。

（4）约定时间和约定电流。约定电流参数关系到配电线路过负荷保护的实施，已在本书第 7 章中按熔断器现行的国家标准规定的数据，就专职人员使用的和非熟练人员使用的 gG 熔断体的约定时间和约定电流进行了归纳，见表 7.3-1 和表 7.3-2。

（5）I^2t 特性。

1）I^2t 是在给定时间间隔内电流平方的积分，称作"焦耳积分"。

2）在熔断器保护的配电线路中，1Ω电阻释放的能量的焦耳值等于以 $A^2 \cdot s$ 为单位表示的熔断 I^2t 值。

3）I^2t 特性是在规定的动作条件下，为预期短路电流函数的弧前 I^2t 和熔断 I^2t 曲线。

4）gG 熔断体 0.01s 的弧前 I^2t 值列于表 9.4–1。

5）刀型触头熔断器选择性验证的试验电流和 I^2t 极限列于表 9.4–2。

表 9.4–1　　　　　　　　　　gG 熔断体 0.01s 的弧前 I^2t 值[15]

熔断体额定电流 I_n（A）	I^2t_{min}（$A^2 \cdot s$）	I^2t_{max}（$A^2 \cdot s$）
16	300	1000
20	500	1800
25	1000	3000
32	1800	5000
40	3000	9000
50	5000	16×10^3
63	9000	27×10^3
80	16×10^3	46×10^3
100	27×10^3	86×10^3
125	46×10^3	140×10^3
160	86×10^3	250×10^3
200	140×10^3	400×10^3
250	250×10^3	760×10^3
315	400×10^3	1300×10^3
400	760×10^3	2250×10^3
500	1300×10^3	3800×10^3

低压配电设计解析

表 9.4−2　　　　刀型触头熔断器选择性验证的试验电流和 I^2t 极限[16]

熔断体额定电流 I_n（A）	最小弧前 I^2t		最大熔断 I^2t		选择比
	预期电流 I 有效值（kA）	I^2t（A²·s）	预期电流 I 有效值（kA）	I^2t（A²·s）	
16	0.27	291	0.55	1210	
20	0.4	640	0.79	2500	
25	0.55	1210	1	4000	
32	0.79	2500	1.2	5750	
40	1	4000	1.5	9000	
50	1.2	5750	1.85	13 700	
63	1.5	9000	2.3	21 200	
80	1.85	13 700	3	36 000	
100	2.3	21 200	4	64 000	1:1.6
125	3	36 000	5.1	104×10^3	
160	4	64 000	6.8	185×10^3	
200	5.1	104×10^3	8.7	302×10^3	
224	5.9	139×10^3	10.2	412×10^3	
250	6.8	185×10^3	11.8	557×10^3	
315	8.7	302×10^3	15	900×10^3	
400	11.8	557×10^3	20	1600×10^3	

（6）熔断体的过电流选择性[30]。

1）熔断时间≥0.1s 时，熔断体之间的选择性通过"时间—电流"特性验证；熔断时间＜0.1s 时，其选择性通过弧前 I^2t 和熔断 I^2t 验证。

2）熔断体额定电流 I_n≥16A 的 gG 熔断器，上下级的额定电流之比为 1.6:1（及更大）时，选择性可得到保证。

9　低压电器选择

北美应用的 gN 和 gD 熔断器，额定电流 $I_n \geq 15A$ 的，额定电流之比为 2:1（及更大），可满足选择性要求。

对每个预期电流值，上级熔断器的最小弧前时间，不应小于下级熔断器的最大熔断时间，选择性可以实现。

按标准规定的熔断体额定电流值，以下两个系列的相邻值间即有选择性：

16A－25A－40A－63A－100A－160A－250A－400A－630A－1000A；

20A－32A－50A－80A－125A－200A－315A－500A－800A。

3）熔断时间<0.1s 时，应使上级熔断体的最小弧前 I^2t 值不小于下级熔断体的最大熔断 I^2t 值，即具有选择性。

（7）时间—电流特性和时间—电流带。

1）gG 刀型触头熔断体的时间—电流特性见图 9.4-4，图中的时间—电流带符合表 9.4-2 选择性验证测得的弧前时间和熔断时间得到满足。

2）图 9.4-4 的时间—电流特性，在电流方向的误差不应大于±10%。

3）aM 熔断体的时间—电流带见图 9.4-5。

9.4.2 断路器的主要性能[23,24,28]

（1）断路器分类（按 GB/T 14048.2—2020）。

1）按选择性类别分类。

a. A 类：通常具有反时限和瞬时动作过电流脱扣器，而没有短延时过电流脱扣器的断路器，在短路条件下可通过其他方式提供选择性，称作非选择型断路器。

b. B 类：具有符合规定的额定短时耐受电流值及相应短延时过电流脱扣器的断路器，称作选择型断路器。

2）按分断介质分类。

a. 空气中分断；

b. 真空中分断；

c. 气体中分断。

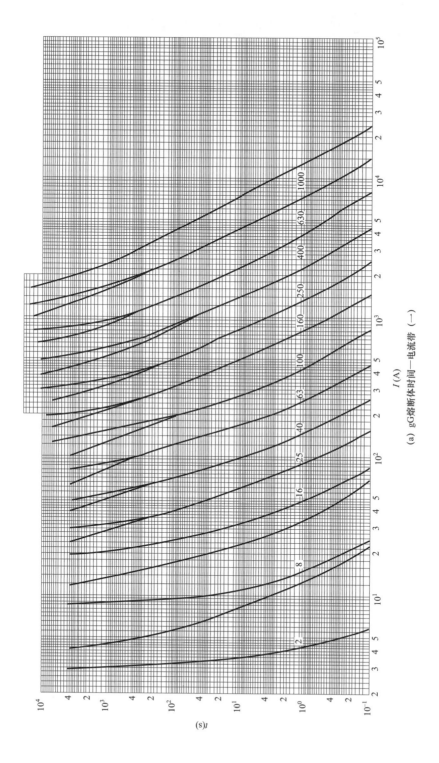

(a) gG熔断体时间—电流带（一）

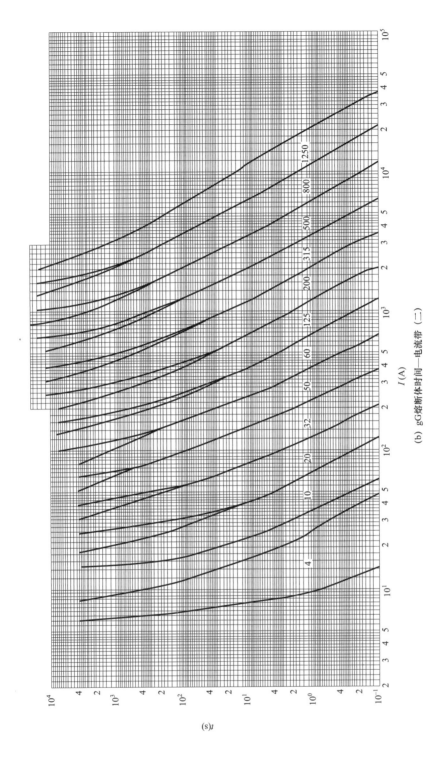

(b) gG熔断体时间—电流带（二）

图 9.4-4　gG 熔断体时间—电流带

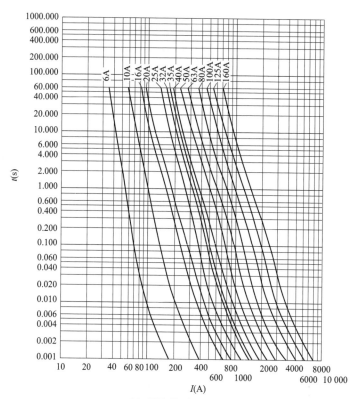

(a) 德国西门子公司 (6～160A)

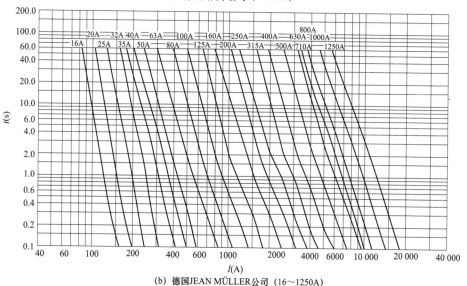

(b) 德国JEAN MÜLLER公司 (16～1250A)

图 9.4-5 aM 熔断体的时间—电流带 (一)

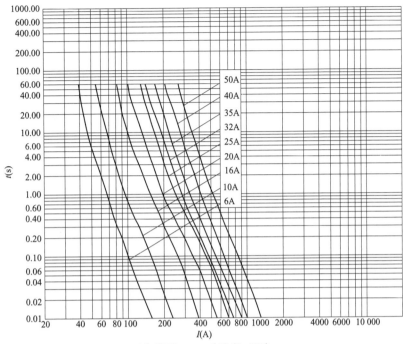

(c) 美国Bussmann公司（6～50A）

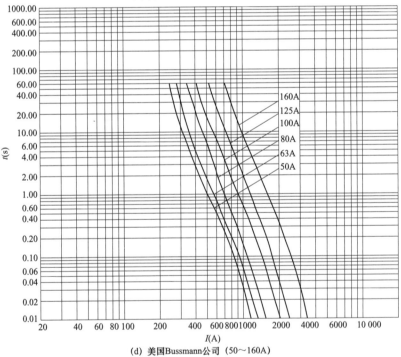

(d) 美国Bussmann公司（50～160A）

图 9.4-5　aM 熔断体的时间—电流带（二）

低压配电设计解析

3）按设计型式分类。

a. 万能式（ACB，外形图见图 9.4-6）；

b. 塑料外壳式（MCCB，外形图见图 9.4-6，图中 1～11 为固定式，1～15 为抽屉式）。

(a) Emax 2型ACB

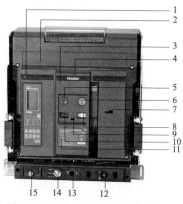

(b) NDW3-3200-3P型ACB结构指示简图

(c) Tmax XT型MCCB 630A

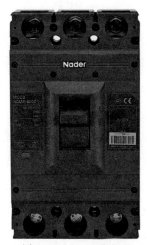

(d) NDM3-400-3P型MCCB

图 9.4-6　ACB 和 MCCB 外形示例

1—复位按钮；2—规格标牌；3—断开位置钥匙锁（增选功能）；4—良信标牌；5—断开按钮；6—闭合按钮；
7—计数器（增选功能）；8—释能、储能指示；9—合闸准备就绪"OK"指示（增选功能）；
10—断开、闭合指示；11—铭牌；12—"连接""试验""分离"位置锁定及解锁装置；
13—摇杆工作位置；14—"连接""试验""分离"位置指示器；15—摇杆及其存放位置

4）按操动机构的控制方法分类。

a. 有关人力操作；

b. 无关人力操作;

c. 有关动力操作;

d. 无关动力操作;

e. 储能操作。

5）按安装方式分类。

a. 固定式;

b. 插入式;

c. 抽屉式。

（2）脱扣器。

1）脱扣器型式，可分为以下几种:

a. 分励脱扣器。

b. 过电流脱扣器，又包括:

（a）瞬时脱扣器:短路脱扣器的最常用型式，无任何人为延时动作。

（b）定时限脱扣器:即短延时脱扣器，经一定延时后动作的短路脱扣器，通常延时时间分几挡可选，但不受短路电流值大小的影响。

（c）反时限脱扣器:即过载脱扣器，延时动作时间与过电流值大小变化趋势相反。

c. 欠电压脱扣器。

2）脱扣器动作特性。

a. 短路情况下，短路脱扣器脱扣，并且有脱扣电流整定值不超过 ±20% 的准确度; 电子式脱扣器电流方向的误差不超过 ±10%。

b. 过负荷条件下，反时限脱扣器动作特性（即约定时间的约定电流），列于表 7.3－3。

3）额定电流。

a. 断路器的额定电流 I_n 等于额定不间断电流 I_u，并且等于约定自由空气发热电流 I_{th}。

b. 不可调过载脱扣器的额定电流就是断路器的额定电流 I_n，或采用符号 I_{set1}。

c. 可调式过载脱扣器的电流整定值，通常称为"整定电流"，采用符号 I_n 或 I_{set1}。

（3）短路特性。

1）额定短路接通能力（I_{cm}）:是在额定电压、额定频率和规定的功率因数（交流）或时间常数（直流）下接通的短路电流值，用最大预期峰值电流表示。

2）额定极限短路分断能力（I_{cu}）：按规定的试验程序，不要求断路器连续承载其额定电流能力的短路分断能力值，对于交流，用预期分断电流交流分量有效值表示。

3）额定运行短路分断能力（I_{cs}）：按规定的试验程序，要求断路器连续承载其额定电流能力的短路分断能力值，对于交流，用预期分断电流交流分量有效值表示，或用 I_{cu} 的百分数表示（如 $I_{cs}=75\%I_{cu}$ 或 $I_{cs}=50\%I_{cu}$）。I_{cs} 不应小于 $25\%I_{cu}$。

4）交流断路器的短路接通能力和分断能力与相应的功率因数之间的关系：设短路接通能力和分断能力的比值为 n，该比值 n 与相应的功率因数的关系列于表 9.4-3。

表 9.4-3　交流断路器的短路接通能力和分断能力的比值 n 和相应功率因数的关系

短路分断能力（有效值）I（kA）	功率因数	比值 n 的最小值
$I \leqslant 1.5$	0.95	1.41
$1.5 < I \leqslant 3$	0.9	1.42
$3 < I \leqslant 4.5$	0.8	1.47
$4.5 < I \leqslant 6$	0.7	1.53
$6 < I \leqslant 10$	0.5	1.7
$10 < I \leqslant 20$	0.3	2
$20 < I \leqslant 50$	0.25	2.1
$I > 50$	0.2	2.2

5）额定短时耐受电流（I_{cw}）：在规定的使用和性能条件下，断路器和其他电器在指定的短时间内所能承载的电流值，对于交流，为预期短路电流交流分量有效值。

与 I_{cw} 相应的"短时"不应小于 0.05s，其优选值为：0.05s—0.1s—0.25s—0.5s—1s，断路器的额定短时耐受电流的最小值列于表 9.4-4。

表 9.4-4　　　　　　　断路器的额定短时耐受电流最小值

额定电流 I_n（A）	I_{cw} 的最小值（kA）
$I_n \leqslant 2500$	$12I_n$，但不小于 5kA
$I_n > 2500$	30

9　低压电器选择

（4）时间—电流特性。

1）过电流脱扣器的时间—电流特性，由生产企业提供的曲线形式给出，这些曲线表示断路器从冷态开始的断开时间与过负荷和短路脱扣器动作范围内的电流变化关系，以对数坐标表示。

2）非选择型断路器和选择型断路器的时间—电流特性典型示例见图 9.4-7 和图 9.4-8。

（5）微型断路器（MCB）。

1）依据标准：按 GB 10963.1—2005《电气附件　家用及类似场所用过电流保护断路器　第 1 部分：用于交流的断路器》[24]。

2）适用范围：

a. 适用于交流 50Hz 或 60Hz，额定电压（相间）不超过 440V，额定电流不超过 125A，额定短路分断能力不超过 25kA 的空气式断路器。

b. 这类断路器供未受过专业训练的人员使用，如家庭及类似场所作过电流保护用，不需要维修；在类似场所使用，当同时符合 GB/T 14048.2—2020 时，可以用于工业和公共建筑的终端回路。

c. 具有隔离功能。

d. 额定电流值不可调节，不用专用工具不能变更其额定电流。MCB 的外形图和内部结构示例见图 9.4-9。

3）分类。

a. 按极数分为：① 单极断路器；② 双极断路器：又分带两个保护极和带一个保护极的两类；③ 三极断路器；④ 四极断路器：又分带三个保护极和带四个保护极的两类。

注　保护极是指具有过电流脱扣器的极；不带保护极是没有装过电流脱扣器的极，常用以开闭中性导体的极。

b. 按安装方式分（均可装在安装轨上）：① 平面安装式；② 嵌入式安装；③ 面板式，也称为配电板式安装。

c. 按瞬时脱扣器电流分：B、C、D 型，另有企业特定的类型，如 ABB 有：K 特性，10～14 倍，用于电动机；Z 特性，2～3 倍，用于敏感型负载的保护。

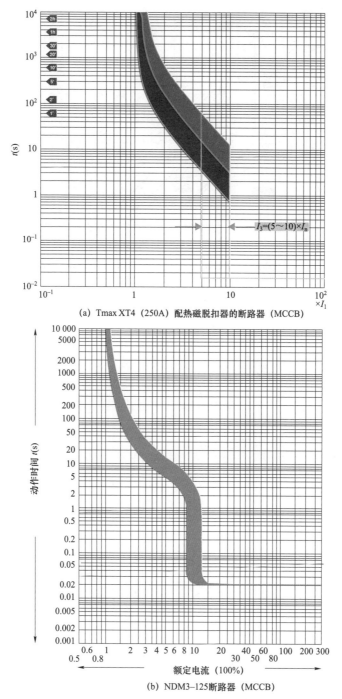

(a) Tmax XT4（250A）配热磁脱扣器的断路器（MCCB）

(b) NDM3-125断路器（MCCB）

图 9.4-7 非选择型断路器的时间—电流特性（示例）

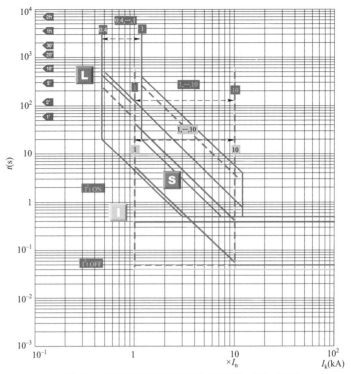

(a) Tmax XT4带电子脱扣器断路器（MCCB），160～1600A

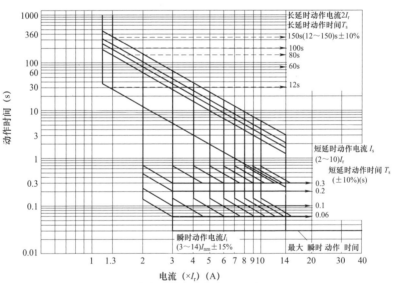

(b) NDM3E带电子脱扣器断路器（MCCB），125～1600A

图 9.4-8　选择型断路器的时间—电流特性（示例）

(a) S800 型高分断 MCB

(b) NDB2 型 63A 4 极 MCB

(c) S200 型 MCB 内部结构

图 9.4-9　MCB 外形和内部结构示例

4）特性。

a. 瞬时脱扣的范围见表 9.4-5。

表 9.4-5　　　　　　　　　瞬 时 脱 扣 的 范 围

脱扣形式	脱扣范围
B	$>(3\sim5)I_n$（含 $5I_n$）
C	$>(5\sim10)I_n$（含 $10I_n$）
D	$>(10\sim20)I_n$（含 $20I_n$）

注　1. 表中 I_n 为反时限脱扣器额定电流。

　　2. 脱扣形式 D，对特定场合，可使用至 $50I_n$ 值。

b. 约定时间和约定脱扣电流，列于表 7.3-4。

c. 时间—电流特性：符合标准规定的"时间—电流动作特性"，由生产企业给出"时间—电流带"，典型示例见图 9.4-10。

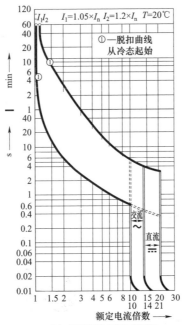

(a) S200型特有脱扣特性K

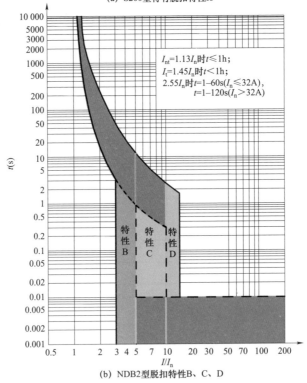

(b) NDB2型脱扣特性B、C、D

图 9.4-10 MCB 的"时间—电流动作特性"典型示例

9

低压配电设计解析

d. 对三极和四极断路器，仅在一个保护极上，从冷态开始，施加 1.2 倍约定脱扣电流，应在约定时间内脱扣；而对带有两个保护极的双极断路器，上述 1.2 倍应为 1.1 倍。

（6）带选择性的断路器（SMCB）。

1）依据标准：按照 GB 24350—2009《家用及类似场所用带选择性的过电流保护断路器[31]》。

2）分类。

a. 按极数分类和 MCB 相同。

b. 按脱扣器特性分为有脱扣特性"E"和脱扣特性"Cs"两种。

3）特点：SMCB 是一种限流型断路器；其反时限脱扣器和 MCB 相同，可用做过负荷保护；当发生短路时，SMCB 只进行限流，而不切断电路，由下级保护电器切断故障电流，实现选择性要求。

4）简要原理：当下级某分支回路发生短路故障时，主触头斥开，产生电弧，迅速限制短路电流；同时短路电流通过并联的辅助回路，其中串入限流电阻，将短路电流限制到几百安培；当下级保护电器动作后，SMCB 主触头在弹簧作用下闭合，实现了选择性。

5）脱扣特性：SMCB 脱扣特性标准值列于表 9.4-6。

表 9.4-6   SMCB 脱扣特性标准值

脱扣特性	约定不脱扣电流 I_{nt}	约定脱扣电流 I_t	延时脱扣电流 I_{tv}	短延时脱扣电流 I_{tk}
E	$1.05I_n$	$1.2I_n$	$5I_n$	$6.25I_n$
Cs	$1.13I_n$	$1.45I_n$	$6.5I_n$	$10I_n$

注 表中 I_n 为反时限脱扣器额定电流。

6）产品示例：鉴于 SMCB 产品生产企业很少，特以 ABB 公司的 S750 DR 型带选择性过电流保护断路器为例，做简要说明。

a. S750 DR 型 SMCB 的外形见图 9.4-11，额定电流为 16～100A。

b. S750 DR 型 35～63A 的脱扣特性见图 9.4-12，该特性完全符合表 9.4-6 规定的 E 特性的标准值。

图 9.4-11　S750 DR 型 SMCB 外形图

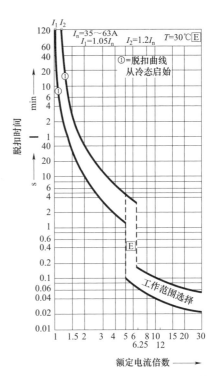

图 9.4-12　S750 DR（35～63A）的脱扣特性

c. S750 DR 型 SMCB 由于其并联的辅助回路中串联入限流电阻，可以将短路电流限制到很低值，切断时间很短，其允通能量（I^2t）值很低，甚至低于熔断器的 I^2t 值，可以从图 9.4-13 中看出。

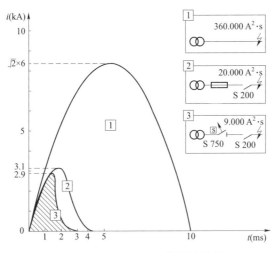

图 9.4-13　S750 DR 的限流特性

d. S750 DR 型 16～63A 的允通能量（I^2t）曲线见图 9.4-14，可以看出，63A 当短路电流（I_k）值为 10kA 时，其 I^2t 值仅为 55 000A^2·s；20kA 时，也不过 95 000A^2·s，这种低 I^2t 值对保护下游的断路器、接触器和线路都十分有利。

e. S750 DR 的允通电流峰值（i_p）曲线见图 9.4-15。

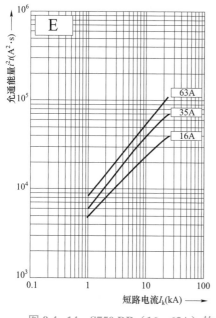

图 9.4-14　S750 DR（16～63A）的允通能量（I^2t）曲线图

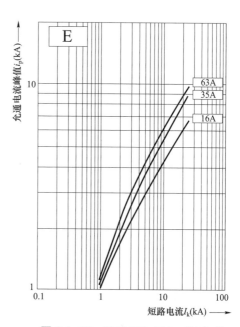

图 9.4-15　S750 DR（16～63A）的允通电流峰值（i_p）曲线图

9.4.3　剩余电流动作保护电器（RCD）主要性能

（1）依据标准：按 GB/T 6829—2017《剩余电流动作保护电器（RCD）的一般要求》[18]。

（2）分类。

1）按动作方式分：

a. 动作功能与电源电压无关的 RCD（俗称"电磁式"）。

b. 动作功能与电源电压有关的 RCD（俗称"电子式"），又包括两类：

（a）电源电压故障时，有延时或无延时自动动作。

（b）电源电压故障时不能自动动作，又分为两种：① 电源电压故障时不能自动动作，但发生剩余电流故障能按要求动作；② 电源电压故障时不能自动动作，即使发生剩余电流故障时也不能动作。

2）按安装型式分：① 固定装设和固定接线的 RCD；② 移动设置或用电缆连接到电源的 RCD。

3）按极数和电流回路数分：① 单极二回路（1P+N）RCD；② 双极（2P）RCD；③ 双极三回路（2P+N）RCD；④ 三极（3P）RCD；⑤ 三极四回路（3P+N）RCD；⑥ 四极（4P）RCD。

4）按是否带过电流保护分为：① 不带过电流保护的 RCD；② 带过电流保护的 RCD；③ 仅带过负荷保护的 RCD；④ 仅带短路保护的 RCD。

5）按剩余动作电流值调节功能分为：① 额定剩余动作电流（$I_{\Delta n}$）值固定不可调的 RCD；② $I_{\Delta n}$ 值可分级调节的 RCD；③ $I_{\Delta n}$ 值连续可调的 RCD。

6）按剩余电流波形，RCD 的动作特性分为：① AC 型 RCD；② A 型 RCD；③ F 型 RCD；④ B 型 RCD。

注 国外有些企业提出了 B$^+$型 RCD。

7）按剩余电流动作有无延时分为：① 无延时的 RCD；② 有延时的 RCD，用于选择性保护：包括延时不可调和延时可调两种。

8）按有无自动重合闸分为：① 无自动重合闸功能的 RCD；② 有自动重合闸功能的 RCD。

（3）RCD 的电流额定值和优选值。

1）额定电流 I_n：能适用于开关电器的相关标准规定的不间断工作制下承载的电流值。I_n 的优选值：6、10、13、16、20、25、32、40、50、63、80、100、125、160、200、250、400、630、800A。

2）剩余动作电流：使 RCD 在规定条件下动作的剩余电流值。额定剩余动作电流 $I_{\Delta n}$ 的优选值：6mA、10mA、30mA、100mA、200mA、300mA、500mA、1A、2A、3A、5A、10A、20A、30A。

3）剩余不动作电流：在等于或低于该电流，RCD 在规定条件不动作的剩余电流值。额定剩余不动作电流 $I_{\Delta no}$ 的优选值是 $0.5I_{\Delta n}$。

$0.5I_{\Delta n}$ 值仅指工频交流剩余电流。

（4）适用于不同波形剩余电流的 RCD 特性。

1）AC 型 RCD：在正弦交流剩余电流下，确保脱扣的 RCD，标志符号为：$\boxed{\sim}$。

2）A 型 RCD，在下列条件下确保脱扣的 RCD：① 同 AC 型；② 脉动直流剩余电流；③ 脉动直流叠加 6mA 的平滑直流电流。

标志符号为：☐。

3）F 型 RCD，在下列条件下确保脱扣的 RCD：① 同 A 型；② 由相线和中性线供电的电路产生的复合剩余电流；③ 脉动直流叠加 10mA 的平滑直流电流。标志符号为：☐ ☐。

4）B 型 RCD，在下列条件下确保脱扣的 RCD：① 同 F 型；② 1000Hz 及以下的正弦交流剩余电流；③ 交流剩余电流叠加 0.4 倍 $I_{\Delta n}$ 或 10mA 平滑直流电流（两者取大值）；④ 脉动直流剩余电流叠加 0.4 倍 $I_{\Delta n}$ 或 10mA 平滑直流电流（两者取大值）；⑤ 下列整流线路产生的直流剩余电流：双极、三极和四极剩余电流装置的连接至相与相的双脉冲桥式整流电路；三极和四极剩余电流装置的三脉冲星形连接或六脉冲桥式连接整流电路；⑥ 平滑直流剩余电流。标志符号为：☐ ☐ ☐。

（5）动作时间的标准值。

1）无延时 RCD 对于交流剩余电流的最大分断时间标准值（用于 AC 型）见表 9.4-7。

表 9.4-7　无延时 RCD 对于交流剩余电流的最大分断时间标准值（用于 AC 型）

$I_{\Delta n}$（A）	最大分断时间标准值（s）			
	$I_{\Delta n}$	$2I_{\Delta n}$	$5I_{\Delta n}$	$>5I_{\Delta n}$
任何值	0.3	0.15	0.04	0.04

注　$I_{\Delta n} \leqslant 0.03$A 的 RCD，用 0.25A 代替 $5I_{\Delta n}$。

2）无延时 RCD 对于半波脉动直流剩余电流的最大分断时间标准值（用于 A 型）见表 9.4-8。

表 9.4-8　无延时 RCD 对于半波脉动直流剩余电流的最大分断时间标准值（用于 A 型）

$I_{\Delta n}$（A）	最大分断时间标准值（s）							
	$1.4I_{\Delta n}$	$2I_{\Delta n}$	$2.8I_{\Delta n}$	$4I_{\Delta n}$	$7I_{\Delta n}$	$10I_{\Delta n}$	$>7I_{\Delta n}$	$>10I_{\Delta n}$
$\leqslant 0.01$		0.3		0.15		0.04		0.04
0.03	0.3		0.15		0.04			0.04
>0.03	0.3		0.15		0.04		0.04	

注　$I_{\Delta n} = 0.03$A 的 RCD，用 0.35A 代替 $7I_{\Delta n}$；$I_{\Delta n} \leqslant 0.01$A 的 RCD，用 0.5A 代替 $10I_{\Delta n}$。

3）无延时 RCD 对整流线路产生的直流剩余电流或平滑直流剩余电流的最大分断时间标准值（用于 B 型）见表 9.4−9。

表 9.4−9　　　　无延时 RCD 对整流线路产生的直流剩余电流或平滑直流剩余电流的最大分断时间标准值（用于 B 型）

$I_{\Delta n}$（A）	最大分断时间标准值（s）			
	$2I_{\Delta n}$	$4I_{\Delta n}$	$10I_{\Delta n}$	$>10I_{\Delta n}$
任何值	0.3	0.15	0.04	0.04

（6）不同负荷电流波形条件 RCD 的选型举例。

1）一般正弦交流条件下，选用 AC 型 RCD。

2）下列场合应选用 A 型、F 型或 B 型 RCD：① 单相半波整流设备；② 双脉冲桥式整流设备；③ 数据中心，金融、证券、科技办公场所；④ LED 照明线路。

3）下列场合应选用 B 型 RCD：① 变频器；② 太阳能光伏发电。

（7）RCD 产品和技术的新发展。

1）其他负荷用 RCD 的保护型式，如：① 电动汽车充电桩专用的 EV 型 RCD；② 防电源冲击的高抗干扰型 RCD；③ 用于音频处理领域的 Audio 型 RCD；④ 用于叠加 20kHz 及以下的正弦交流剩余电流的 B^+ 型 RCD。

2）RCD 技术的发展趋势：主要目标是提高可靠性，其次是发展多功能产品，如：① 研究、发展具有自检功能的 RCD，简称"RCD−ST"，美、欧已有这类产品；② 发展带剩余电流预报警功能的 RCD；③ 集成电弧故障保护功能，把过电流保护、剩余电流保护和电弧故障保护集成一体的保护电器；④ 集成过电压和欠电压功能的 RCD；⑤ 发展带自动重合闸功能的 RCD。

9.4.4　电弧故障保护电器主要性能

这是一种新发展的有效防止电气火灾的保护电器，最早在美国研制成功并应用，已有二十多年历史；美国称为"电弧故障断路器"（Arc Fault Circuit Interrupter，AFCI）；随后，在欧洲各国和我国先后研制了多种电弧故障保护电器（Arc Fault Detective Device，AFDD）产品。

（1）依据标准：GB/T 31143—2014《电弧故障保护电器（AFDD）的一般要求》[32]。

（2）故障电弧性质和特点：

1）电弧是一种气体游离放电的现象，电弧产生往往伴随闪光、高温、电流及电压波形的变化。

2）电弧故障可能有两种情况：一种是沿着绝缘体部分导电表面，由于绝缘体长时受热或发生偶然电火花，使绝缘体表面碳化，形成电弧通道；另一种产生于接近的两个电极。

（3）故障电弧有以下三类，见图9.4-16。

1）串联电弧：其故障电流往往小于正常负荷电流。

2）并联电弧：是属于短路电弧故障。

3）接地电弧：通常可以用剩余电流保护器（RCD）保护。

（4）AFDD分类。

1）按使用场合分：① 配电柜保护用 AFDD；② 终端线路保护用 AFDD：又包括支线/馈线用 AFDD，电缆式 AFDD 和便携式 AFDD 等。

2）按结构形式分：① 仅具有电弧故障保护的 AFDD；② 具有过电流保护、剩余电流保护和电弧故障保护的组合保护电器。

（5）AFDD主要特性：

1）交流 50Hz，额定电压不超过 240V（美国为 60Hz，120V）。

2）额定电流不超过交流 63A，优选值为：6、8、10、13、16、20、25、32、40、50、63A。

3）额定分断能力为 10 倍额定电流，但不小于 500A。

4）分断时间极限值：额定电压为 230V，试验电弧电流方均根值为 32～63A 时的最大分断时间为 0.12s。

图 9.4-16　故障电弧的类型示意

（6）AFDD 在线路防护的不可替代性。

1）由于以下各种原因可能导致电弧故障：

a. 线路绝缘老化，或者绝缘电线、电缆质量不符合要求；

b. 不规范的电气连接，施工操作粗放，或者不应有的过电流（如谐波电流），导致接线端子松动；

c. 电线、电缆受到过大的机械损伤，如振动、碰撞，导致绝缘受损；

d. 电线、电缆遭受到老鼠等啮齿动物的伤害；

e. 插座、开关等安装不当，使触头、连接处松动或接触不良。

2）发生电弧故障的电流可能不大，甚至低于线路正常工作电流，其发生的过程往往是非连续性的，呈现一种间歇性的、若隐若现的状态，甚至伴随有短暂的弧光、声响，难以被使用者或维护人员察觉；这种故障电流，过电流保护电器甚至 RCD 都无法保护；AFDD 的出现对电弧故障的防护（切断电路或报警）有着重要的作用。

（7）AFDD 产品示例。

1）目前 AFDD 在配电系统中应用很少，按防火要求，以后将会有很多应用，按照 GB/T 16895.2—2017[25]新补充的要求和新修订的 GB 50054（正在报批中），都规定了不少场所需要装设 AFDD［见本书 8.3.1 的第（10）款］。

2）以 ABB 公司的集成微型断路器（MCB）的 S-ARCI 型电弧故障保护器为例做一说明。

a. 集成 MCB 的 S-ARCI 型 AFDD 产品外形及部分功能概览见图 9.4-17。

b. 该型 AFDD 可以方便地同 MCB 或 RCBO（带 RCD 的 MCB）组合在一起，S-ARCI 是集成 MCB 的 AFDD，可实现短路、过负荷、接地故障和并联、串联电弧故障以及过电压防护；DS-ARCI 可集成 RCBO 的 AFDD，能在三个模块内实现上述防护功能。

c. 可以和 MCB（或 MCB 带 RCD）一起使用汇流排方便、快捷安装，不需要任何连接导线，安装示例见图 9.4-18，也可用电线、电缆安装；可以通过顶部或底部端子连接电源。

d. 该 AFDD 具有测试按钮，用以验证电路是否正常运行；有故障指示信号灯监示 AFDD 运行状态；设有触头状态（分、合）指示器，及时显示触头实际分合状况；还有激光打印信息，见图 9.4–17。

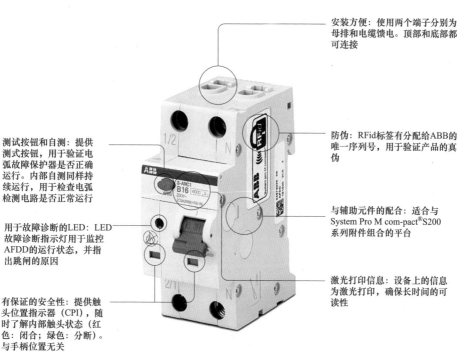

安装方便：使用两个端子分别为母排和电缆馈电。顶部和底部都可连接

测试按钮和自测：提供测试按钮，用于验证电弧故障保护器是否正确运行。内部自测同样持续运行，用于检查电弧检测电路是否正常运行

防伪：RFid标签有分配给ABB的唯一序列号，用于验证产品的真伪

用于故障诊断的LED：LED故障诊断指示灯用于监控AFDD的运行状态，并指出跳闸的原因

与辅助元件的配合：适合与System Pro M com-pact®S200系列附件组合的平台

有保证的安全性：提供触头位置指示器（CPI），随时了解内部触头状态（红色：闭合；绿色：分断）。与手柄位置无关

激光打印信息：设备上的信息为激光打印，确保长时间的可读性

图 9.4–17　ABB 集成 MCB 的 S–ARCI 型
AFDD 产品外形及部分功能概览

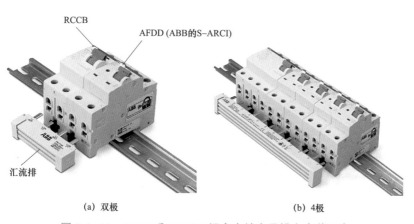

RCCB

AFDD (ABB的S–ARCI)

汇流排

(a) 双极　　　　　　　　　　　(b) 4极

图 9.4–18　AFDD 和 RCCB 组合直接在母排上安装示意

e. 主要参数：极数为 1P+N；U_n＝交流 230～240V；额定电流 6～20A；绝缘电压：交流 500V；外壳防护等级：IP2X；环境温度：−25～＋55℃；尺寸：85（H）mm×69（D）mm×35（W）mm。

9.4.5 熔断器和断路器发展历程和主要性能对比

9.4.5.1 发展历程回顾

（1）新中国成立后，在"一五""二五"期间，低压配电系统采用的保护电器，熔断器占了很大比例，断路器主要应用在主干线保护，而且都是非选择型断路器（那时从苏联引进，国内没有选择型断路器）；系统保护很不完善，越级"跳闸"，扩大停电范围常有发生。直到 1984 年，天津电器厂（105 厂）和法国梅兰日兰公司（后属施耐德公司）合资，生产 C45 型微型断路器（MCB），1986 年出产品，很快在全国推广应用，开启了终端断路器应用的新局面；随后，国产断路器的快速发展，外资企业的进入，到 20 世纪 90 年代中，断路器占据了主要地位，使用熔断器越来越少。

（2）保护电器的发展与进步：随着改革开放的步伐，通过引进、合资、研发多种渠道，上海电器科学研究所和一些企业，先后研制和引进了 ACB、MCCB、MCB 等各种断路器，特别是 DW15HH 和 DW45 等选择型断路器的研制成功，丰富了断路器品种，提高了产品水平，剩余电流动作保护电器（RCD）的研制成功，大大提高了故障防护的灵敏度；上海电器陶瓷厂引进生产了德国的 NT 型全封闭有填料高分断限流型熔断器，使我国的低压熔断器进入了崭新的阶段。这两方面的进步，改变了我国低压保护电器的面貌。时至今日，保护电器的品种、保护性能、技术指标，已完全满足配电系统应用的需求。

（3）低压电器标准的更新：改革开放后，我国制定了《中华人民共和国标准化法》，提出各行业要经过若干年努力，把我国的工业产品提高到国际先进水平。电器产品瞄准了国际电工委员会（IEC）相应标准；上海电器科学研究所发挥了引导作用，组织和编制、更新了低压断路器、熔断器、隔离开关等系列标准，等同或等效采用了 IEC 标准；标准的先进性，引领和推动了产品水平的提高，先进和高水平的低压保护电器，大大提高了低压配电系统的安全水平和可靠性。

9.4.5.2 熔断器是低压配电系统不可缺少的保护电器之一

（1）改变一种偏向：近二十多年来有一种误区，认为熔断器过时了，落后了，应用越来越少；事实上，近几十年，熔断器和断路器都有很大进步，两者各具优势，在发达国家认为在低压配电系统中，熔断器提供了一种经济而有效的保护，应用十分广泛。

（2）熔断器的优势：按 GB/T 13539.5—2013（等同采用 IEC/TR 60269-5：2010）《低压熔断器　第 5 部分：低压熔断器应用指南》[30]，熔断器的主要优点有：

1）高分断能力：如封闭有填料的限流熔断器，I_n 为 63A 的分断能力达 120kA，不需要计算短路电流来选择分断能力这项指标。

2）高限流特性，低 I^2t（焦耳积分）值：容易满足被保护线路（按载流量和机械强度选择截面积）的短路热稳定要求；有效地保护了电动机回路的启动器、接触器。

3）安全性能好：分断大短路电流，不会向壳体外释放气体、火花、电弧，达到了完全"零飞弧"，保证了配电箱、柜内邻近电器的正常运行。

4）高可靠性、免维护：没有移动部件的磨损，不受周围的尘埃、油污、腐蚀气体的污染；长期使用，甚至几十年不需要维护，保持初始的过电流保护性能；这种免维护优势，受到德、英、法等国家的青睐，在我国人工费日益高涨的未来，减少维护工作量十分重要。

5）标准化水平高：按 IEC 标准生产，全球范围内同类型产品的动作特性、I^2t 值等参数都相同，便于设计应用和熔断体的更换。

6）经济性良好：熔断体更换成本低廉，维护费少。

9.4.5.3 熔断器和断路器主要性能对比

以专业人员使用的全封闭有填料、用于配电线路保护的 gG 熔断器和断路器（选择型和非选择型）的主要性能对比列于表 9.4-10。

表 9.4－10　　熔断器（按全封闭有填料 gG）和断路器主要性能对比

技术要求	熔断器	断路器
安全性	全封闭结构，零飞弧，安全性优	大多实现了"零飞弧"，安全性好
分断能力	高，多数情况能满足要求，可免校验	对 MCCB，分断能力提供 3～8 级不同值，需计算短路电流合理选择
过电流选择性	$I_n \geqslant 16A$，上下级熔断体额定电流之比为 1.6:1 或更大，即具有选择性	选择型断路器，具有选择性；非选择型断路器，仅有局部选择性
故障防护动作灵敏度	比较容易满足动作时间要求；满足不了时，要加大导体截面	满足不了动作时间要求时，可加 RCD 作故障防护
短路保护	容易满足短路热稳定要求，不必为此加大导体截面	短路电流大的配电处引出负载电流小的线路，可能要加大导体截面
允通能量（I^2t 值）	I^2t 值小，限流特性好，有利于保护启动器等不受损和保护导体	I^2t 值较大；近年的新型产品，改善了限流能力，降低了 I^2t 值
过负荷保护	超过 I_n 的 25% 以内的过负荷无法保护，可能要加大导体截面	超过 I_{set1} 的 5% 以内的过负荷无法保护，不需要加大导体截面
设备启动的适应性（按笼型电动机直启）	用 aM 熔断器，仅要求 $I_n \geqslant 1.1I_M$	要求 $I_{set3} \geqslant (2.0～2.5) \times (5～7) I_M \approx (10～14) I_M$
三相电动机断相运转	单相熔断，导致两相运转而过电流，应有防护措施	断相运转可能性很小
维护性能	免维护，熔断时只需更换熔断体	由于触头动作磨损、尘埃等污染，需定期维护
自动化、智能化适应性	差	可实现遥控、报警、测量电参数、联动等多种功能
经济性	产品价格较低，维护费少	产品价格较高，维护费较大

注　I_n—熔断体额定电流；I_{set1}—断路器过载脱扣器额定电流；I_{set3}—断路器瞬时脱扣器额定电流；I_M—笼型电动机额定电流。

9.5　保护电器的选择

9.1 已说明配电电器选择的一般技术要求和保护电器选择的特殊技术要求（共 6 项），其中前三项已在第 5、6、7 章中做了详细分析，本章着重解析后三项要求。

9.5.1　用电设备正常工作和启动过程中不应切断电源

用电设备正常工作中，只要保护电器的额定电流（对于断路器为过载脱扣器的额定电流，对于熔断器为熔断体额定电流）大于或等于用电设备的额定电流，就可实现长时连续工作，而不会切断电源。

本节主要分析用电设备的启动状态，以下就应用最广泛而启动电流倍数比较大的笼型电动机直接启动和照明设备进行分析。

9.5.1.1　笼型电动机直接启动

（1）采用断路器：为避免瞬时脱扣器动作，应使其额定电流（I_{set3}）大于电动机启动初始时的峰值电流（包括非周期分量），此值可达启动电流周期分量有效值（方均根值）的 1.5～2.2 倍。为此，GB 50055—2011《通用用电设备配电设计规范》[33]规定，应符合下式要求

$$I_{set3} \geq （2.0～2.5）I_{st} \qquad\qquad (9.5-1)$$

式中　I_{set3}——断路器瞬时脱扣器额定电流，A；

　　　I_{st}——笼型电动机的启动电流，A。

大多数情况下，电动机启动电流为额定电流（I_M）的 5.0～7.5 倍，按式（9.5-1）确定的 I_{set3} 应为（2.0～2.5）×（5.0～7.5）$I_M \approx$（10～18.75）I_M；由于断路器的过载脱扣器额定电流 I_{set1} 往往要稍大于 I_M 值，根据经验，选择保护单台笼型电动机的断路器，其 I_{set3} 一般应为 I_{set1} 的 10～15 倍，大多在 12～14 倍。

有的电器生产企业用于电动机保护的断路器，I_{set3} 值可调的配置为 I_{set1} 的 6～15 倍，不可调的配置为 I_{set1} 的 13 倍。

（2）采用熔断器。

1）优先选择"电动机专用、部分范围分断"的 aM 熔断器[33]：aM 熔断器通常设定在熔断体额定电流（I_n）的 6.3 倍至额定分断能力范围；当电动机启动电流在 6.3 倍 I_M 或以下时，只要 I_n 值等于或大于 I_M 值即可，这样选取的 I_n 值相当小，有利于提高故障防护的灵敏性。

一般情况下，aM 熔断器的熔断体额定电流（I_n）应按式（9.5-2）选择[17]

$$I_n \geq 1.1 I_M \qquad\qquad (9.5-2)$$

式中　I_M——电动机额定电流，A。

对于重载启动的电动机,启动时间特别长(如超过8~10s)的,应比式(9.5−2)选取更大的 I_n 值。

应注意:aM 熔断器不能作为过负荷保护用,而电动机终端电路设置有热继电器作为电动机过负荷保护,该段线路不需要设置过负荷保护。

2)当选择 gG 熔断器,应按式(9.5−3)选择其 I_n 值

$$I_n \geqslant (1.5 \sim 2.3) I_M \qquad (9.5-3)$$

按式(9.5−3)选择时,对于轻载启动(启动时间为 1~3s)或启动电流倍数较低(如低于 6 倍左右)的电动机,可取较低值(如 1.5~1.8);对于重载启动或启动电流倍数较高(如 6 倍以上)的电动机,宜取较高值(如 1.8~2.3)。

(3)保护电器选择示例和对比。

例 某笼型电动机,三相 380V,额定电流 44A,轻载启动,启动电流倍数为 7,试选择不同类型的保护电器及其参数。

解:采用断路器和 aM、gG 熔断器三种方案:

方案一:采用断路器:反时限脱扣器额定电流 I_{set1} 选择 50A。

瞬时脱扣器 I_{set3}:按式(9.5−1),如系数取 2.2,则

$I_{set3}=2.2\times44\times7=677.6A$,取 700A,为 I_{set1} 的 14 倍。

方案二:采用 aM 熔断器:按式(9.5−2),$I_n=1.1\times44=48.4A$,取 50A。

方案三:采用 gG 熔断器:按式(9.5−3),如系数取 1.8,则 $I_n=1.8\times44=79.2A$,取 80A。

三种保护电器方案的参数表示在图 9.5−1 中(图中未表示启动器、热继电器)。

图 9.5−1 按电动机启动要求保护电器选择示例

方案比较:三种方案,对故障电流的要求不同,当电动机离配电变压器较近,故障电流较大,都能满足故障防护要求(见第 5 章);但当距变压器较远,则熔

断器更容易满足故障防护要求，而 aM 熔断器比 gG 熔断器更优。从故障防护要求评价：熔断器优于断路器；aM 熔断器优于 gG 熔断器。当断路器不能满足故障防护要求时，可以增加 RCD 做故障防护，熔断器则不能。所以，应采用 aM 熔断器或断路器。

9.5.1.2 照明回路

（1）各种电光源的启动特点和保护电器选择。

1）半导体发光二极管（LED）：是一种新型的电光源，至今没有生产企业提供启动特性。悉地国际（CCDI）李炳华研究员对该课题进行了研究和试验，提供了初步的、很有价值的数据，这项成果编入了他主编的《现代照明技术及设计指南》[34]之中。试验表明：启动时峰值电流大小存在不确定性，从 8 个品牌不同样本试验结果，分散性很大；鉴于电源是正弦交流，接通电源瞬间的相位角不同，其峰值电流有很大差异；为了获得峰值电流最大值，试验中运用了相位跟踪技术，得到了电压相位角为 90° 时接通的峰值电流最大，其值最大可达 LED 灯的额定电流的 30 倍，而在 0° 时接通仅为 7.3 倍。从 8 个品牌 LED 灯的试验结果，大约在 4～15.8 倍范围，启动时间多在 0.5s 以内，峰值电流时间约为 0.8～4.0ms。

采用延时启动（称为"软启动"），则试验的峰值电流仅为额定电流的 1.2 倍，启动时间约 4s，由于造价较高，很少应用。

鉴于 LED 灯启动电流峰值的复杂因素，保护电器参数选择宜适当放大，建议值为：用熔断器时，按式（9.5-4）选取；用断路器时，按式（9.5-5）选取

$$I_n \geq I_c \qquad (9.5-4)$$

$$I_{set1} \geq I_c, \quad I_{set3} \geq 15I_c \qquad (9.5-5)$$

式中 I_c——照明回路计算电流，A。

2）荧光灯（包括直管和紧凑型）：启动电流不大，启动时间不长，多在 1～3s，用熔断器应按式（9.5-6）选择，用断路器则应按式（9.5-7）选择

$$I_n \geq I_c \qquad (9.5-6)$$

$$I_{set1} \geq I_c, \quad I_{set3} \geq 5I_c \qquad (9.5-7)$$

3）热辐射光源（包括卤素灯和白炽灯）：其启动电流峰值大，可达额定电流的 10～14 倍，但启动时间很短，仅为毫秒级，对瞬时脱扣器额定电流（I_{set3}）有

很大影响；用熔断器时按式（9.5-6）选择，用断路器时则应按式（9.5-8）选择。应说明，普通照明用白炽灯将淘汰，卤素灯被限制使用范围

$$I_{set1} \geq I_c, \ I_{set3} \geq （10 \sim 12） I_c \qquad （9.5-8）$$

4）高强度气体放电灯（包括金属卤化物灯、高压钠灯、高压汞灯）：其启动电流倍数不高，但启动时间长；用熔断器时按式（9.5-4）选择，用断路器时则按式（9.5-7）选择。

（2）各种光源按启动条件选择保护电器汇总见表9.5-1。

表 9.5-1　　　　　各种光源按启动条件选择保护电器

保护电器		保护电器额定电流为光源额定电流或线路计算电流的倍数			
类型	额定电流	LED 灯	荧光灯	热辐射光源	高强度气体放电灯
断路器	反时限脱扣器额定电流（I_{set1}）	1.0	1.0	1.0	1.0
	瞬时脱扣器额定电流（I_{set3}）	15	5	10~12	5
熔断器	熔断体额定电流（I_n）	1.0	1.0	1.0	1.0

（3）关于供 LED 灯配电回路保护电器参数的对比和说明。

1）采用断路器保护：按《照明设计手册（第三版）》[35]式（4-6）和表4-6：LED 灯回路，瞬时脱扣器的整定电流 I_{set3} 值应符合：$I_{set3} \geq 5I_c$；按《工业与民用供配电设计手册（第四版）》[17]式（11.3-7）和表11.3-14要求：$I_{set3} \geq （10 \sim 12） I_c$。根据《现代照明技术及设计指南》[34]提供的试验数据，本书建议：$I_{set3} \geq 15I_c$，即式（9.5-5），将待实际应用中进一步验证。

2）采用熔断器保护：按《照明设计手册（第三版）》[35]中式（4-3）和表 4-4，熔断体额定电流 I_n 值应符合：$I_n \geq 1.1I_c$；《工业与民用供配电设计手册（第四版）》[17]中式（11.6-2）和表 11.6-20 应为：$I_n \geq 1.2I_c$ 和 $I_n \geq 1.3I_c$。根据《现代照明技术及设计指南》[34]试验数据，LED 灯直接启动时，启动电流倍数很大，但时间很短，根据熔断器特性，满足式（9.5-4）要求就可以。

9.5.2　保护电器的选择性

各级保护电器之间在故障条件下有选择性切断故障回路，缩小停电范围，减

少突然性停电，十分重要，对于主要馈电干线和连续作业要求高的重要负荷，更为必要。以下就上下级为各种类型保护电器之间的选择性进行分析。

9.5.2.1 熔断器与熔断器之间的选择性

9.4.1 第（6）款已经阐明了熔断器的选择性的条件、方法，最简单、最终的结论：就是 $I_n \geqslant 16\text{A}$ 的 gG 熔断器，只要上下级熔断体额定电流之比达到或大于1.6:1，即可保证有选择性动作。

对于熔断时间 $\geqslant 0.1\text{s}$ 的，其选择性按"时间—电流"特性验证；可以从图 9.4-4 和图 9.4-5 的曲线中得到证明；对于熔断时间 $< 0.1\text{s}$ 的，选择性通过弧前 I^2t 和熔断 I^2t 验证，可以从表 9.4-1 和表 9.4-2 的 I^2t 值证明。

9.5.2.2 上级熔断器与下级断路器之间的选择性

（1）这种配合要达到全选择性要求，应同时满足以下两个条件：

1）熔断时间 $\geqslant 0.1\text{s}$ 时，熔断器的最小弧前时间应大于断路器的最大动作时间。

2）熔断时间 $< 0.1\text{s}$ 时，其最小弧前 I^2t 值必须大于断路器在该处最大短路电流时的 I^2t 值。

（2）熔断器的 I^2t 值可从国家标准中获得，但断路器的 I^2t 值应由企业提供。

（3）以下情况，使不同条件下断路器的 I^2t 值差异很大，选择性变得非常复杂：

1）不同企业生产的断路器，相同规格的 I^2t 值相差很大。

2）相同额定电流的塑壳断路器（MCCB）比微断（MCB）的 I^2t 值大得多。

3）同一企业的 MCCB 或 MCB，相同额定电流值，其 I^2t 值随着故障电流增加而加大。

（4）结论：根据以上分析，得出以下意见：

1）熔断时间 $\geqslant 0.1\text{s}$，即故障电流倍数（指预期故障电流为熔断体额定电流的倍数，下同）较小时，可实现选择性；熔断时间 $< 0.1\text{s}$，即故障电流倍数较大时，较难以实现选择性。

2）下级断路器为 MCCB 时，难以实现选择性，为 MCB 时，其 I^2t 值较小，有可能实现选择性；新型 MCCB 产品，限流特性越好，越有可能具有选择性。

3）上级熔断器与终端配电箱内的 MCB 微型断路器（额定电流为 16～25A）

之间有可能实现部分选择性。

（5）为了论证上述结论意见，以 ABB 公司提供的 I^2t 曲线同上级熔断器的 I^2t 曲线的选择性配合进行分析：

1）S800 高分断型 MCB 的 I^2t 曲线同上级 gG 刀型触头熔断器（NH 系列）的 I^2t 曲线的选择性配合列于图 9.5-2～图 9.5-4。

2）以图 9.5-2 为例说明如下：左边 6 条曲线，为上级 NH 熔断器 63～200A 的最小弧前 I^2t 值；图中 13～125A 和 10～100A 各 6 条曲线是负荷侧的 S800 S 型 MCB（脱扣形式为 B、C、D、K）的最大允通能量（I^2t）曲线。

3）设上级为 80A NH 熔断器 [图 9.5-2 中标示①] 和下级为 20A S800 S 型 MCB [图 9.5-2 中标示②] 配合时，当预期短路电流 I_k 小于 5kA 时，上级熔断器的最小弧前 I^2t 大于下级 MCB 的最大 I^2t 值，则具有选择性；当 $I_k>5$kA 时，则反之，而没有选择性。

4）S200S、S200M、S200P 型 MCB（脱扣形式分别为 B、C 和 D、K）的 I^2t 曲线同 gG 型 NH 熔断器的 I^2t 曲线的选择性配合，见图 9.5-5，其选择型配合原理相同，不重述。

9.5.2.3 上级断路器与下级熔断器之间的选择性

（1）要达到全选择性要求，应同时满足以下两个条件：

1）熔断时间≥0.1s 时，断路器的最小脱扣时间应大于熔断器的最大熔断时间。

2）熔断时间<0.1s 时，断路器的最小脱扣 I^2t 值（在该处短路电流时）应大于熔断器的熔断 I^2t 值。

（2）要满足第 1）项条件几乎是不大可能；除非是预期故障电流较小，小于上级断路器的瞬时脱扣器额定电流（I_{set3}），断路器不动作，而下级熔断器能在规定条件下熔断，可实现选择性。

（3）满足第 2）项条件是可能的；但熔断器额定电流（I_n）应比上级断路器反时限脱扣器额定电流（I_{set1}）小得多，产生的故障电流使熔断器的限流作用，上级断路器免于动作。

（4）结论：这种配合只有局部选择性，而且设计中难以计算和把控，因此不建议采用。但有的断路器生产企业能提供经过验证的与熔断器间的选择性配合表可以应用。

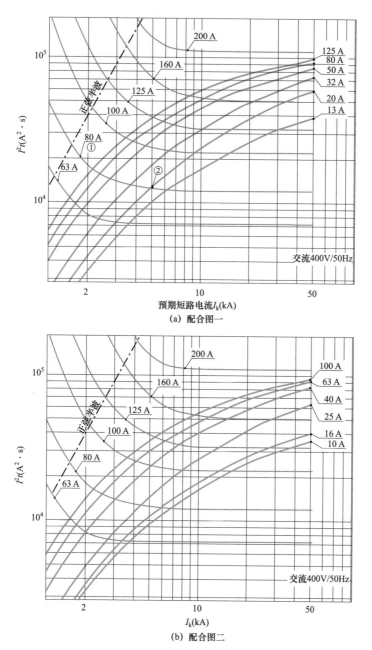

图 9.5-2　**S800S 型 MCB 的 I^2t 曲线同上级 gG 型**
NH 熔断器选择性配合图

9　低压电器选择

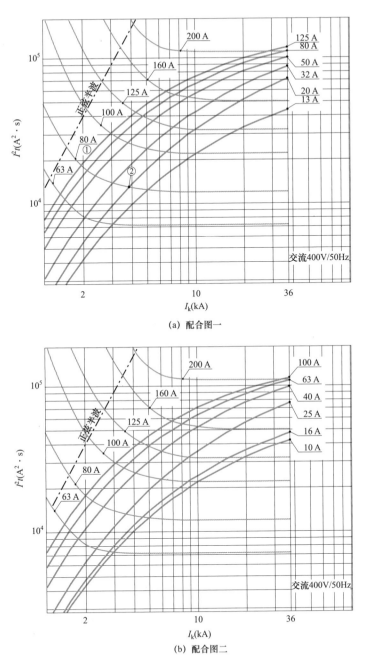

(a) 配合图一

(b) 配合图二

图 9.5-3 S800N 型 MCB 的 I^2t 曲线同上级 gG 型
NH 熔断器选择性配合图

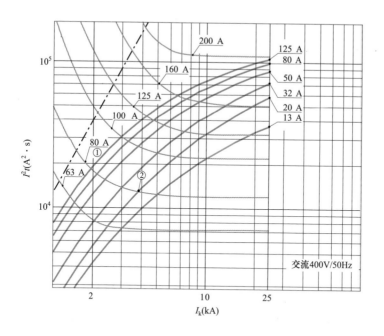

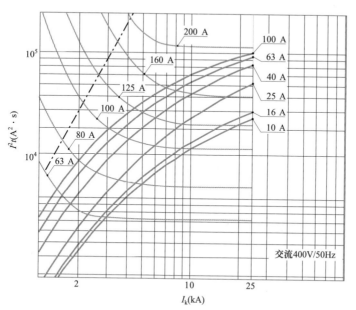

图 9.5-4 **S800 C 型 MCB 的 I^2t 曲线同上级 gG 型 NH 熔断器选择性配合图**

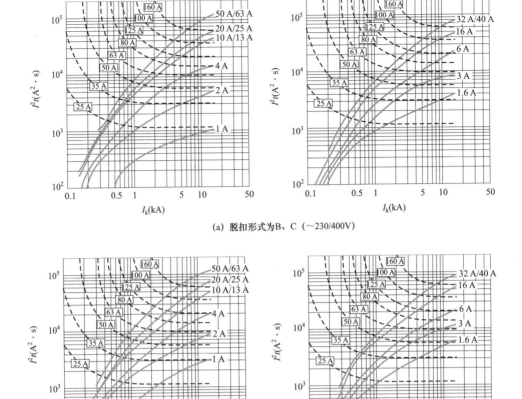

图 9.5-5　S-200、S-200S、S-200M、S-200P 型 MCB 的 I^2t 曲线
同 NH 熔断器选择性配合图

9.5.2.4　上下级均选用非选择型断路器的选择性

（1）选择性分析：上下级均为两段保护的非选择型断路器，设定其瞬时脱扣电流（I_{set3}）均为其反时限脱扣电流（I_{set1}）的 10 倍，如图 9.5-6 所示。当下级线路（L2）某处发生故障（短路或接地故障），故障电流为 I_d，按可能出现以下情况，分析其选择性。

1）$I_d < 1.3I_{set3.2}$：QF1 不动作，QF2 不能保证可靠动作，不符合故障防护要求，是不允许的。

2）$I_d > I_{set3.1}$：QF1 和 QF2 都瞬时脱扣，没有选择性；故障点离变电站越近，

I_d 值越大，这种无选择性的概率越大。

3）$I_{set3.1} > I_d > 1.3 I_{set3.2}$：则 QF2 脱扣，QF1 不脱扣，这个范围有选择性，可称之为"局部选择性"，此范围的大小取决于 QF1 和 QF2 额定电流差的大小。

1）～3）情况显示在图 9.5-7 中。

图 9.5-6　上下级为非选择型断路器电路示意图

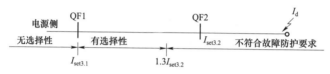

图 9.5-7　上下级为非选择型断路器选择性分析

4）当上级 QF1 的 $I_{set3.1}$ 比下级 $I_{set3.2}$ 大很多，且 I_d 值比 $I_{set3.2}$ 大得多，QF2 具有良好的限流特性，在 1/4 周波以下快速分断，其 I^2t 值很小，而保证了 QF1 不切断，这就是"能量选择性"。

（2）提高选择性的对策和措施：

1）尽量少采用两级或三级非选择型断路器，特别在馈电线首端，在离变电站较近的配电箱、屏处，以及供电连续性要求高的情况下不应采用。

2）加大上级断路器的额定电流，如图 9.5-2 中的 $I_{set1.1}$，及相应的 $I_{set3.1}$ 可以扩大选择性范围，但需要相应加大被保护线路的截面积。

3）选用两级甚至三级选择性断路器：当今的塑壳断路器（MCCB），配置电子脱扣器，可以有短延时和接地故障等 4 段保护功能，成为选择型断路器；其尺寸紧凑、方便在配电箱内装设，其壳架额定电流范围广，不仅有 630～1600A 等级，也有 400、250A，甚至 160A（如 Tmax XT 型和 NDM3 型 MCCB），可供选择。

4）选用先进的断路器（MCCB），具有现代化的手段，如设计了双旋转触头系统（双断点）的断路器，具有良好的限流特性，达到了选择性，高分断的完美配合：

a. 施耐德的 compact NSX 型 MCCB，上下级额定电流比达到 2.5:1，即具有较好的选择性，如 630A-250A-100A 之间。而且 NSX-100A 还可以同 $I_n \le 40A$

的 MCB（施耐德的 Multi 9）实现选择性配合。

b. 西门子的 3VA2 型 MCCB，上下级额定电流比为 2.5:1，即保证了全选择性动作。

以上各新型断路器，已经模糊了选择型和非选择型的概念；标准定义的选择型断路器，是带短延时脱扣器实现，是时间选择性，而以上的新型断路器则是依靠"能量选择性"实施的。

应该注意到，2.5:1 的要求，有可能加大线路导体截面积。

5）选用带选择性小型断路器（SMCB），9.4.2 第（6）款已简述了其性能；如 ABB 的 S750 DR 型 SMCB，额定电流达 100A，创新的双灭弧室，高限流，低 I^2t 值，又如江苏法泰电气公司研制生产的 SMCB，额定电流达 100A，都可以用于对终端配电箱的 MCB（额定电流不超过 40A）的全选择性。

9.5.2.5 选择型断路器与下级非选择型断路器的选择性

（1）选择性分析：上级采用选择型断路器，其特性就提供了良好选择性的条件，但是必须正确整定其参数，特别是短延时脱扣器整定电流（I_{set2}）和延时时间（t_2）。

（2）参数的确定：上级选择型断路器 QF1 和下级非选择型断路器 QF2 表示在图 9.5-8 中，图中 QF1 的反时限、定时限（短延时）和瞬时脱扣器的整定电流分别为 $I_{set1.1}$、$I_{set2.1}$、$I_{set3.1}$，QF2 的反时限和瞬时脱扣器的整定电流分别为 $I_{set1.2}$、$I_{set3.2}$，各项整定电流要求如下：

图 9.5-8　上下级断路器选择性示意图

1）$I_{set1.1}$ 和 $I_{set1.2}$，应按过负荷保护要求大于或等于被保护线路（L1、L2）的计算电流，见第 7 章。

2）$I_{set2.1}$ 的确定：$I_{set2.1}$ 与 $I_{set3.2}$ 的关系应符合式（9.5-9）要求

$$I_{set2.1} \geqslant 1.3 I_{set3.2} \tag{9.5-9}$$

式中 1.3 倍是考虑脱扣器动作误差，保证完全选择性的必要条件。

3）$I_{set3.1}$ 的确定：为了在 L2 线路发生故障时，不会导致上级 QF1 的瞬时脱扣器动作而破坏选择性，宜使 $I_{set3.1}$ 取值大于下级 QF2 出线端的故障电流。

（3）采用区域选择性连锁（ZSI）方式：上级采用有通信接口的智能断路器（也是带短延时的选择型），与下级多个回路的断路器之间实现高速通信，其连接线路图表示在图 9.5–9 中。

当故障发生在下级断路器的后端（如图 9.5–9 中的 A 处），则 QF1 和 QF21 都接收到故障信号，此时 QF1 闭锁或短延时，QF21 瞬时切断；若故障发生在下级断路器前端（如图 9.5–9 中 B 处，这种情况较少发生），则仅有 QF1 收到信号，则 QF1 切断。

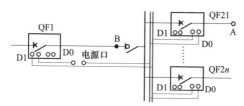

图 9.5–9　区域选择性连锁连接线路示意图

ZSI 方式应用很少，原因是上级还需要带短延时的选择型断路器，并且要增加不少通信线路；只不过对电流、时间参数的整定可以降低要求。

9.5.2.6　选择型断路器与熔断器的选择性

这种配合可以实现完全选择性，但对各个参数的取值要求很严格，其系统示意图见图 9.5–10。图 9.5–10 中上级选择型断路器 QF 的反时限、定时限（短延时）和瞬时脱扣器整定电流为 I_{set1}、I_{set2}、I_{set3}，短延时时间为 t_2；下级熔断器 FU 的熔断体额定电流为 I_n。

图 9.5–10　选择型断路器与熔断器选择性示意图

（1）I_n 值不宜太大，根据经验，I_n 宜小于 I_{set1} 的 1/4～1/3，选择性配合比较容易达到。

（2）I_{set2} 和 t_2 的确定：这两个取值是实现选择性的关键：当下级熔断器保护的线路（L2）发生的短路电流（I_k）的最大值，小于 I_{set2} 时，熔断器切断，上级断路器的短延时不会动作；当 $I_k \geq I_{set2}$ 时，应保证 FU 的熔断时间小于 t_2，最好小 0.1～0.15s，使 FU 先熔断，而短延时脱扣器不会动作，实现了选择性。

要达到上述要求，太费时费事，需要计算出最大短路电流（I_k）值，再求出该 I_k 值时熔断器的熔断电流值，同 t_2 比较；显然工程设计中难以实现，为此，本书把这个课题解析出来并编制成表，在确定的熔断体额定电流 I_n 值和设定的 t_2 值后，计算出 I_{set2} 为 I_n 的倍数的最小值，当实际 I_{set2}/I_n 的倍数等于或大于表中最小倍数时，就保证了选择性。

选择型断路器与熔断器选择性要求的 $\dfrac{I_{set2}}{I_n}$ 的最小倍数列于表 9.5-2。

（3）I_{set3} 的确定：

1）选取的 I_{set3} 值大于下级线路（L2）的最大短路电流 I_k 值（见图 9.5-8），不会因上级瞬时脱扣而失去选择性。

2）当 I_{set3} 小于最大的 I_k 值时，应做到：该 I_k 值使下级熔断器的熔断时间小于 0.1s，利用熔断器的限流特性和低 I^2t 值，保证熔断器快速熔断，而上级瞬时脱扣器不动作。要达到这个要求，根据计算，粗略说，应使 I_{set3} 值大于 I_n 值的 30~45 倍；精细要求，应使 I_{set3} 大于按表 9.5-2 确定的 I_{set2} 值的 2.0~2.5 倍。

表 9.5-2　　选择型断路器与熔断器选择性要求的 $\dfrac{I_{set2}}{I_n}$ 的最小倍数

t_2（s）	当 I_n 为下列值时，$\dfrac{I_{set2}}{I_n}$ 的最小倍数							
	100A	125A	160A	200A	250A	315A	400A	500A
0.2	16	17	18	19	19	20	21	22
0.3	15	16	16	17	17	18	19	20
0.4	13	14	14	15	15	16	17	18

9.5.2.7　两级或三级选择型断路器的选择性

在配电系统图 9.5-11 中，变压器出线处总断路器（QF1）和主馈电线保护断路器（QF2）应采用选择型，其短延时和瞬时脱扣器整定电流（$I_{set2.1}$、$I_{set3.1}$、$I_{set2.2}$、$I_{set3.2}$）和短延时时间（t_{21}、t_{22}）要求如下。

图 9.5-11　两级或三级选择型断路器的配电系统示意图

（1）电流选择性：应符合式（9.5-10）要求

$$I_{\text{set2.1}} \geqslant 1.3 I_{\text{set2.2}} \tag{9.5-10}$$

（2）时间选择性：QF1 的短延时时间 t_{21} 应大于 QF2 的 t_{22}，至少大 0.1～0.15s，并应同时满足电流选择性和时间选择性要求。

如果在 QF2 的下级还设置了选择型断路器（如图 9.5-11 中的 QF3），则 QF3 和 QF2 之间的电流选择性和时间选择性要求同上。

变压器出线处的断路器 QF1 和主干线的 QF2 装在同一组低压配电柜中，其间距很小，QF1 宜将设瞬时脱扣器闭锁。

9.5.2.8　上下级选择性动作示例

例　某配电系统如图 9.5-12 所示，已确定配电箱 PD2 的断路器 QF2 和熔断器 FU2 的整定电流值标识在图中，按选择性要求确定上级选择型断路器 QF1 的短延时整定电流 $I_{\text{set2.1}}$ 和瞬时整定电流 $I_{\text{set3.1}}$ 值。QF1 的 t_2 为 0.3s。

图 9.5-12　配电系统选择性动作示例图

解：（1）确定 $I_{\text{set2.1}}$：

1）按与下级 QF2 的选择性要求：依据式（9.5-9），$I_{\text{set2.1}} \geqslant 1.3 I_{\text{set3.2}}$，即 $I_{\text{set2.1}} \geqslant 1.3 \times 4000 = 5200$（A）。

2）按与下级 FU2 的选择性要求：依据表 9.5-2，$\dfrac{I_{\text{set2}}}{I_{\text{n}}} \geqslant 18$（$t_2 = 0.3$s 时），则 $I_{\text{set2.1}} \geqslant 18 I_{\text{n}} = 18 \times 315 = 5670$（A）。

3）$I_{\text{set2.1}}$ 按以上两项要求，可取 6000A。

（2）确定 $I_{\text{set3.1}}$：

1）不小于 I_{n} 的 30～45 倍，即（30～45）$\times 315 = 9450$～14 175（A）。

2）不小于 $I_{\text{set2.1}}$ 的 2.0～2.5 倍，即（2.0～2.5）$\times 6000 = 12\ 000$～15 000（A）。

3）宜大于下级出线端的短路电流，即大于 13 500A。

4）综合以上要求，$I_{\text{set3.1}}$ 宜取 15 000A。

9.5.2.9　选择性保护推荐方案

为了实现配电系统各级保护电器之间有良好的选择性动作，推荐几种保护电器选用的方案列于表 9.5-3 中。通常第 2 级采用选择型断路器时，宜选用有选择型 MCCB。

表 9.5-3 按 4 级保护电器（从变电站低压配电柜引出馈线起）的放射式系统编制，也可用于树干式和放射式混合的系统，见图 9.5-13。如为 3 级，可按电流大小，减去第 2 级或第 3 级，如为 2 级，可减去 2、3 级或 1、3 级。

表 9.5-3　　　　　　　　　　　保护电器选择性动作推荐方案

编号	变电站低压配电柜 引出馈线首级	第 2 级	第 3 级	第 4 级（终端配电箱引出线）
1	SCB $I_n > 630A$	gG $I_n \leqslant 500A$	gG $I_n \leqslant 315A$	
2	SCB $I_n > 630A$	SCB $I_n \geqslant 400A$	gG $I_n \leqslant 250A$	
3	gG $I_n \leqslant 500A$	gG $I_n \leqslant 315A$	gG $I_n \leqslant 200A$	
4	SCB $I_n > 630A$	SCB $I_n \leqslant 250A$	SMCB $I_n \leqslant 100A$	MCCB aM MCB RCBO （见图 9.5-14）
5	SCB $I_n > 630A$	gG $I_n \leqslant 500A$	SMCB $I_n \leqslant 100A$	
6	SCB $I_n > 630A$	SCB $I_n \leqslant 250A$	MCCB $I_n \leqslant 200A$	
7	gG $I_n \leqslant 500A$	gG $I_n \leqslant 315A$	SMCB $I_n \leqslant 125A$	
8	SMCCB $I_n \leqslant 630A$	SMCCB $I_n \leqslant 250A$	SMCB $I_n \leqslant 100A$	

注　1. SCB—选择型断路器（ACB 或 MCCB，如 Tmax XT 和 NDM3 型 MCCB）；SMCCB—具有选择性功能的塑壳断路器（如 NSX、3VA2）；gG—一般用途（配电线路用）全范围分断的熔断器；aM—部分范围分断电动机专用熔断器；MCCB—塑壳断路器（非选择型）；MCB—微型断路器；SMCB—带选择性小型断路器；RCBO—家用带剩余电流保护的断路器；I_n—断路器、熔断器额定电流。

2. 表中保护电器的额定电流（I_n）值，仅做参考。

终端配电箱给用电设备配电的线路的保护电器选择示例见图 9.5-14。

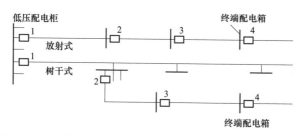

图 9.5-13　配电系统（放射式或混合式）保护电器示意图
——□——表示保护电器

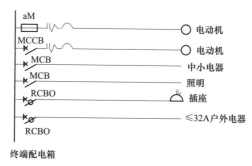

图 9.5-14　终端配电箱保护电器示例

9.5.3　保护电器的通断能力

9.5.3.1　基本技术要求

（1）保护电器应在电路故障（包括短路和接地故障）时能按规定条件自动切断电源，同时保护电器自身必须具备分断可能出现的最大故障电流的能力；对于断路器还应具备必要的接通能力。

（2）最大故障电流的取值：应取保护电器安装处出线端的故障电流。

1）为计算方便，可取保护电器进线端，即配电箱、柜母线的故障电流代替，其间仅相差保护电器自身阻抗值，通常可忽略不计。

2）一般情况，取该处的三相短路值作为最大故障电流值。因为离开配电变压器一定距离，三相短路电流大于接地故障电流；但在变压器低压侧近端，接地故障电流可能稍大于短路电流；为简单方便，通常就以三相短路电流作为计算依据。

（3）当短路处附近所接电动机额定电流之和超过该处短路电流的 1%时，应计入电动机可能供给反馈电流值；其值可按电动机额定电流乘以启动倍数计入。

以下分别就熔断器和断路器校验通断能力，并举例说明如何选择保护电器的分断能力。

9.5.3.2 熔断器的分断能力

（1）熔断器没有接通电路功能，更不具备接通能力，只校验分断能力。

（2）专职人员使用的 gG 熔断器的分断能力见表 9.5-4，非熟练人员使用的 gG 熔断器的分断能力见表 9.5-5。

表 9.5-4　　　　　　　　专职人员使用的 gG 熔断器的分断能力

类型	额定电压 U_n（V）	电流 I_n（A）	分断能力（kA）	依据标准或生产企业
刀型触头熔断器（NH 系统）	～690	≤1250	不小于 50	GB/T 13539.2—2015
	～690，～500	4～1600	120	上海电器陶瓷厂 NT 型
				库柏西安熔断器公司　RT 型
	～690，～500	4～1600	100	苏州南光电器厂　NRT 型
				浙江茗熔集团　RS 型
螺栓连接熔断器（BS 系统）	～690	≤1250	不小于 80	GB/T 13539.2—2015
圆筒形帽熔断器（NF 系统）	～500	≤125	100	GB/T 13539.2—2015

（3）aM 熔断体的分断能力，国家标准和 IEC 标准均没有规定。西门子的 HRC 型 aM 熔断体，交流 400～690V，2～1250A 的分断能力为 120kA；美国 Bussmann 公司的 NH 型 aM 熔断体，交流 690V，6～500A 的分断能力为 120kA；德国 JEAN MÜLLER 公司的 NH 型 aM 熔断体，交流 500V，2～1250A 的分断能力为 120kA。

类型	额定电压 U_n（V）	电流 I_n（A）	分断能力（kA）	依据标准
D 型熔断器（旋入式、插入式）	～500	≤100	不小于 50	GB/T 13539.3—2017
NF 圆管式熔断器	～400	≤63	不小于 20	
	～230	≤16	不小于 6	
BS 圆管式熔断器	～400	≤100	不小于 31.5	
	～230	≤45	不小于 16	
用于插头的 BS 圆管式熔断器	～240	≤13	6	

9.5.3.3 断路器的分断能力

（1）差异化的特点：不同生产企业、不同类型的断路器的分断能力，都不相同，这同断路器的分断原理、触头结构形式、灭弧系统结构有密切关系；国家标准没有规定。现今的断路器，同一型号还提供多种不同大小的分断能力，少则二三种，多达七八种，并以生产企业自定的特定字母或外壳某处颜色以标志，来满足工程设计和用户的需要；在满足需要的条件下更经济、合理地选择适当的参数。

（2）接通能力的校验：断路器的接通能力（I_{cm}）和分断能力的比值，在交流电路中按功率因数不同而变化，当分断能力在 20kA 以上时，该比值为 2.1～2.2。一般产品，生产厂家给出的接通能力多为分断能力的 2.1～2.2 倍。工程设计中只需要选定或校验其分断能力即可，不必再校验接通能力了。

（3）为方便设计应用，编制了部分企业常用的断路器按塑壳式（MCCB）、万能式（ACB）和微断（MCB）的分断能力值分别列于表 9.5－6、表 9.5－7 和表 9.5－8 中。

（4）I_{cu} 和 I_{cs} 的应用：一般情况下，可以按 I_{cu} 值大于最大短路电流选择；对于重要负荷和线路，供电连续性要求很高，宜按 I_{cs} 值大于最大短路电流选择。

表 9.5-6　　　　塑壳断路器（MCCB）的分断能力（部分产品）

生产企业名称	型号	壳架额定电流 I_{nm}（A）	交流电压 380～415V 时的分断能力（kA）[①]		
			代号	I_{cu}	I_{cs}
ABB（中国）有限公司	Tmax XT1（电磁式）	160	B	18	100% I_{cu}
			C	25	
			N	36	
			S	50	
	Tmax XT3（电磁式）	250	N	36	75% I_{cu}
			S	50	50% I_{cu}
	Tmax XT2（电磁式或电子式）	160	N	36	100% I_{cu}
			S	50	
			H	70	
	Tmax XT4（电磁式或电子式）	250	L	120	
			V	150	
			X	200（XT2 不适用）	
	Tmax XT5（电磁式或电子式）（新一代产品）	400、630	N	36	100% I_{cu}
			S	50	
			H	70	
			L	120	
			V	200	
			X	200	
	Tmax XT6（电磁式或电子式）（新一代产品）	800、1000	N	36	100% I_{cu}
			S	50	
			H	70	
	Tmax XT7、XT7M（电磁式或电子式）（新一代产品）	800、1000、1250、1600	S	50	100% I_{cu}
			H	70	
			L	120	
上海良信电器股份有限公司	NDM3-63	63	L	36	36
			M	55	40
	NDM3-100	100	C	40	30
	NDM3-125	125	L	50	40
			M	70	50
			H	100	70
	NDM3-160	160	C	35	25
			L	50	40
			M	70	50

生产企业名称	型号	壳架额定电流 I_{nm}（A）	交流电压 380～415V 时的分断能力（kA）[①]		
			代号	I_{cu}	I_{cs}
上海良信电器股份有限公司	NDM3-250	250	C	35	25
			L	50	40
			M	70	50
			H	100	70
	NDM3-400 NDM3-630	400 630	C	35	35
			L	50	50
			M	70	70
			H	100	75
	NDM3-800	800	M	70	70
			H	100	75
	NDM3-1600	1600	M	70	50
	NDM3（4 极）	63		55	40
		100		40	30
		125，160，250		70	50
		400，630，800		70	70
罗格朗低压电器（无锡）有限公司	DPX3	160		16、25、36、50 共 4 级	100% I_{cu}
		250		25、36、50、70 共 4 级	
		630，1600		36、50、70、100 共 4 级	
西门子	3VA1	100	B	16	100% I_{cu}
		100，160	N	25	
		100，160，250	S	36	
		160，250	M	55	
			H	70	
	3VA2	100，160，250，400，630	M	55	100% I_{cu}
			H	70	
			C	110	
			L	150	
施耐德电器（中国）有限公司	NSX	100，160，250，400，630	F	36	100% I_{cu}
			N	50	
			H	70	
			S	100	
			L	150	

生产企业名称	型号	壳架额定电流 I_{nm}（A）	交流电压 380～415V 时的分断能力（kA）①		
			代号	I_{cu}	I_{cs}
常熟电器制造有限公司	CM5	63	L	35	100% I_{cu}
			M	50	
			H	85	
		125，160，250，400，630	L	50	
			M	85	
			H	100	
			S	150	
	CM5Z	125，160，250，400，630，1600	L	50	100% I_{cu}
			M	85	
			H	100	
		125～630	S	150	

① 部分产品为交流电压 230/440V 的分断能力。

表 9.5−7　　　万能式断路器（ACB）的分断能力（部分产品）

生产企业名称	型号	壳架额定电流 I_{nm}（A）	交流电压 380～415V 时的分断能力（kA）		
			代号	I_{cu}	I_{cs}
ABB（中国）有限公司	Emax 2	1600	B	42	42
			C	50	50
			N	66	66
		2500	B	42	42
			N	66	66
			S	85	85
			H	100	100
		4000	N	66	66
			S	85	85
			H	100	100
			V	150	150
		6300	H	100	100
			V	150	150
			X	200	200
上海良信电器股份有限公司	NDW3	1600		66	55
		2500	S	66	66
			H	85	85

生产企业名称	型号	壳架额定电流 I_{nm}（A）	交流电压 380～415V 时的分断能力（kA）		
			代号	I_{cu}	I_{cs}
上海良信电器股份有限公司	NDW3	4000	S	85	85
			H	100	100
		6300	S	120	120
			H	135	135
罗格朗低压电器（无锡）有限公司	DMX3	1600		42	100% I_{cu}
				50	
		2500，4000	N	50	
			H	65	
		2500，4000，6300	L	100	
施耐德电器（中国）有限公司	MT N1	630～1600	N1	50	100% I_{cu}
	MT08～MT40	800，1000，1200，1600，2000，2500，3200，4000	N2	50	
			H1	65	
			H1b	85	
			H2	100	
			H3	150	
			L1	150	
	MT40b	4000	H3	150	
	MT50	5000	H1	100	
	MT63	6300	H2	150	
常熟电器制造有限公司	CW3	1600		65	55
		2500	M	65	100% I_{cu}
			H	85	
		4000	M	85	
			H	100	
		6300	M	120	
			H	135	
		7400		150	

表 9.5－8　　　　微型断路器（MCB）的分断能力（部分产品）

生产企业名称	型号		壳架额定电流 I_{nm}（A）	交流电压 240/415V 时的分断能力（kA）	
				I_{cu}	I_{cs}
上海良信电器股份有限公司	NDB1－63，NDB1T－63		63	6	6
	NDB1－125		125	10	7.5
	NDB1 LE－40	电子式 RCBO（MCB+RCD）	40（1P+N）	6	6
	NDB1 LE－100		100	10	7.5
	NDB2－63，NDB2T－63		63	10	7.5
	NDB2－63K		63（1P+N）	6	6
	NDB2 LE－63	电子式 RCBO	63	10	7.5
	NDB2 LE－40		40（1P+N）	6	6
	NDB2 LE－25		25（1P+N）	6	6
	NDB2 LM－63	电磁式 RCBO	63	10	7.5
	NDB2 LM－40		40（1P+N）	10	7.5
	NDB6－125		125	15	7.5
ABB（中国）有限公司	S 200		63	10	75% I_{cu}
	S 200 M		63	15	≤40A：75% I_{cu} 50、60A：50% I_{cu}
	S 200 P	63	≤25	25	75% I_{cu}
			32～63	15	50% I_{cu}
	S 800 C		125	25	18
	S 800 N		125	36	30
	S 800 S		125	50	40
	GS 201	电子式 RCBO	63	6	6
	GS 201 M		63	10	7.5
	DS－201 L	电磁式 RCBO	40	4.5	4.5
	DS－201		40	6	6
	DS－201 M		40	10	7.5
	S 750 DR（SMCB）		16～63，80～100	25（I_{cn}）	
罗格朗低压电器（无锡）有限公司	DX3		63	6，10，15，25	
			125	10，15，25，50	
施耐德电器（中国）有限公司	iC65N		63	10	75% I_{cu}
	iC65H		63	15	50% I_{cu}
	iC65L	63	6～25	25	50% I_{cu}
			32，40	20	
			50，63	15	

9.5.3.4　按短路电流选择保护电器的分断能力

工作步骤：

（1）确定配电系统接线，统计负荷，求出各线路的计算电流；

（2）确定各保护电器类型、额定电流和线路导线类型和截面积、长度；

（3）计算各配电箱、柜处的短路电流：从表 6.5-1～表 6.5-27 中可以直接（或经截面积转换）查出任一点的短路电流值，进行必要的修正而不需要计算；

（4）根据该点的短路电流可以选择断路器或熔断器的分断能力等级。

例　某配电系统见图 9.5-15，已确定的断路器（QF）及其额定电流、熔断器（FU）及其额定电流，线路导体（铜芯交联聚乙烯线）截面积及长度，均标示在图中，线路导体截面积省略了 N 和 PE 导体，试选择各台断路器和熔断器的分断能力。

解：第一步：计算出各配电箱、柜处的短路电流（用查表法），分别用配电箱、屏编号为标志，其值如下（注：选择分断能力时，按查表 6.5-1～表 6.5-27 得出的短路电流值均乘以 1.1 的系数）。

（1）PD0 处：查表 6.5-8，得 $42.2 \times 1.1 = 46.42$（kA），该母线接有 3 台 90kW 电动机，其额定电流之和为 $172 \times 3 = 516$（A），超过 46.42kA 的 1%，应计入其反馈电流，按启动电流之和 $1155 \times 3 = 3465$（A）计，应为 $46.42 + \dfrac{3465}{1000} = 49.885$（kA）。

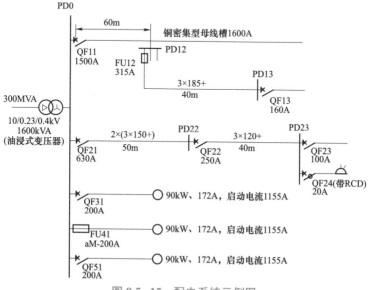

图 9.5-15　配电系统示例图

（2）PD12 处：距 PD0 的铜母线 60m（母线分支点到 PD12 的距离忽略不计），查表 6.5-25 得 29.7×1.1=32.67（kA）。

（3）PD13 处：先将铜母线等效折算到 3×185 铜绝缘线的长度，查表 6.5-28，此折算系数为 0.42，则 PD13 至 PD0 的等效长度为 60×0.42+40=65.2（m）；查表 6.5-8 得 17.5×1.1=19.25（kA）（注：17.5kA 是用 60m 和 80m 之间内插法求得）。

（4）PD22 处：查表 6.5-8，得 26.8×1.1=29.48（kA）。

（5）PD23 处：PD0～PD23 的折算长度为 $50 \times \dfrac{120}{2 \times 150} + 40 = 60$（m）。

查表 6.5-8，得 15.3×1.1=16.83（kA）。

第二步：将以上获得的数据列入各配电箱、柜处短路电流计算值，并列出应选取的保护电器分断能力，见表 9.5-9。工程设计中不必编列该表，也可标注在配电系统图（或草图）上。再按短路电流值选择断路器的分断能力等级（见表 9.5-9）。

应指出：对于熔断器，采用熟练人员使用的熔断器，不论何种类型（刀型触头、圆筒形帽）的"gG"熔断器（见表 9.5-4）和"aM"熔断器，其分断能力多在 80～120kA，远高于表 9.5-9 中 FU12 和 FU41 所要求，就是 2500kVA 的配电变压器的低压配电柜馈线装设的熔断器，其分断能力也绰绰有余，所以可免于校验。

表 9.5-9　　各配电箱、柜处的短路电流计算值及保护电器的分断能力

配电箱、柜号（见图 9.5-10）	短路电流计算值（kA）	保护电器		说明
		编号	应选取的分断能力（kA）	
PD0	49.885	QF11	60～70	宜用选择型 ACB
		QF21	60～70	MCCB（选择型或能量选择功能）
		QF31，QF51	60～70	MCCB 电动机保护型
		FU41	60～70	aM
PD12	32.67	FU12	50	gG
PD13	19.25	QF13	25～30	MCCB
PD22	29.48	QF22	35～50	MCCB
PD23	16.83	QF23	20～25	MCCB
		QF24	20～25	RCBO（带 RCD 的 MCB）

从图 9.5-15 示例中，终端配电箱 PD23 接出供插座回路的保护电器 QF24 为

带 RCD 的 MCB（20A），要求分断能力不小于 20kA，而一般带 RCD 的 MCB 的分断能力多为 6~10kA，满足不了要求，工程设计中务必特别注意；应运用表 6.5-1~表 6.5-27 便捷、快速查得安装处的短路电流，选择合适的分断能力。

更有靠近变电站的线路，如变（配）电站内的插座回路，或变电站近旁的配电箱引出的插座回路，通常采用 32A 以下的 RCBO（带 RCD 的 MCB），对其分断能力要求更高，可能需要 20~50kA；对此的应对方案是：

（1）采用限流能力高的 gG 熔断器加带 RCD 的 MCB，但需要计算。

（2）采用高分断能力的 MCB，配置 RCD 模块，如 ABB 公司的 S800 型高分断 MCB，其分断能力有 25、36kA 和 50kA 三挡，配置该公司 GDA 200 或 DDA 200 型 RCD 模块，可以满足要求。

9.5.4　保护电器选择总结和应用示例

9.5.4.1　保护电器选择总结

（1）按 9.1.3 提出的保护电器选择的六项特殊技术要求，已逐项在第 5 章、第 6 章和 9.5 进行了详细的解析，为了有一个完整的表达，将这六项要求的结果和要点归纳到表 9.5-10 中。

（2）配电系统中的每一台保护电器的参数，以及被保护的线路的截面积都应同时满足这六个条件。下面以一个示例题完整地演示了按这六个条件选择保护电器。

9.5.4.2　保护电器参数及相关的导体截面积选择示例

［例］ 某低压配电系统，TN-S 接地方式和局部 TT 接地方式；各级线路的计算电流（I_{c1}、I_{c2} 等）及线路长度标示在接线图 9.5-16 中，请选择各保护电器参数和各段线路导体截面积。

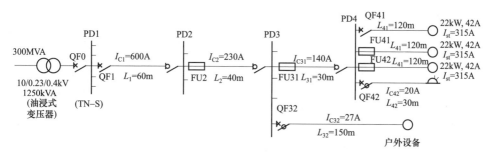

图 9.5-16　配电系统接线图示例

注　N 导体和 PE 导体的截面积见 10.4.2 和 10.4.3。

表 9.5-10　保护电器（熔断器和断路器）电流的选择（按交流 220/380V）

保护电器类别	用电设备启动时不切断（按笼型电动机直接启动）	接地故障防护（在规定时间内切断电源） TN 系统	TT 系统	短路保护（导体）热稳定要求	过负荷保护	选择性动作（上下级保护电器选择性切断）	保护电器应有必要的通断能力
熔断器	aM 熔断体（推荐）： $I_n \geq 1.1 I_M$。 gG 熔断体： $I_n = (1.5 \sim 2.3) I_M$。 （启动时间长、启动电流倍数大宜取高值；电动机功率较大启动倍数较小宜取低值）	$I_k \geq K I_n$ (1) $t \leq 5s$ 时，K_t 取 $4.5 \sim 9$。 (2) $t \leq 0.4s$ 时，K_t 取 $7 \sim 12$	不应选用熔断器	(1) $0.1s \leq t \leq 5s$： $S \geq \dfrac{I}{K}\sqrt{t}$。 (2) $t < 0.1s$ 时 $(KS)^2 \geq I^2 t$	gG 熔断体： (1) $I_c \leq I_n \leq I_z$； (2) $4A < I_n <$ 16A：$I_n \leq 0.76 I_z$； (3) $I_n \geq 4A$: $I_n \leq$ 16A：0.69	gG 熔断体 (1) $t \geq 0.1s$，按"时间-电流"特性验证； (2) 当 $t < 0.1s$，通过弧前 $I^2 t$ 和熔断 $I^2 t$ 验证，前 $I_n \geq 16A$，上下级 I_n 之比等于 1.6:1，具有选择性	$I_{BCF} \geq I_{K\,max}$（熔断器的 I_{BCF} 值见表 9.5-4 和表 9.5-5）（$I_{K\,max}$ 值查表 6.5-1～表 6.5-27）
断路器	$I_{set1} \geq (1.0 \sim 1.1) I_M$ $I_{set3} \approx (2.0 \sim 2.5) I_{st}$ 通常 I_{set1} I_{set3} 可取 $(12 \sim 14) I_n$	$I_d \geq 1.3 I_{set3}$ 或 $I_d \geq 1.3 I_{set2}$	(1) RCD 的 $I_{\Delta n}$ 选择要求： $I_{\Delta n} > 2 I_L$，$I_d > 5 I_{\Delta n}$ (2) 按 $I_{\Delta n}$ 值选取 R_A 值：$R_A \leq \dfrac{U_{om}}{5 I_{\Delta n}} - R_B$	(1) $0.1s \leq t \leq 5s$： $S \geq \dfrac{I}{K}\sqrt{t}$。 (2) $t < 0.1s$：$(KS)^2 \geq I^2 t$	$I_c \leq I_{set1} \leq I_z$	非选择型断路器不宜用非选择型断路器 (1) 上级用断路器：上级的 I_{set2} 应大于下级的 I_{set3} 的 1.3 倍或下级的 I_{set2} 的 1.3 倍； (2) 上级的 I_{set2} 为下级熔断器的倍数按表 9.5-2	$I_{cu} \geq I_{K\,max}$ 或 $I_{cs} \geq I_{K\,max}$（断路器的 I_{cu}、I_{cs} 值见表 9.5-8）～表 9.5-6～表查表 6.5-1～表 6.5-27）

注　I_n—熔断体额定电流，A；
I_M—笼型电动机额定电流，A；
I_{st}—笼型电动机启动电流，A；
I_{set1}—断路器反时限过载脱扣器整定电流，A；
I_{set2}—断路器短延时脱扣器整定电流，A；
I_{set3}—断路器瞬时脱扣器整定电流，A；
K_t—被保护线路最小接地故障电流与 I_n 的比值，A；
I_r—规定时间内切断电源的故障电流，A；
$I_{\Delta n}$—RCD 的额定剩余动作电流，A；
I_d—被保护线路故障电流，A；
R_A—外露可导电部分的接地电阻，Ω；
R_B—变压器低压侧中性点接地电阻，Ω。

U_{nom}—相导体对地标称电压，V；
S—相导体的截面积，mm^2；
I—预期短路电流或故障电流交流方均根值；
K—由导体及绝缘材料决定的系数；
t—短路电流或故障电流持续时间，s；
$I^2 t$—保护电器的焦耳积分（允通能量），$A^2 \cdot s$；
I_c—线路计算电流，A；
I_z—线路允许持续载流量，A；
I_{RCF}—熔断器的额定短路分断能力，kA；
I_{cu}—断路器的额定极限短路分断能力，kA；
I_{cs}—断路器的额定运行短路分断能力，kA；
$I_{K\,max}$—最大短路电流交流方均根值，kA。

解：（1）过负荷保护：首先初步选择保护电器的额定电流和线路相导体截面积。

1）按式（7.3-1）规定选择保护电器的额定电流如下：

QF0：按配电变压器低压侧额定电流（1804A）确定：I_{set1} 取 1900A；

QF1：I_{set1} 取 630A；

FU2：I_n 取 250A；

FU31：I_n 取 160A；

QF32：I_{set1} 取 32A（采用局部 TT 系统，带 RCD）；

QF41：I_{set1} 取 50A，可只带瞬时脱扣器，用热继电器（图9.5-16 中未表示）做过负荷保护；

FU41：I_n 取 50A，采用 aM，按电动机启动要求定；

FU42：I_n 取 80A，采用 gG 熔断体，按电动机启动要求定，同 FU41 做比较；

QF42：I_{set1} 取 25A 插座回路，带 RCD。

2）按式（7.3-1）规定，$I_Z \geqslant I_{set1}$ 和 $I_Z \geqslant I_n$ 选择导体截面积（全部套管敷设）：

L_1：铜芯交联线（YJV）$-2 \times (4 \times 150 + 1 \times 70)$，$I_Z = 654A$（按 35℃）；

L_2：$YJV-4 \times 95 + 1 \times 50$，$I_Z = 258A$（按 35℃）；

L_{31}：$YJV-4 \times 50 + 1 \times 25$，$I_Z = 168A$（按 35℃）；

L_{32}：铜芯 PVC 绝缘及护套电缆 4×6，$I_Z = 34A$（不含 PE 导体，按 35℃）；

L_{41}：铜芯 PVC 绝缘线（BV）：4×16，$I_Z = 63A$（不要求保护电器做过负荷保护，$I_Z > 42A$ 即可，按 35℃）；

L_{42}：$BV-3 \times 4$（单相），$I_Z = 30A$（按 35℃）。

以上两项参数标示在图 9.5-17 中。

（2）按电动机启动：PD41 配电箱接有一台 22kW 笼型电动机，设计了三种保护电器，以做比较，其参数选择如下：

1）QF41 断路器（MCCB）：I_{set1} 取 50A，按式（9.5-1），I_{set3} 取 650A；

2）FU41：aM 熔断体：按式（9.5-2），I_n 取 50A；

3）FU42：gG 熔断体：按式（9.5-3），I_n 取 80A。

（3）接地故障防护：

1）QF0：选用选择型断路器（ACB），保护范围很短，仅仅在低压配电柜 PD1 母线，用 QF0 的接地故障脱扣器，其整定电流 I_{setG} 可取 200～300A，延时（t_G）0.4s。

2）QF1：宜选用选择型（MCCB），其 I_{setG} 可取 100A，延时（t_G）0.2s。

3）FU2：L_2 末端故障时，将 L1 的长度按等效原则折算到 L_2 的截面积，查表 5.4-12,折算系数为 0.69，由于 L_1 的 2 根 150mm²,所以等效长度=60×0.69÷2+40=60.7（m），查表 5.4-8，250A 熔断器，95mm² 导体的允许长度为 152m，完全满足故障防护要求。

4）FU31：同上，将 L_1、L_2 的长度等效折算到 L_3 的截面积（4×50+1×25）mm²，查表 5.4-12,折算系数为 0.35 和 0.51，等效长度=60×0.35÷2+40×0.51+30=60.9（m），查表 5.4-8，160A 熔断器，50mm² 导体的允许长度为 134m，完全满足故障防护要求。

5）QF32：带 RCD、按 TT 系统，根据表 5.4-14 估算的 I_L 最大值约 7.8mA，按式（5.4-12），$I_{\Delta n}$ 可取 30mA，接地故障满足要求（取决于 R_A 值，按表 5.4-13 定）。

6）FU41，aM 型熔断体，将 L_1、L_2、L_3 折算到 L_{41} 的截面积（4×16）mm²,其等效长度为 149.1m（计算过程同上）。查表 5.4-10，aM 对铜 4×16 的允许长度为 168m，满足 5s 内切断要求。

7）FU42,gG 熔断体（做方案比较用），同上等效长度为 149.1m,查表 5.4-8,gG 熔断体的允许长度为 144m，不满足 5s 内切断要求，应采取以下措施之一：

a. 改用 aM 熔断体，即 FU41 的方案；

b. 加大 L_{41} 的截面积；

c. 改变保护电器，采用带 RCD 的断路器，如 QF41 之方案（见下段）。

8）QF41：同上等效长度为 149.1m，查表 5.4-7，允许长度为 75m，不满足要求，应增加 RCD，其 $I_{\Delta n}$ 可取 30~100mA，免于校验。

9）QF42：RCD 之 $I_{\Delta n}$ 取 30mA，免于校验。

（4）短路保护校验：

1）熔断器（FU2、FU31、FU41、FU42），按 6.4.2 分析或查表 6.4-1，均满足要求。

2）选择型断路器（QF0、QF1），按 6.4.3 分析，不必校验。

3）非选择型断路器（QF32、QF41、QF42），查表 6.4-5，当 QF32、QF42 选用 RCBO（带 RCD 的 MCB），铜芯 PVC 不应小于 4mm²，符合要求；QF41 选用 MCCB，铜芯 PVC 不小于 10mm²，符合要求。

（5）选择性动作校验。

1）QF1：选择型断路器的短延时时间 t_2 宜取 0.2s（应小于上级 QF0 的短延时时间）；按表 9.5－2，其短延时整定电流 I_{set2} 不应小于 FU2（250A）之 19 倍，即 250×19＝4750A；为保证良好选择性，瞬时脱扣器电流（I_{set3}）宜选大，可取 12 600A。

2）QF0：选择型断路器的短延时时间 t_2 宜取 0.4s，其短延时整定电流 I_{set2} 不应小于 QF1 之 I_{set2} 的 1.3 倍［按式（9.5－10）］，即不小于 4750×1.3＝6175A；瞬时脱扣器宜闭锁。

3）FU2（250A）与 FU31（160A）之比，符合 1.6:1，有选择性。

4）FU2（250A）与下级 QF32（32A MCB），以及 FU31（160A）与下级 QF42（25A MCB）之间，按 9.5.2.2 分析，有选择性；但 FU31（160A）与下级 QF41（50A MCCB）之间，有局部选择性。

（6）保护电器的分断能力选择。

1）首先求出 PD1～PD4 各配电箱、柜处的短路电流值，就可十分方便地选取各个保护电器的分断能力了。

a. PD1：查表 6.5－7，短路电流为 33.2kA，乘以 1.1，得 36.52kA。

b. PD2：查表 6.5－7，得 21.6kA，乘以 1.1，得 23.76kA。

c. PD3：等效长度＝$60×\dfrac{95}{2×150}+40=59$（m），查表 6.5－7，得 12.6×1.1＝13.86kA。

d. PD4：等效长度＝$59×\dfrac{50}{95}+30=61$（m），查表 6.5－7，得 7.9×1.1＝8.69kA。

以上短路电流值标记在图 9.5－17 中。

2）选择各个保护电器的分断能力：

a. QF0 和 QF1：选择 50～60kA（宜考虑变压器加大一级时的要求）。

b. FU2、FU31、FU41、FU42 熔断器的分断能力，远大于短路电流值，要求 50kA 已足够，实际上都在 80～120kA。

c. QF32 应选 15～20kA；QF41、QF42 应选 10～15kA。

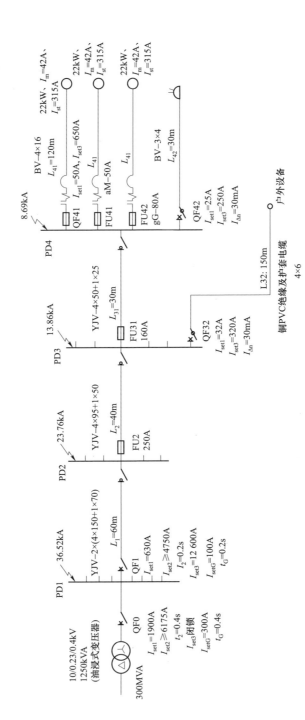

图 9.5—17 配电系统保护电器和线路参数选择

10　配电线路导体选择

本章在简要介绍电线、电缆的导体材料和绝缘材料主要性能后，着重阐述配电线路导体（包括相导体、N 导体、PE 导体、PEN 导体和等电位联结导体）的截面积选择的技术要求和方便、实用的计算方法。

10.1　导体材料[17]

10.1.1　导体材料的种类

（1）铜导体：是电线、电缆和母排应用最广泛的优质导体材料。

（2）铝导体：是仅次于铜应用较多的导体材料。

（3）铜包铝导体：是利用铜和铝两种材料的优势制成的复合导体材料。

（4）铝合金导体：在纯铝中渗入少量其他金属元素，从而改善纯铝的部分性能的一种导电材料。

10.1.2　铜导体的主要性能

（1）铜的导电性能好：用做电线、电缆的铜材的质量分数不应小于 99.90%，具有高电导率；冷变形度达 90% 的硬铜，作为架空线，20℃时电阻率（ρ_0）为

0.017 77×10⁻⁶Ω • m；而用做电线、电缆的经过 450～600℃退火处理的软铜，按 IEC 标准规定的电阻率（ρ_0）为 0.017 241×10⁻⁶Ω • m。

（2）机械性能良好：铜的延展性、机械抗拉强度，断裂伸长率都明显优于铝。

（3）连接性能好：施工、安装方便，使用、运行可靠性高。

（4）安全性：导致火灾事故明显低于铝导体。

（5）运行中维护工作量小，维护费用低。

（6）质量大：密度为 8.89g/cm³，当在桥架、马道、屋架上敷设多条电缆及架空线时，应计算其机械应力。

（7）我国铜资源不够，价贵（相对于铝）。

10.1.3　铝导体的主要性能

（1）价格便宜（相对铜）。

（2）质量轻：密度为 2.7g/cm³，相同截面积和长度时，质量仅为铜的 30.4%（不计绝缘层重），折算到相同电导率条件时，约为铜的 50%。

（3）导电性能较好：仅次于铜（不包括银），用作导电的铝纯度不低于 99.5%，硬电工铝的电阻率（ρ_0）为 0.028 264×10⁻⁶Ω • m，用做电线、电缆的软电工铝的 ρ_0 为 0.027 366×10⁻⁶Ω • m，大约为铜的 1.64 倍。

（4）铝的机械强度约为铜的一半左右。

（5）铝的连接性能远不如铜，增加了施工、安装的难度，降低了运行的可靠性和安全性。

10.1.4　铜包铝导体的主要性能

（1）充分发挥铜的连接性能和导电性能的优势，依据电流集肤效应的原理，而出现的铜包铝的复合导体，以便发挥两者的优点。

（2）在英、美、日等发达国家，这种复合导体的应用大约有三十年的历史，并制定了相关的应用于电线、电缆和母线的标准，已经有成熟的运行经验。

（3）铜包铝电线、电缆中，铜的体积不得低于 10%，通常为 10%～15%；铜层厚度不应小于线芯直径的 2.57%左右，通常铜层厚度为线芯直径的 2.57%～3.9%。铜包铝母线中，铜的体积约占 18%～20%。

（4）铜包铝导体主要应用于母线和大截面积的电线、电缆中，具有较大优势；

在我国电力行业中，已有较多地应用了，并于 2012 年制定了电力行业标准。

（5）铜包铝电线、电缆的制造费用较高，导体材料的回收再利用增加了难度，限制了推广应用，特别是较小截面积电线、电缆不宜应用。

10.1.5　铝合金导体的主要性能

（1）为了提高纯铝导体的机械强度和耐热性等性能，在尽量少降低电导率的前提下，在铝中添加约 0.3%～0.5% 的硅（Si）、铁（Fe）、镁（Mg）、铜（Cu）、锌（Zn）、硼（B）等元素形成铝合金导体。

（2）电线、电缆用铝合金导体的电阻率（ρ_0）为 0.029×10^{-6} 左右，略高于软纯铝导体。

（3）由于硬纯铝导体的伸长性和柔韧性较低，软纯铝导体抗蠕变性较差，连接处容易松动，降低了可靠性，合金铝导体可以改善部分机械性能和断裂延伸率，使一部分性能优于纯铝导体。应注意到，铝合金在提高机械抗拉强度和抗蠕变性能时，可能降低导电率和弯曲性能。此外，在酸、碱、盐溶液环境，铝合金导体的耐腐蚀性将降低。

10.1.6　导体材料的选用

（1）以下配电回路和场所应选用铜导体：

1）可靠性要求高的重要电源回路、应急电源回路、消防救援相关的回路；

2）电机的励磁回路、重要的二次回路和控制、计量回路；

3）爆炸危险环境、火灾危险环境的配电、照明和信号、控制回路；

4）振动剧烈的场所，接至振动设备的回路；

5）连接移动设备和手持电器的线路；

6）重要的公共建筑、居住建筑、计算机房、图书馆、资料和档案室、库房；

7）人员密集的公共场所；

8）耐火电缆；

9）核电站常规岛及其附属设施的回路、重要的工业设备的回路；

10）连接插座的回路，照明分支回路。

（2）铝导体的应用场合：

1）架空配电线路宜选用铝导体；

2）非重要的公共和工业建筑的母干线和电线、电缆可选用铝导体；

3）对铜有腐蚀的场所或设备的线路应选用铝导体。但应注意铝合金导体对某些腐蚀环境的不适用性。

10.2　电线、电缆的绝缘材料[17]

电线、电缆的绝缘材料品种很多，着重介绍应用较多的几种材料的主要性能。

10.2.1　绝缘材料的主要性能

用做电线、电缆的绝缘材料的有关主要性能叙述如下：

（1）绝缘电阻：一般绝缘材料的电阻率不应低于 $10^6\Omega\cdot m$。

（2）泄漏电流：同绝缘电阻成反比，制成电线、电缆的绝缘材料单位截面积、单位长度的泄漏电流，应越小越好。

（3）绝缘材料的老化：

1）老化是一个十分重要的概念，老化的程度和速度直接影响电线、电缆的可靠性和使用寿命；随着使用时间的延续将导致材料的分解、碳化、变脆、龟裂和变形，使性能发生不可逆的下降。

2）绝缘材料的老化有热老化、大气老化、电老化、机械老化、生物老化等多种形式和影响；对于低压电线、电缆，热老化具有最主要的作用。

3）影响热老化的主要因素是电线、电缆的连续工作温度，长时间超过规定的工作温度，必将导致绝缘材料老化的加速，以致丧失基本绝缘性能而失效；比如，一般情况下，电线、电缆工作温度在 70～105℃ 范围，连续超过规定的工作温度 8℃，其使用寿命将缩短一半，这是确定电线、电缆正常工作温度值的重要依据。选用电线、电缆截面积加大一些，将大大延长使用寿命。

10.2.2　电线、电缆几种最常用的绝缘材料

（1）聚氯乙烯（PVC）。

1）主要优点：价格低廉、工艺简便、质量轻、电气性能良好、耐腐蚀、化学性能稳定、耐潮湿、不延燃，从而在低压配电线路中，特别是终端回路中，得

到广泛的应用，作为基本绝缘和护套材料。

2）PVC绝缘电线的持续工作最高温度θ_n为70℃，而最终温度（短路暂态温度）θ_m为160℃（截面积为300mm²及以上的为140℃）；另外还有添加了耐热增塑剂的PVC材料，其θ_n可达90℃，但θ_m不变。

3）主要缺点：不适应于低温环境，低温时变硬发脆，不能应用于-15℃以下的环境，也不宜在-5℃以下的环境施工；PVC在燃烧时会散发有毒气体，使应用范围受到很大限制；适应大气老化条件差，在较强日照下或高温环境下，增塑剂容易挥发使绝缘加速老化。

4）为了克服PVC的缺点，通常需要添加多种聚合物，以改进其性能，如添加增塑剂以增加柔软性；增塑剂加入三氧化二锑和氯化石蜡，以增加阻燃性能；加入氯化钼可降低发烟量。不同添加剂配方、不同的成型工艺方法，还可以产生多种派生产品，如增加柔韧性的、增加刚性的、提高耐磨性能的和可将工作温度提高达90℃的多种产品。

（2）交联聚乙烯（XLPE）。

1）交联聚乙烯是线状分子结构的聚乙烯（PE）材料，在交联剂和放射线或电子束轰击下，交链成三维网状分子结构的一种工艺方法。目前有化学交联和辐照交联两类，辐照交联能保持良好的电性能和阻燃性能，品质稳定，是目前较好的交联方式。

2）主要优点：绝缘性能良好、载流量大、介质损耗低、质量较轻、耐腐蚀、耐潮、耐寒，不含卤素，燃烧时不会散发大量有毒烟气。

3）持续工作最高温度θ_n为90℃，最终温度θ_m为250℃，明显优于PVC和橡胶等绝缘材料。

4）采用化学交联方法的普通交联聚乙烯不具备阻燃性能，需要添加阻燃剂，但又将降低机械性能和电气性能；采用辐照交联工艺可以有明显改善；XLPE对紫外线照射较敏感，不宜在户外和阳光照射强烈的场所使用，否则应有护套或防护措施。

（3）乙丙橡胶（EPR）：即交联乙烯-丙烯橡胶。

1）主要优点：载流量大；不含卤素，不会在燃烧时散发大量烟气；同时还具有阻燃性能；具有耐臭氧的稳定性；可用于-50℃的低温环境。

2）持续最高工作温度θ_n为90℃，最终温度θ_m为250℃，与XLPE相同。

3）这种绝缘材料在欧洲已有广泛应用，我国尚少推广。

（4）橡胶：

1）特点：用做电线、电缆绝缘的橡胶，多不是天然纯橡胶，而是由纯橡胶和各种助剂及填料混合，在一定温度、压力下经硫化处理制成的弹性体；橡胶的柔软性、弹性和抗拉强度都比较好；在20世纪70年代以前是低压配电线路布电线的主要绝缘材料，以后逐渐被PVC等材料所代替；现今主要用做橡套软电缆，供移动设备和手持电器应用。

2）持续最高工作温度 θ_n 为60℃，最终温度 θ_m 为200℃，用于低压电线、电缆的绝缘、护套。另外有氯丁橡胶，θ_n 达85℃，θ_m 为220℃，主要用于户外电缆的护套。还有硅橡胶，θ_n 可达185℃，θ_m 为350℃，作为特种高温引线、H级绝缘电动机的引接线和船用高温电缆等。

3）橡胶绝缘材料电线、电缆的载流量较小，耐老化、耐油性、耐溶剂性能差；为了改进橡胶的性能，多种橡胶聚合物有诸多优势，如氯丁橡胶耐气候性、耐油、耐磨，阻燃性能良好，宜用做电缆护套；丁腈橡胶耐油、耐腐蚀性好，用于油泵电动机和用电设备的引接线；硅橡胶耐高温，抗拉强度高，电气性能好，用于高温设备的引接线；氟橡胶耐热、耐油、耐气候，性能好，用于特种电缆的护套。

10.3 电缆的阻燃和耐火性能及其应用

10.3.1 阻燃和耐火——两种不同的概念和技术要求[44]

（1）电缆的阻燃和耐火都是与防火密切相关的两种性能，两者有完全不同的燃烧特性，其技术要求不同，应用条件也不一样，不能混淆[44]。

（2）通常的阻燃电线、电缆不具备耐火功能；反之，耐火电缆也不一定必然具有阻燃性能；但是在某些条件下或某些场所应用时，要求具有阻燃性能。

10.3.2 阻燃电线、电缆的主要性能

（1）阻燃：是在燃烧时具有阻止或延缓火焰发生或蔓延的能力，其本质在于难燃和能够自熄。

（2）阻燃电线、电缆的构造和结构与普通电线、电缆相同，其区别在于护套层和绝缘层采用阻燃材料。

（3）阻燃是一个相对的概念，有不同级别的燃烧性能的产品，适应不同条件的需要；GB 31247—2014《电缆及光缆燃烧性能分级》[45]，按照受火条件下的火焰蔓延、热释放速率和热释放总量，以及产烟速率和产烟总量进行分级：A 级为不燃型（如 MI 矿物绝缘电缆）；B1 级和 B2 级为阻燃电缆，并将产烟特性和烟密度（最小透光率）的技术指标作为 B1、B2 级分级判据；B3 级为非阻燃型普通电缆。对于 B1 和 B2 级阻燃电缆，还应给出附加分级：包括燃烧滴落物/微粒等级、烟气毒性等级和腐蚀性等级三项指标，并分别予以标注。该标准综合考虑了电缆燃烧的火焰蔓延特性、热释放特性和产烟特性，以及燃烧时对环境的影响，科学、全面反映电缆在火灾条件下的危险性[46]。

10.3.3 耐火电缆主要性能

（1）耐火电缆要求：在受火后被燃烧状况下能维持一定时间的运行；按相关标准要求耐火电缆在 750～800℃和 950～1000℃（A 类）的火焰中维持 3h 运行。

（2）耐火电缆分类：满足上述温度的火焰运行 3h 的为 N 类（代号）；满足耐火条件同时抗机械撞击要求的，代号为 NJ；满足耐火条件同时抗喷淋要求的代号为 NS。

（3）耐火电缆绝缘材质的种类：分有机和无机两种，有机型一般只能达到 N 类；无机型一般称为"矿物绝缘电缆"（MI 电缆），又分为刚性和柔性两种。MI 电缆可以同时满足耐火、抗机械撞击和抗喷淋要求。

（4）耐火和阻燃：无机型耐火电缆（MI 电缆），无论刚性和柔性的，均具有阻燃性能，并有低烟（或无烟）性能；有机型耐火电缆一般不具备阻燃性能，但可以生产阻燃型产品。

10.3.4 阻燃电缆和无卤低烟阻燃电缆[44]

（1）大量的阻燃电线、电缆多采用比较经济的 PVC 阻燃绝缘材料，由于这种材料含有卤素，燃烧时，PVC 受热分解出氯化氢（HCl），同活性羟基反应，使燃烧受阻，但同时也会产生大量的烟和有毒气体，造成很大危害。而建筑物发生火灾时，大量烟气导致窒息和中毒。

（2）阻燃电线、电缆的发展方向是无卤、低烟（或无烟）：无卤、低烟阻燃电线、电缆的研制和发展对建筑物火灾时降低人员伤亡有十分重大意义，为此，国内外多年来已进行了大量的研究，我国也研制了多种形式和多种新型无卤低烟材料，另外从研究新的电缆结构取得了积极进展，必将出现更多、更优质的无卤低烟阻燃电线、电缆。

10.3.5　阻燃电缆和耐火电缆的应用

（1）阻燃电线、电缆：所有建筑物内的配电线路都应采用阻燃电线、电缆。

（2）无卤低烟阻燃电线、电缆，应在下列场合的配电线路应用：

1）高层、超高层建筑场所；

2）人员密集的公共建筑，如商场、影剧院、体育场馆、展览馆、会议中心等；

3）交通建筑和交通设施，如候机楼、车站、地铁站，以及车厢内、舰船和飞机上；

4）学校、住宅；

5）人员较多的工业建筑。

（3）耐火电缆，应在下列场所的配电线路应用：

1）与建筑物消防系统相关的设备的配电和控制、信号线路，如消防泵、消防电梯、排烟风机、防火门、消防监控系统，疏散照明系统（含疏散标志灯）和消防救援相关的备用照明等；

2）核电等有特殊要求的工业场所。

10.3.6　耐火电缆应用中线路电阻的影响

（1）导体的电阻随着温度的升高而增大，必将对线路电压降、电能损耗、故障防护、短路等产生影响；在消防系统中采用耐火电缆，按最不利条件，温度可能达到 650～1000℃，允许持续 3h，此时导体温度有可能达到 500～600℃，其电阻值可能增大到常温时的 3.0～3.5 倍。

（2）对线路电压降的影响：

1）按《工业与民用供配电设计手册（第四版）》（简称《配四》）9.4 和电压降计算表（表 9.4-15、表 9.4-19、表 9.4-20、表 9.4-21、表 9.4-23）中可知：架空线路、PVC 绝缘电力电缆、户内绝缘线均按 60℃，交联聚乙烯电缆按 80℃

的电阻，计算电压降。

2）对于耐火电缆，如在最不利条件下，导体温度按 500～600℃，其电阻值按《配四》式（9.4-1）和式（9.4-2）计算，将加大到 60～80℃时的 2.7～3.1 倍，电压降将大大增加，不能再按上述计算表，应重新计算。

（3）对故障防护的影响：

1）TN 系统的故障防护，采用断路器时，应符合式（5.4-4）的要求，采用熔断器时，应符合式（5.4-5）的要求；采用耐火电缆，由于导体温度升高，其电阻值将大大增加，将使式（5.4-4）和式（5.4-5）中的故障电流（I_d）值大大降低，必须考虑这一因素。

2）本书提供了 TN 系统故障防护的简易查表法，见表 5.4-7～表 5.4-11；这些表中考虑了故障时导体温度升高（大约为 160℃左右），在式（5.4-6）中已计入电阻温度升高而加大的系数 1.5；对于耐火电缆必须采用更高的系数，在运用表 5.4-7～表 5.4-11 时，应加大该系数，粗略地说，将系数 1.5 增加到 3～4，运用表 5.4-7～表 5.4-11 时，查得的最大允许长度应乘以 0.4～0.5。

（4）对线路损耗的影响：由于是偶然发生的短时工作，可不予考虑。

（5）对短路电流的影响：由于导体电阻增大，将使短路电流减小，对于选择保护电器的分断能力可不考虑；但是对短路热稳定［见式（6.3-2）和式（6.3-3）］校验的影响则比较复杂，根据经验和分析，按本书第 6 章实施即可。

10.4　导体截面积选择[6,47]

10.4.1　相导体截面积选择

（1）选择相导体截面积，应满足以下要求。

1）按敷设方式和环境条件确定的载流量，不应小于计算电流，并考虑以下因素：

a. 绝缘导线和电缆的载流量，应按敷设场所的环境温度进行校正。

b. 三相四线制线路的电缆和穿在同一外护物内的 4 根导线（含 N 导体或 PEN 导体）或 5 根导线（含 N 导体和 PE 导体），当 3 次谐波或 3 的奇次倍谐波畸变率不超过 15% 时，不论三相平衡或不平衡，都应按 3 芯电缆或同一外护物内 3 根导体的载流量选取。当三相不平衡时，相导体和 N 导体截面积应按最大的一相电流选择。

c. 同一电缆敷设路径各部分散热条件不同时，其载流量应按散热条件最不利的那一段确定，但线缆穿过厚度小于 0.35m 的墙体所导致的，可不考虑。

注 本款是按 GB/T 16895.6—2014《低压电气装置 第 5-52 部分：电气设备的选择和安装 布线系统》[47] 的规定而编写；考虑我国墙体实况，建议将墙体厚度小于 0.35m 改为 0.4m。

2）线路电压损失应满足用电设备、照明灯正常工作和启动时端电压要求。

3）导体截面积应满足配电线路故障防护要求，本书第 5 章已有详细解析。

4）导体截面积应满足短路动稳定和热稳定要求，本书第 6 章已有详细解析。

5）导体最小截面积应满足机械强度要求，应符合表 10.4-1 的规定。

表 10.4-1　　　　　　　　　　　导 体 最 小 截 面 积

布线方式		配电回路用途	导体	
			材质	截面积（mm²）
固定敷设	电缆和绝缘导线	配电和照明回路	铜	1.5
			铝	10
		信号和控制回路	铜	0.5①
	裸导体	配电回路	铜	10
			铝	16
		信号和控制回路	铜	4
软导体及电缆的连接		一般用途回路、特殊用途特低电压回路	铜	0.75

① 用于电子设备的信号和控制回路，最小截面积可为 0.1mm²。

6）用于长时间、稳定负荷的电缆、电线，技术经济合理时，应按经济电流密度选择导体截面积。

（2）按经济电流密度选导体截面积解析。

1）按经济电流密度选截面积的目的：其实质是合理的节约电能，导体截面积在满足载流量等五项技术要求外，提出经济电流密度是技术、节能和经济的合理结合。根据计算，按经济电流选的截面积，大多数比按载流量确定的截面积要大一级至两级（甚至三级）；加大了截面积，从而降低了线路损耗（I^2Rt），在电线、电缆的全寿命期（通常计算 20～30 年）内累积的线损费用，来补偿加大电线、电缆截面积增加的费用，甚至更多，这样就获得了既有利节能又经济合理的双重效果。

> 注 如按经济电流确定的截面积，比按载流量要求的截面积还小，仍然应满足载流量的要求。

2）方法[17,48]：IEC 标准提出"总拥有费用"法，简称"TOC"法，其原理是按电线、电缆的初建投资（含购置费和施工费）和寿命期内电能损耗累积量之费用，并计入投资利息、电费增长率、负荷增长率等多种因素后，两者相加的总费用最小的原则确定电线、电缆截面积。可以用图 10.4-1 说明：曲线 1 表示电线、电缆初建费用，随截面积加大而增加；

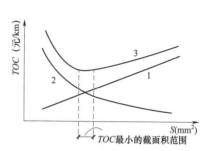

图 10.4-1　电线、电缆截面积（S）与总费用（TOC）关系

曲线 2 表示寿命期内累积的线损量的电费，随截面积加大而减小；曲线 3 表示两者之和，呈现"马鞍形"，其鞍底一段为总费用最少；其对应的截面积是一个范围，此范围内的截面积是经济合理的。

3）按经济电流选截面积的意义：除前述按经济电流方法加大了电线、电缆截面积，不仅节能而且经济上合理，其实还带来了多方面的好处，主要有：

a. 更有利于用电安全和提高供电可靠性；

b. 由于降低了电线、电缆的工作温度，有利于延长电线、电缆的使用寿命；

c. 降低了线路电压损失，改善了电动机、照明灯的电压质量；

d. 有利于适应未来负荷增长的能力。

4）适应场所和条件：

a. 年工作时间长的场所，如三班制或两班制生产、工作场所；

b. 负荷较稳定的场所，如发电、化工、石油、造纸、纺织等生产场所，地铁车站、地下商场等；

c. 高电价地区，如长三角地区，粤、港、澳大湾区，苏、浙、闽等沿海地区。

10.4.2　中性导体（N）截面积选择

（1）下列情况之一的线路，N 导体截面积（S_N）应等于相导体截面积（S_{ph}）：

1）单相两线制线路；

2）铜芯相导体截面积 S_{ph}（铜）≤16mm²，铝芯相导体截面积 S_{ph}（铝）≤25mm² 的三相四线制线路；

3）含有 3 次及 3 的奇数倍次谐波电流，其总谐波畸变率超过 15%，但低于 33% 的三相四线制线路。

（2）三相四线制线，S_{ph}（铜）>16mm² 或 S_{ph}（铝）>25mm²，且满足以下全部条件，N 导体截面积 S_N 可小于 S_{ph}，但不宜小于 S_{ph} 的 50%，且不得小于 16mm²（铜）或 25mm²（铝）：

1）正常工作时，负荷分配较均衡且谐波电流（包括 3 次及 3 的奇数倍次谐波）不超过相电流的 15%；

2）正常工作时，N 导体的预期最大电流（含谐波电流）不大于其载流量；

3）N 导体已有按规定的过电流保护。

（3）相电流中的总谐波畸变率（包括 3 次及 3 的奇数倍次谐波）大于 33% 时，N 导体截面积（S_N）的选择。

1）总谐波畸变率大于 33%，如最常见的荧光灯、LED 灯、计算机、显示器等，主要是 3 次谐波大，而 3 次谐波在三相平衡系统中，在 N 导体中的电流呈 3 倍叠加，而导致 N 导体电流大于相电流，这样就需要加大 N 导体的截面积。在下列条件下，应按 N 导体电流选择截面积：

a. N 导体和相导体在同一电缆中，或同敷设在共同的外护物内；

b. N 导体截面积（S_N）和相导体截面积（S_{ph}）相等。

2）在三相平衡系统中，3 次谐波对 N 导体和相导体电流的影响和计算。

a. 3 次谐波在 N 导体中的电流呈 3 倍叠加，可按下式计算

$$I'_N = 3I_c HRI_3 \tag{10.4-1}$$

式中　I'_N ——3 次谐波在 N 导体中产生的电流，A；

　　　I_c ——三相平衡系统未计入谐波的计算电流，A；

　　HRI_3 ——3 次谐波电流含有率，为 3 次谐波电流与基波电流的比值。

b. 计入 3 次谐波后的相电流 I'_c 按下式计算

$$I'_c = I_c \sqrt{1 + (HRI_3)^2} \tag{10.4-2}$$

式中　I'_c ——计入 3 次谐波后的相电流，A。

c. I_N' 和 I_c' 随 3 次谐波含有率的变化规律描述在图 10.4-2 的曲线中。

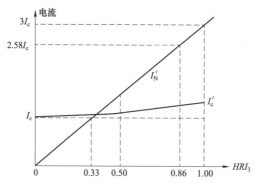

图 10.4-2 I_N' 和 I_c' 随 3 次谐波含有率（HRI_3）变化

从图 10.4-2 可以看出，随着 3 次谐波加大，I_N' 急剧上升，对 N 导体威胁极大；相导体电流也将增大，但增值较小。

3）3 次谐波电流使 N 导体电流加大，电缆载流量的降低系数：三相平衡系统之 N 导体电流是由于 3 次谐波引起的，同时相导体电流也有增加，此时四芯和五芯电缆中的四芯（三相和 N）都有相当大的电流，应引入必要的载流量降低系数，其值列于表 10.4-2。该降低系数可用于绝缘线穿管或在共同外护物内敷设的条件。

表 10.4-2   存在 3 次谐波电流时四芯或五芯电缆载流量降低系数

相电流中的 3 次谐波分量（%）	降低系数	
	按相电流选择截面积	按中性线电流选择截面积
0~15	1.00	—
15~33	0.86	—
33~45		0.86
>45	—	1.00

（4）以照明设备为例分析存在 3 次谐波时中性导体截面积选择。

1）照明设备的谐波限值标准。气体放电灯的电子镇流器和 LED 灯的驱动电源，存在不同程度的波形畸变，其谐波值应符合 GB 17625.1—2012《电磁兼容   限值   谐波电流发射限值（设备每相输入电流≤16A）》[1]的规定。该标准的 C 类设备为照明设备，其谐波限值列于表 10.4-3（用于有功输入功率 $P>25W$ 的灯）。

表 10.4-3　　　　　C 类设备（有功输入功率 $P>25\text{W}$）谐波限值

谐波次数 n	基波频率下输入电流百分数表示的最大允许谐波电流（%）
2	2
3	30λ
5	10
7	7
9	5
$11\leqslant n\leqslant 39$（仅有奇次）	3

注　λ 是电路功率因数。

C 类设备（照明）输入功率 $P\leqslant 25\text{W}$ 的灯，应符合下列两项要求之一：

a. 谐波电流不超过表 10.4-4 中按灯功率确定的限值；

b. 用基波电流百分数表示的 3 次谐波电流不应超过 86%，5 次谐波不超过 61%。

表 10.4-4　与功率相关的谐波电流限值（适用于有功功率 $\leqslant 25\text{W}$ 的照明灯）

谐波次数 n	每瓦允许的最大谐波电流（mA/W）
3	3.4
5	1.9
7	1.0
9	0.5
11	0.35
$13\leqslant n\leqslant 39$（仅有奇次谐波）	$3.85/n$

从该标准看，对有功输入功率 $\leqslant 25\text{W}$ 的照明灯，规定的谐波限值过于宽松，这在广泛而大量使用 LED 灯的今天，功率不大于 25W 者甚多，尤其是住宅、宾馆、办公楼、学校及不太高的公共和工业场所更是如此，必须引起高度关注。

2）照明回路中性导体截面积选择示例。

例　某办公楼，照明全部选用荧光灯配电子镇流器和 LED 灯两种，照明回路未计入谐波的计算电流为 100A；单灯有功输入功率采用以下三种方案：

方案 1：有功功率都为 25W 以上；

方案 2：有功功率全都为 25W 及以下；

方案 3：有功功率全都为 25W 及以下，但选取低谐波产品，3 次谐波含有率为 10%。

试对以上三种方案选择 N 导体和相导体截面积。线路选用 PVC 绝缘铜芯线、相和 N 导体等截面积，并和 PE 导体穿同一钢管敷设，环境温度为 35℃。

解：按上述照明灯谐波限值标准，运用式（10.4-1）和式（10.4-2），以及表 10.4-2 载流量降低系数，计算过程和选择截面积的结果，列于表 10.4-5 中。

表 10.4-5　　　　照明设备存在 3 次谐波时导线截面积的选择

方案号	3 次谐波含有率（%）[①]	选择截面积的计算电流（含谐波）（A）		选择的 N 线和相线	
		按相线电流（I'_c）	按 N 线电流（I'_N）	截面积（mm²）	载流量（A）
1	30[②]	$\dfrac{100\sqrt{1+(0.3)^2}}{0.86}=121.4$	—	50	125
2	86	—	$100\times0.86\times3=258$	185	277
3	10	$100\sqrt{1+(0.1)^2}=100.5$	—	35	103

① 表中 3 次谐波系按标准规定的限值。

② 功率大于 25W 时，3 次谐波限值为 30λ，此处λ取 1。

3）分析和对策。从以上照明设备的 3 次谐波对导体截面积的影响分析，可得出以下结论和采取的对策：

a. 应尽量选择光源功率大于 25W 的产品，特别是荧光灯更是如此。

b. 需要选用 25W 及以下的光源时，应明确提出选用低谐波的照明灯，要求 3 次谐波含有率或总谐波含有率不超过 30%，甚至更低的谐波含有率，虽然要增加照明灯的购置费，但降低了线路的费用，而且大大优化了照明线路质量，包括功率因数、对通信的干扰等，可以说是一举多得的优选方案，从经济、技术方面都更合理。

10.4.3　保护接地导体（PE）截面积选择[6,8]

（1）保护接地导体（简称"PE 导体"）截面积选择的原则。

1）PE 导体截面积应能满足配电系统故障（接地故障）防护关于自动切断电源的条件，在本书第 5 章已做了详细论述。

2）能承受保护电器切断时间内的预期故障电流引起的机械应力和热应力。热应力将在（2）中提出具体规定，对于硬母线应校验机械应力。

3）应使 PE 导体在运行中不断线：由于涉及故障时人身财产安全，且 PE 导体

10　配电线路导体选择

断线不为使用者、维护者所知晓,为此限定其最小截面积值和连接可靠性是必要的。

（2）PE 导体的截面积按热应力要求应符合以下条件之一。

1）当切断故障时间不超过 5s 时，PE 导体截面积应符合式（10.4-3）的要求

$$S_{PE} \geq \frac{I_d}{K} \times \sqrt{t} \qquad (10.4-3)$$

式中　S_{PE}——PE 导体的截面积，mm^2；

$\quad\quad I_d$——通过保护电器的预期故障电流（交流方均根值），A；

$\quad\quad t$——保护电器自动切断故障电流的动作时间，s；

$\quad\quad K$——由 PE 导体、相导体的材质和绝缘材料的初始及最终温度决定的系数。

注意：式（10.4-3）和式（6.3-1）在电线、电缆的热稳定（热应力）的机理是相同的，但参数有所差异：式（6.3-1）是校验相导体截面积 S，而式（10.4-3）是校验 PE 导体截面积 S_{PE}；式（6.3-1）是适用于短路电流（I），但也用于接地故障；式（6.3-1）的 K 值的初始温度是按在工作状态下的温度（见表 6.3-1），而式（10.4-3）则应根据 PE 导体是否在电缆内或在同一外护物内而定。

当切断故障时间 $t<0.1s$ 时，应符合式（10.4-4）的要求

$$(KS_{PE})^2 \geq I^2t \qquad (10.4-4)$$

式中　I^2t——保护电器的允通能量值，A^2s。

2）PE 导体截面积 S_{PE} 可按相导体截面积 S 的一定比例确定，应符合表 10.4-6 的规定。

表 10.4-6　按相导体截面积 S 的一定比例确定 PE 导体最小截面积 S_{PE}

相导体截面积 S（mm^2）	保护接地导体最小截面积 S_{PE}（mm^2）	
	保护接地导体与相导体相同材质	保护接地导体与相导体不同材质
$S \leq 16$	S	$\frac{K_1}{K_2} \times S$
$16 < S \leq 35$	16	$\frac{16K_1}{K_2}$
$S > 35$	$\frac{1}{2}S$	$\frac{K_1 S}{2K_2}$

注　当 PE 导体和相导体材质不同时，K_1 为相导数的系数，K_2 为 PE 导体的系数。

（3）TT 系统由于故障电流较小，PE 导体截面积（S_{PE}）不必超过：铜 $25mm^2$，

铝 35mm²。

（4）为了降低断线的危险，PE 导体不与相导体处于同一电缆内或同一外护物内时，其截面积 S_{PE} 不应小于：

1）有机械损伤防护（如在导管内、线槽内）：铜 2.5mm²，铝 16mm²；

2）无机械损伤防护：铜 4mm²，铝 16mm²。

（5）固定连接的用电设备的 PE 导体，预期电流超过 10mA 时，其截面积应按下列条件之一确定：

1）铜导体不小于 10mm²，或铝导体不小于 16mm²；

2）当小于上述第 1）项截面积时，应增设第二根相同截面积的 PE 导体，并连接到用电设备的单独接地端子；

3）铜质 PE 导体和铜质相导体在同一多芯电缆中，电缆中所有铜导体截面积的总和不小于 10mm²；

4）PE 导体敷设在金属导管内，并与金属导管并接，PE 导体采用铜材，截面积不小于 2.5mm²。

注 应指出上述 PE 导体预期电流超过 10mA，常常是过大的容性泄漏电流所致，也可采取措施降低这种电流；可采取具有分隔绕组的变压器缩小供电范围的措施，以限制流过 PE 导体的电流（非故障条件下）。

（6）穿线的金属导管、电缆的金属护套层的连接线截面积。

1）配电线路采用电缆，或敷设在金属导管、线槽的绝缘线，设计有专用线芯作为 PE 导体，和相导体共处同一电缆内，或导管、线槽内，这是最合理、最常用的做法。

这种情况下，敷线的金属导管、线槽，电缆的金属护套层（包括屏蔽层、铠装层、同心导体等）都应该连接到 PE 端子或连接到等电位联结端子或母排；通常按照等电位联结导体和接地导体的截面积，选用 6～16mm² 的铜线，这样的做法是不全面的。

2）金属导管、电缆金属护套的两端与该线路两端的配电箱、开关箱的 PE 母排或端子相连接，实际上，金属管或护套已经同专设的 PE 导体并联，成为 PE 导体的组成部分；发生接地故障时，必将分流一部分甚至于大部分故障电流；显然，金属导管或金属护套同 PE 母排或端子的连接线，应按该回路 PE 导体要求选择截面积。

（7）PE 导体截面积选择方法的合理性分析。

1）10.4.3 的（2）中 PE 导体截面积选择的两种方法，是国家标准和 IEC 标准规定的。显然，按式（10.4-3）计算是科学的、合理的，符合规定时间内切断故障电流的热稳定要求；但是计算量大，费时费事，实际工程设计中都是按第二种方法，即查表 10.4-6 选择。查表法十分简单但不够严谨，明显不太合理，因为 PE 导体截面积和相导体截面积并不是这样一种简单固定的比例关系。

2）作者经历几年研究，论证了按表 10.4-6 查得的 PE 导体截面积偏大，甚至太大，造成大量导体材料和电线、电缆的浪费；作者研究了一套方法，按式（10.4-3）和式（10.4-4）进行科学计算，编制出几张表格，方便设计师使用，10.4.4 专题论证这种创新方法和结果。

10.4.4　PE 导体截面积选择的创新

（1）切断故障电流的保护电器有断路器和熔断器两类，而断路器又有非选择型和选择型两种。前者用瞬时脱扣器切断故障，后者除瞬时脱扣外，还有短延时脱扣和接地故障脱扣功能，都可能用于切断故障电流，接地故障脱扣功能更是专用于切断故障电流。

以下分别就瞬时脱扣、短延时脱扣、接地故障脱扣和熔断器逐一分析。

这些都是对 TN 系统进行分析，至于 TT 系统，由于其接地故障电流小得多，几乎不大可能用熔断器、瞬时脱扣器、短延时脱扣器切断故障，主要是靠 RCD 来切断，以下另做分析论证。

（2）TN 系统用断路器瞬时脱扣器切断故障的 PE 导体截面积。

1）瞬时脱扣器切断故障的动作时间 $t<0.1s$，应按式（10.4-4）计算。

2）计算条件：

a. 断路器的反时限过电流脱扣器的额定电流（I_{set1}），从 63～800A 按标准分级（共 12 级）进行计算，$I_{set1}<63A$ 时，PE 导体截面积已很小，按和相导体等截面积即可。

b. 断路器的瞬时脱扣器额定电流（I_{set3}），按通常应用的取 $10I_{set1}$。

c. I^2t 值是断路器的允通能量值，与故障电流大小有关，本节按预期故障电流最大可能值，取 60kA（适应 2500kVA 配电变压器的低压出线端）进行取值；鉴于各生产企业不同类型断路器的 I^2t 值差异较大（其值与断路器的触头结构、形式等多种因素有关），现取各企业产品中的较大者，以保证 PE 导体截面积 S_{PE} 足够大，能满足热稳定要求。

d. PE 导体和相导体在同一电缆内或同一外护物内，取绝缘线穿管敷设；分别按 4 种，即铜芯 PVC 绝缘线、铝芯 PVC 绝缘线、铜芯交联聚乙烯绝缘线、铝芯交联聚乙烯绝缘线，其系数 K 值分别为 115、76、143、94。

3）根据以上条件计算的 S_{PE} 值列于表 10.4-7 中。表 10.4-7 中还列出了相导体截面积 S_{ph}（第 6 列）、按表 10.4-6 查得的 PE 导体截面积（用 S'_{PE} 表示），以及 S_{PE} 与 S'_{PE} 的比值（第 8 列），作为对比分析用。

4）对比分析：从表 10.4-7 中的 S_{PE}/S'_{PE} 值看，按式（10.4-4）计算的 PE 导体截面积 S_{PE} 比按表 10.4-6 查得的 PE 导体截面积 S'_{PE} 小得多，大约只有 S'_{PE} 的 13%～63%，这样就在科学、合理的条件下，节约了大量的有色金属和线材，线路截面积越大，节约比例越大，例如，断路器的 I_{set1} 在 200～800A 范围，S_{PE} 仅为 S'_{PE} 的 13%～32%，即减小了 68%～87%，效益十分可观。

（3）TN 系统用断路器的短延时脱扣器切断故障的 PE 导体截面积。

1）采用选择型断路器时，接地故障电流有可能由短延时脱扣器分断；按上海电器科研院主持研制的 DW45 型选择型断路器，其短延时的动作时间为 0.1、0.2、0.3、0.4s 共 4 种，均大于或等于 0.1s，应按式（10.4-3）计算。

2）计算条件：

a. 断路器的长延时脱扣器额定电流 I_{set1}，按常用的 630～2000A 分 6 挡。

b. 瞬时脱扣器整定电流 I_{set3}，取 I_{set1} 的 20 倍，符合实际应用，并偏大取值，以保证计算所得的 S_{PE} 值足够大，以满足热稳定要求。

c. 式（10.4-3）中的故障电流 I_d 取值：由于短延时脱扣器可能分断的最大故障电流应为 I_{set3}，超过此值的故障电流将由瞬时脱扣器分断，所以取 $I_d=I_{set3}$。

d. PE 导体和相导体在同一外护物内，按铜芯交联聚乙烯绝缘线穿管或线槽内敷设，按 3 根线、环境温度 35℃ 的载流量计算，K 值取 143；如为铝芯时，截面积应乘 1.52 系数。

3）按式（10.4-3）和以上条件计算的 S_{PE} 值列于表 10.4-8 中。表 10.4-8 中还列出了 S_{ph} 和查表 10.4-6 所得的 S'_{PE}，以及 S_{PE}/S'_{PE} 的比值，以做对比。

表 10.4-7   用断路器瞬时脱扣器切断故障电流的 PE 导体截面积

计算电流 I_c（A）	反时限脱扣器电流 I_{set1}（A）	瞬时脱扣器电流 I_{set3}（A）	允通能量 I^2t（10^4A²·s）	按式（10.4-4）计算的 S_{PE}（mm²）	相导体截面积 S_{ph}（mm²）	按表10.4-6查得的 PE 导体截面积 S'_{PE}（mm²）	$\dfrac{S_{PE}}{S'_{PE}}$
50～63	63	630	60	$\dfrac{10\ (16)}{6\ (10)}$	$\dfrac{16\ (25)}{10\ (16)}$	$\dfrac{16\ (16)}{10\ (16)}$	$\dfrac{0.63\ (1.00)}{0.60\ (0.63)}$
63～80	80	800	63	$\dfrac{10\ (16)}{6\ (10)}$	$\dfrac{25\ (35)}{16\ (25)}$	$\dfrac{16\ (16)}{16\ (16)}$	$\dfrac{0.63\ (1.00)}{0.38\ (0.63)}$
80～100	100	1000	68	$\dfrac{10\ (16)}{6\ (10)}$	$\dfrac{35\ (70)}{25\ (35)}$	$\dfrac{16\ (35)}{16\ (16)}$	$\dfrac{0.63\ (0.46)}{0.38\ (0.63)}$
100～125	125	1250	75	$\dfrac{10\ (16)}{10\ (16)}$	$\dfrac{50\ (95)}{35\ (50)}$	$\dfrac{25\ (50)}{16\ (25)}$	$\dfrac{0.40\ (0.32)}{0.63\ (0.40)}$
125～160	160	1600	90	$\dfrac{10\ (16)}{10\ (16)}$	$\dfrac{95\ (120)}{50\ (70)}$	$\dfrac{50\ (70)}{25\ (35)}$	$\dfrac{0.20\ (0.23)}{0.40\ (0.46)}$
160～200	200	2000	180	$\dfrac{10\ (25)}{10\ (16)}$	$\dfrac{120\ (185)}{70\ (95)}$	$\dfrac{70\ (95)}{35\ (50)}$	$\dfrac{0.23\ (0.26)}{0.29\ (0.32)}$
200～250	250	2500	210	$\dfrac{16\ (25)}{16\ (16)}$	$\dfrac{185\ (240)}{95\ (150)}$	$\dfrac{95\ (120)}{50\ (70)}$	$\dfrac{0.17\ (0.21)}{0.32\ (0.23)}$
250～315	315	3150	250	$\dfrac{16\ (25)}{16\ (16)}$	$\dfrac{240\ (2×120)}{150\ (240)}$	$\dfrac{120\ (120)}{70\ (120)}$	$\dfrac{0.13\ (0.21)}{0.23\ (0.21)}$
315～400	400	4000	380	$\dfrac{25\ (35)}{16\ (25)}$	$\dfrac{2×120\ (2×185)}{2×70\ (2×95)}$	$\dfrac{120\ (185)}{70\ (95)}$	$\dfrac{0.21\ (0.19)}{0.23\ (0.26)}$
400～500	500	5000	450	$\dfrac{25\ (35)}{16\ (25)}$	$\dfrac{2×185\ (2×240)}{2×95\ (2×150)}$	$\dfrac{185\ (240)}{95\ (150)}$	$\dfrac{0.14\ (0.15)}{0.17\ (0.17)}$
500～630	630	6300	1400	$\dfrac{35\ (50)}{35\ (50)}$	$\dfrac{2×240\ (3×185)}{2×150\ (2×240)}$	$\dfrac{240\ (2×150)}{150\ (240)}$	$\dfrac{0.15\ (0.17)}{0.23\ (0.21)}$
630～800	800	8000	1600	$\dfrac{50\ (70)}{35\ (50)}$	$\dfrac{3×185\ (4×185)}{3×120\ (3×185)}$	$\dfrac{2×150\ (2×185)}{185\ (2×150)}$	$\dfrac{0.17\ (0.19)}{0.19\ (0.17)}$

注 1. 第5～8列：分子为铜芯 PVC 绝缘线，括号内为铝芯；分母为铜芯交联聚乙烯绝缘线，括号内为铝芯。

　　2. 第 6 列之 S_{ph} 值，按过负荷保护要求，其载流量（3 芯，35℃）不小于 I_{set1} 确定。

　　3. 第 7 列之 S'_{PE} 是按表 10.4-6 查得的 PE 导体截面积，供对比用。

表 10.4-8　用选择型断路器短延时脱扣器切断故障电流的 PE 导体截面积

计算电流 I_c（A）	长延时脱扣器额定电流 I_{set1}（A）	瞬时脱扣器整定电流 I_{set3}（A）	按式（10.4-3）计算的 S_{PE}（mm²）当动作时间为下列值时				相导体截面积 S_{ph}（mm²）	按表 10.4-6 查得的 S'_{PE}	$t=0.4s$ 的 $\frac{S_{PE}}{S'_{PE}}$
			0.1s	0.2s	0.3s	0.4s			
500～630	630	12 600	35	50	50	70	2×150	150	0.47
630～800	800	16 000	50	70	70	95	2×240	240	0.40
800～1000	1000	20 000	50	70	95	95	3×185	2×150	0.32
1000～1250	1250	25 000	70	95	120	95	3×240	2×185	0.32
1250～1600	1600	32 000	95	120	150	150	4×240	2×240	0.31
1600～2000	2000	40 000	95	150	185	185	5×240	4×150	0.31

注　1. 第 4～6 列之线路截面积按铜芯交联聚乙烯绝缘线管或线槽内敷设，如为铝芯时，截面积应乘以 1.52 系数。

2. 第 5 列的 S_{ph} 值，按过负荷保护要求，其载流量不小于 I_{set1} 选择。

3. 第 5 列按需要可能选用封闭型母线槽或电缆，其 PE 导体仍与相导体同在一外护物内。

4. 第 6、7 列的 S'_{PE} 系按表 10.4-6 查得的 PE 导体截面积。

5. 第 7 列的 S_{PE} 为第 4 列计算之 S_{PE}，按 $t=0.4s$ 时的值。

4）对比分析：

a. 从表 10.4-8 中的 S_{PE}/S'_{PE} 看，按式（10.4-3）计算的 PE 导体截面积 S_{PE} 比按表 10.4-6 查得的 PE 导体截面积 S'_{PE} 小得多，为 S'_{PE} 的 31%～47%，既科学、合理，又节约了线材，截面积越大，节约效果越显著。

b. 与断路器的瞬时脱扣器切断故障相比，计算的 S_{PE} 要大一些，因此对选择型断路器，应取表 10.4-8 和表 10.4-7 中 S_{PE} 较大者。

（4）TN 系统用断路器的接地故障脱扣功能切断故障的 PE 导体截面积。由于选择型断路器的接地故障脱扣整定电流（I_{setG}）比短延时脱扣整定电流（I_{set2}）小得多，根据计算结果，要求的 PE 导体截面积 S_{PE} 比用短延时脱扣切断故障要求的 S_{PE} 小很多，不再做论述。

（5）TN 系统用熔断器切断故障的 PE 导体截面积。用熔断器切断故障电流具有反时限特性，熔断时间同故障电流大小密切相关，使计算复杂化。研究的方法解析如下。

1）首先将不同数值的熔断体额定电流 I_n（从 100～800A 按标准分级取值），设定不同的故障电流（I_d）值，分别列出其熔断时间（t）；该值按 GB/T 13539.2—2015

《低压熔断器　第 2 部分：专职人员使用的熔断器的补充要求（主要用于工业的熔断器）标准化熔断器系统示例 A·至 K》[16]中的 gG 全封闭刀型触头熔断体的"时间—电流带"曲线查得，其值列于表 10.4-9。

2）关于表 10.4-9 的分析：将熔断时间（t）分为 3 个区，左下方为①区，系 $t>5s$ 区域，不符合规范要求；中间为②区，系 $5s \geqslant t \geqslant 0.1s$ 区域；右上方为③区，系 $t<0.1s$ 区域。

②区按式（10.4-3）计算；③区按式（10.4-4）计算，式（10.4-4）中的 I^2t 值取自 GB 13539.1—2015《低压熔断器　第 1 部分：基本要求》[15]，并列于表 10.4-10。

②区、③区分别计算出 PE 导体截面积列于表 10.4-11。

3）关于表 10.4-11 的分析：该表中的 PE 导体截面积 S_{PE} 并不适用，因为还是需要计算故障电流 I_d。但从该表中得出一个规律：熔断时间 t 越大，则要求的 S_{PE} 越大，包括 $t<0.1s$ 也是如此。因此取 $t=5s$ 时的 S_{PE} 值，作为设计应用参数，这样就免去了计算 I_d 值，只是这样的 S_{PE} 值仍偏于保守，但保证了故障时 PE 导体热稳定的最大可靠性。

4）按式（10.4-3）以熔断时间 $t=5s$ 计算出 PE 导体截面积 S_{PE} 列于表 10.4-12。表中还列出了相应的相导体截面积 S_{ph}，和查表 10.4-6 所得的 PE 导体截面积 S'_{PE}，以及 S_{PE} 对 S'_{PE} 的比值，以做对比。

表 10.4-9　　　　　　　　用熔断器切断故障电流的熔断时间 t　　　　　　　　（s）

I_n(A) ＼ I_d(A)	600	1000	1400	2000	3000	4000	5000	6000	8000	11 000	15 000	20 000
100	4.5	0.45	0.12									
125		2.5	0.5	0.12								
160		4.5	0.9	0.22			③		$t<$0.1s			
200			4.4	1.1	0.25							
250			2.1	0.4	0.22							
315		①		5	1.6	0.5	0.25	0.12				
400		$t>5s$			4.5	1.2	0.5	0.2	0.12			
500					5	1.3	0.6	0.3				
630						3.5	1.6	0.5	0.2			
800							3.6	②0.9	0.25			

② $5s \geqslant t \geqslant 0.1s$。

注　I_n 为熔断体额定电流；I_d 为故障电流。

表 10.4-10 　　　　gG 熔断体 0.01s 的弧前 I^2t 最大值

熔断体额定电流 I_n（A）	100	125	160	200	250	315	400	500	630	800
I^2t 最大值（$10^3 \times A^2 \cdot s$）	86	140	250	400	760	1300	2250	3800	7500	13 600

表 10.4-11 　　　　用熔断器切断故障电流的 PE 导体截面 S_{PE} 　　　　（mm²）

I_n(A) ＼ I_d(A)	600	1000	1400	2000	3000	4000	5000	6000	8000	11 000	15 000	20 000
100	16 (25)／10 (16)	6 (10)／6 (10)	6 (10)／4 (6)			4 (4)／2.5 (4)						
125		16 (25)／16 (25)	10 (16)／10 (16)	10 (10)／6 (10)		4 (6)／4 (6)				③ $t<0.1s$		
160		25 (35)／16 (25)	16 (25)／10 (16)	10 (16)／10 (16)			6 (10)／4 (6)					
200			35 (50)／25 (35)	25 (35)／16 (25)	16 (25)／16 (16)		6 (10)／6 (10)					
250				25 (35)／25 (35)	25 (35)／16 (25)	25 (25)／16 (25)			10 (16)／10 (10)			
315				50 (70)／35 (50)	35 (50)／35 (50)	25 (35)／25 (35)	25 (35)／25 (35)		16 (25)／10 (16)			
400		① $t>5s$			70 (95)／50 (70)	50 (70)／35 (50)	35 (50)／25 (35)	25 (35)／25 (35)		16 (25)／16 (25)		
500					95 (120)／70 (95)	70 (95)／50 (70)	50 (70)／50 (70)	50 (70)／35 (50)		25 (35)／16 (25)		
630						95 (120)／70 (120)	70 (120)／70 (95)	50 (95)／50 (70)	50 (70)／35 (50)	25 (50)／25 (35)		
800							150 (240)／120 (185)	② 120 (150)／95 (120)	70 (120)／70 (95)	35 (50)／35 (50)		

注　I_n 为熔断体额定电流；I_d 为故障电流。

5）TN 系统交流对地标称电压（U_0）为 120～230V 范围，接到插座（≤63A）的回路和接到 32A 及以下的固定设备的回路，切断电源时间不得超过 0.4s。对于接插座的回路，应采用额定动作电流（$I_{\Delta n}$）不大于 30mA 的剩余电流保护电器（RCD），不属本款讨论的范畴；对于 32A 及以下的固定设备的终端回路，如能满足 0.4s 以内切断要求，可以用熔断器，从式（10.4-3）分析，对 PE 导体截面积 S_{PE} 要求更低，不必计算。

表 10.4-12　　　　　用熔断器切断故障电流的 PE 导体截面积

计算电流 I_c（A）	熔断体额定电流 I_n（A）	$t=5\mathrm{s}$ 时的 I_d 值（A）	按式（10.4-3）$t=5\mathrm{s}$ 计算的 S_{PE} 值（mm²）	相导体截面积 S_{ph}（mm²）	按表 10.4-6 查得的 PE 导体截面积 S'_{PE}（mm²）	$\dfrac{S_{PE}}{S'_{PE}}$
32～40	40	190	4（10）/ 4（10）	10（16）/ 6（10）	10（16）/ 6（10）	0.40（0.63）/ 0.67（1.00）
40～50	50	250	6（10）/ 4（10）	16（25）/ 10（16）	16（16）/ 10（16）	0.38（0.63）/ 0.40（0.63）
50～63	63	320	10（10）/ 6（10）	16（25）/ 10（16）	16（16）/ 10（16）	0.63（0.63）/ 0.60（0.63）
63～80	80	425	10（16）/ 10（16）	25（35）/ 16（25）	16（16）/ 16（16）	0.63（1.00）/ 0.63（1.00）
80～100	100	580	16（25）/ 10（16）	35（70）/ 25（35）	16（35）/ 16（16）	1.00（0.72）/ 0.63（1.00）
100～125	125	715	16（25）/ 16（25）	50（95）/ 35（50）	25（50）/ 16（25）	0.64（0.50）/ 1.00（1.00）
125～160	160	950	35（35）/ 16（25）	95（120）/ 50（70）	50（70）/ 25（35）	0.70（0.50）/ 0.64（0.72）
160～200	200	1250	25（50）/ 25（35）	120（185）/ 70（95）	70（95）/ 35（50）	0.36（0.53）/ 0.72（0.70）
200～250	250	1650	35（50）/ 25（35）	185（240）/ 95（150）	95（120）/ 50（70）	0.37（0.42）/ 0.50（0.50）
250～315	315	2200	50（70）/ 35（50）	240（2×120）/ 150（240）	120（120）/ 70（120）	0.42（0.58）/ 0.50（0.42）
315～400	400	2840	70（95）/ 50（70）	2×120（2×185）/ 2×70（2×95）	120（185）/ 70（95）	0.58（0.51）/ 0.72（0.74）
400～500	500	3800	95（120）/ 70（95）	2×185（2×240）/ 2×95（2×150）	185（240）/ 95（150）	0.52（0.50）/ 0.74（0.63）
500～630	630	5100	120（150）/ 95（120）	2×240（3×185）/ 2×150（2×240）	240（2×150）/ 150（240）	0.50（0.50）/ 0.63（0.50）
630～800	800	7000	150（240）/ 120（185）	3×185（4×185）/ 3×120（3×185）	2×150（2×185）/ 185（2×150）	0.50（0.65）/ 0.65（0.62）

注　1. 第 2 列的 I_n 值为 gG 全封闭刀型触头熔断体额定电流，从 40～800A 按标准共取 14 挡值。

2. 第 3 列为 $t=5\mathrm{s}$ 时的故障电流，采用 GB 13539.1—2015 中 gG 熔断体规定的弧前时间为 5s 的门限最大值，和从"时间—电流带"曲线上查得的数据接近。

3. 第 4～7 列导体截面积，分子为铜芯 PVC 绝缘线，括号内为铝芯；分母为铜芯交联聚乙烯绝缘线，括号内为铝芯。

4. 第 4 列是按式（10.4-3），$t=5\mathrm{s}$ 计算得出的 PE 导体截面积 S_{PE}。注意按规定铝导体不得小于 10mm²。

5. 第 5 列之相导体截面积 S_{ph}，是按过负荷要求其载流量（3 芯，35℃）不小于 I_n 值选定。

6. 第 6 列按第 5 列的 S_{ph} 依据表 10.4-6 查得的 PE 导体截面积，用 S'_{PE} 表示。

（6）TT 系统 PE 导体截面积。

1）TT 系统的故障电流：按式（5.5-5），TT 系统的故障电流按下式计算

$$I_{\mathrm{d}} = \frac{U_0}{R_{\mathrm{A}} + R_{\mathrm{B}} + R_{\mathrm{ph}}} \qquad (10.4-5)$$

通常，R_{B} 为 1～4Ω，R_{A} 为 10～100Ω，R_{ph} 仅为毫欧级。

按此电阻值，当 U_0=220V 时，预期的故障电流仅几安培到几十安培。

2）TT 系统故障电流可能的最大值分析：前述的 R_{B}、R_{A} 值，是设计时确定的最大允许值；实际上，对于土壤电阻率低的地带和由于各种自然接地体的影响，施工后实际的电阻值可能比设计规定的最大允许值小得多，从而使实际发生的故障电流 I_{d} 比计算值大得多，必须考虑到这种可能性对 PE 导体截面积 S_{PE} 的要求。

为保证最极端条件下，PE 导体可能出现故障电流最大时的热稳定，将 R_{B} 和 R_{A} 设定成一个相当小的数值：设 R_{B} 为 0.05Ω，R_{A} 为 0.10Ω，R_{ph} 为 0.01Ω，代入式（10.4-5），求得 $I_{\mathrm{d}} = \dfrac{220}{0.10 + 0.05 + 0.01} = 1375$（A）。

用这个故障电流值计算的 S_{PE}，应该是足够可靠的。

3）TT 系统故障时的切断时间：按规定，当 U_0=220V（交流）时，32A 及以下的末端回路切断时间不应大于 0.2s，其他配电线路不应大于 1.0s。

4）按式（10.4-3）计算 S_{PE}。

a. 按 I_{d} 为 1375A，t 为 0.2s 和 1.0s，代入式（10.4-3）计算结果列于表 10.4-13。

表 10.4-13　　　　　　TT 系统 PE 导体截面积 S_{PE} 推荐值　　　　　　（mm²）

切断时间 t（s）	PVC 绝缘线（穿管）		交联聚乙烯绝缘线（穿管）		适用配电回路
	铜	铝	铜	铝	
1.0	16	25	10	16	其他配电线路
0.2	6	10	6	10	32A 及以下的末端回路

注　当 PE 导体和相导体不在同一电缆内和外护物内时，铝芯 PE 导体截面积不得小于 16mm²。

b. 对比：GB/T 16895.3—2017[8] 中 543.1.1 条规定：TT 系统 PE 导体截面积不必超过：铜—25mm²，铝—35mm²；表 10.4-13 的推荐值为其的 24%～71%。

（7）PE 导体截面积 S_{PE} 合理取值和简易取值的总结。

1）为方便应用，将上述创新研究的结果编列如下。

a. TN 系统采用非选择型断路器由瞬时脱扣器切断的 PE 导体截面积 S_{PE} 见

表 10.4–14。

表 10.4–14　TN 系统用非选择型断路器瞬时脱扣器切断的 PE 导体截面积 S_{PE}

计算电流 I_c（A）	反时限脱扣器额定电流 I_{set1}（A）	瞬时脱扣器整定电流 I_{set3}（A）	PE 导体截面积 S_{PE}（mm²）			
			PVC 绝缘线		交联聚乙烯绝缘线	
			铜	铝	铜	铝
50～63	63	630	10	16	6	10
63～80	80	800	10	16	6	10
80～100	100	1000	10	16	6	10
100～125	125	1250	10	16	10	16
125～160	160	1600	10	16	10	16
160～200	200	2000	16	25	10	16
200～250	250	2500	16	25	16	16
250～315	315	3150	16	25	16	25
315～400	400	4000	25	35	16	25
400～500	500	5000	25	35	16	25
500～630	630	6300	35	50	35	50
630～800	800	8000	50	70	35	50

b. TN 系试采用选择型断路器时，按短延时脱扣器切断的 PE 导体截面积 S_{PE} 见表 10.4–15。由于短延时动作对 S_{PE} 要求比瞬时脱扣器动作更高，所以按短延时动作要求选择 S_{PE} 值。

表 10.4–15　TN 系统用选择型断路器按短延时切断的 PE 导体截面积 S_{PE}

计算电流 I_c（A）	反时限脱扣器额定电流 I_{set1}（A）	瞬时脱扣器整定电流 I_{set3}（A）	短延时整定时间 t 为 0.4s 时用铜芯交联聚乙烯绝缘线的 S_{PE}（mm²）
500～630	630	12 600	70
630～800	800	16 000	95
800～1000	1000	20 000	95
1000～1250	1250	25 000	120
1250～1600	1600	32 000	150
1600～2000	2000	40 000	185

注　1. 短延时整定的时间 t 按 0.4s 计算，如 t 为 0.1～0.3s 时，S_{PE} 值还可减小。

　　2. 第 4 列的 S_{PE} 值是按铜芯交联聚乙烯绝缘线，如同样绝缘的铝芯线时，其 S_{PE} 值应乘以 1.52 的系数。

　　3. 瞬时脱扣器整定电流 I_{set3} 按 I_{set1} 的 20 倍计算，该值决定了 S_{PE} 取值，而与短延时脱扣器整定电流 I_{set2} 没有直接关系。

c. TN 系统采用熔断器切断的 PE 导体截面积 S_{PE} 见表 10.4-16。

d. TT 系统采用 RCD 切断的 PE 导体截面积 S_{PE} 见表 10.4-13。

表 10.4-16　　　　　　　用 gG 熔断器切断的 PE 导体截面积 S_{PE}

| 计算电流 I_c（A） | 熔断体额定电流 I_n（A） | PE 导体截面积 S_{PE}（mm²） | | | |
| | | PVC 绝缘线 | | 交联聚乙烯绝缘线 | |
		铜	铝	铜	铝
32~40	40	4	10	4	10
40~50	50	6	10	4	10
50~63	63	10	10	6	10
63~80	80	10	16	10	16
80~100	100	16	25	10	16
100~125	125	16	25	16	25
125~160	160	25	35	16	25
160~200	200	25	50	25	35
200~250	250	35	50	25	35
250~315	315	50	70	35	50
315~400	400	70	95	50	70
400~500	500	95	120	70	95
500~630	630	120	150	95	120
630~800	800	150	240	120	185

2）为更简单、更方便应用，进一步简化为下列取值，选取 S_{PE}。

a. TN 系统用非选择型断路器瞬时脱扣器切断时，可按表 10.4-17 选取 S_{PE}。

b. TN 系统用选择型断路器按短延时脱扣器切断，可按表 10.4-18 选取 S_{PE}。

c. TN 系统用 gG 熔断器切断时可按表 10.4-19 选取 S_{PE}。

d. TT 系统可按表 10.4-20 选取 S_{PE}。

表 10.4-17　　　　TN 系统用非选择型断路器瞬时脱扣器切断的 PE 导体截面积 S_{PE}

相导体截面积 S_{ph}（mm²）	PE 导体截面积 S_{PE}（mm²）
$S_{ph} \leqslant 16$	S_{ph}
$25 \leqslant S_{ph} \leqslant 50$	16
$70 \leqslant S_{ph} \leqslant 150$	25
$S_{ph} \geqslant 185$	$0.15 S_{ph}$

表 10.4-18　　TN 系统用选择型断路器按短延时脱扣器切断的 PE 导体截面积 S_{PE}

相导体截面积 S_{ph}（mm²）	PE 导体截面积 S_{PE}（mm²）
≤800	$0.25S_{ph}$
>800	$0.20S_{ph}$

表 10.4-19　　TN 系统用 gG 熔断器切断时的 PE 导体截面积 S_{PE}

相导体截面积 S_{ph}（mm²）	PE 导体截面积 S_{PE}（mm²）
$S_{ph} \leqslant 16$	S_{ph}
$25 \leqslant S_{ph} \leqslant 50$	16
$S_{ph} \geqslant 70$	$0.3S_{ph}$

表 10.4-20　　　　TT 系统的 PE 导体截面积 S_{PE}

切断故障电流的时间 t（s）	PE 导体截面积 S_{PE}（mm²）	
	铜	铝
$t \leqslant 0.2$	6	10
$t \leqslant 1.0$	16	25

（8）应用举例。

例　一配电线路，计算电流 I_c=300A，按环境温度为 40℃，选择铜芯交联聚乙烯绝缘线，截面积 S_{ph} 为 185mm²，长 100m，保护电器：方案 1 采用断路器，I_{set1} 选 315A，I_{set3} 选 3150A；方案 2 采用 gG 熔断器，I_n 选 315A，试问和相导体敷设在同一管内的 PE 导体铜芯截面积 S_{PE} 至少应为多少？

解：（1）按常规做法，查表 10.4-6，应取 S_{ph} 的 1/2，即 95mm²。

（2）按式（10.4-3）和式（10.4-4）计算的查表法：

1）方案 1，采用断路器，查表 10.4-7，S_{PE} 至少为 16mm²；

2）方案 2，采用熔断器，查表 10.4-12，S_{PE} 至少为 35mm²。

（3）对比：按本书提供的查表法，PE 导体截面积 S_{PE} 仅为常规查表法确定的 S_{ph} 的比例：用断路器时为 16/95=16.84%；用熔断器时为 35/95=36.84%。

10.4.5　保护接地中性导体（PEN）截面积选择

（1）PEN 导体截面积要求：应满足中性（N）导体截面积要求，同时应满足保护接地导体（PE）截面积要求。

（2）固定电气装置的 PEN 导体截面积不应小于：铜 10mm²，铝 16mm²。

（3）PEN 导体不应作为连接到移动电气设备的末端线路，也不宜作为连接用电设备、灯具的末端线路。

（4）不应利用敷线的金属导管、金属槽盒和电缆的金属外护物作为 PEN 导体，严禁利用外界可导电部分（如水管、金属结构件）作为 PEN 导体。

（5）PEN 导体的其他要求：

1）应和相导体具有相同级别的绝缘。

2）PEN 导体严禁接入熔断器和任何开关电器。

3）在火灾危险环境和爆炸危险环境，不应采用 PEN 导体。

4）PEN 导体在配电系统的任何部位分开为 N 导体和 PE 导体以后，不允许再合并。

5）PEN 导体连接到配电装置（柜、屏、箱等）的 PEN 母排（或端子），或连接到 PE 母排（或端子）再转接到 N 母排（或端子），见图 10.4-3。

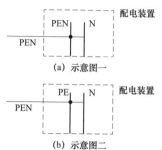

图 10.4-3　PEN 导体到配电装置的连接示意图

6）从配电装置的 PEN 母排（或端子）可以接出 PEN 导体，也可接出 PE 导体，也可接出 N 导体；接出导体的属性取决于连接到配电箱或用电设备的部位：如图 10.4-4 所示，从配电箱 PD1 引出的线路 1 连接到配电箱 PD2 的 PE 母排和 N 母排，则为 PEN 导体；从配电箱 PD3 引出到用电设备 M 的中性端子的线路 2 则为 N 导体；从 PD3 引出到用电设备 M（Ⅰ类）的外露可导电部分的接线端子的线路 3 则为 PE 导体。

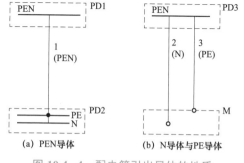

图 10.4-4　配电箱引出导体的性质

10.4.6　保护联结导体的截面积选择[8]

（1）保护等电位联结导体：接到接地端子的保护联结导体的截面积不应小于电气装置内的最大保护接地导体（PE）的截面积的 1/2，且不小于：铜 6mm²，铝 16mm²，钢 50mm²；但也不应超过铜 25mm²，或其他材料的等效截面积。

（2）辅助等电位联结导体：

1）联结两个外露可导电部分的保护联结导体，其电导不应小于接到外露可导电部分的较小的保护接地导体（PE）的电导。

2）联结外露可导电部分和外界可导电部分的保护联结导体，其电导不应小于相应保护接地导体（PE）1/2 截面积所具有的电导。

3）做辅助联结用的保护联结导体和两个外界可导电部分之间的联结导体还应满足机械强度要求，其最小截面积应符合下列值：

　a. 有机械损伤防护的：铜 2.5mm²，铝 16mm²；

　b. 无机械损伤防护的：铜 4mm²，铝 16mm²。

10.4.7　接地导体的要求和截面积选择

（1）接地导体的敷设环境和技术要求。

1）接地导体：按照配电系统的工作接地或保护接地的需要，在系统或装置、设备的特定点（通常是等电位联结母线或端子）连接到接地极或接地网之间的一段导体。

2）接地导体的一部分敷设在户外土壤内或混凝土内，应具有耐腐蚀性能和必要的机械强度。

3）为保证接地系统的可靠性和使用寿命，接地导体与接地极应连接牢固，且有良好的导电性能，应采用热熔焊、压力连接器、夹板或其他的机械连接器，不得采用锡焊连接。

（2）接地导体的材质和截面积选择。

1）接地导体材质应选用铜或钢（包括普通钢、热镀锌钢、不锈钢），也可用铜包钢，但不得采用铝导体。

2）系统接地和保护接地的接地导体，将承载 TT 系统的故障电流和 TN 系统故障电流的部分电流，为此保护导体的截面积应满足预期故障电流引起的机械和热应力。

3）接地导体截面积应符合 TT 系统的 PE 导体截面积要求。

4）接地导体截面积应符合接到接地端子或等电位联结母排的保护联结导体要求，即截面积不应小于：铜 6mm² 或钢 50mm²；当防雷保护装置共同时，其截面积不应小于铜 16mm² 或钢 50mm²。

5）埋入土壤内或混凝土内的裸接地导体的截面积（或直径）不应小于：

a. 铜带：50mm²，厚度不小于 2mm；

b. 水平安装的圆铜线：25mm²，兼做防雷和防电击的：50mm²；

c. 铜管：直径 20mm，管壁厚 2mm；

d. 热镀锌钢、不锈钢：扁钢 90mm²，厚度 3mm；水平安装的圆钢，直径 10mm。

10.4.8　导体截面积选择汇总和保护导体示例

（1）导体截面积选择汇总。为了对各种导体截面积选择有一个比较和整体概念，将其要求汇集在一个表中，汇总表见表 10.4-21。

表 10.4-21　　　　低压配电线路导体截面积选择汇总表

导体类别	导体截面积选择的技术条件
相导体	（1）导体的载流量，不应小于线路计算电流。 （2）线路电压降应满足用电设备和照明灯正常工作及启动时端电压要求。 （3）应满足线路故障防护要求。 （4）应满足短路动稳定和热稳定要求。 （5）导体的最小截面积应满足机械强度要求。 （6）供给长时间稳定负荷的线路，按经济电流密度选择导体截面积
N 导体	（1）下列情况之一者，N 导体截面积 S_N 应等于相导体截面积 S_{ph}： 1）单相两线制线路； 2）三相四线制线路，铜芯≤16mm²，铝芯≤25mm²； 3）三次谐波含有率>15%，但≤33%。 （2）三相四线制线路，符合下列全部条件，S_N 可减小，但不得小于 S_{ph} 的 50%： 1）铜芯>16mm²，铝芯>25mm²； 2）N 导体的电流（含谐波导致的电流）小于其载流量； 3）N 导体已设置了过电流保护。 （3）三次谐波含有率>33%，使 N 导体电流大于相导体电流，当 N 导体和相导体等截面积同一电缆内或敷设在同一管、槽内时，应按 N 导体电流选择相导体和 N 导体截面积

导体类别	导体截面积选择的技术条件
PE 导体	（1）满足故障防护自动切断电源条件。 （2）能承受保护电器切断时间内预期故障电流引起的机械和热应力。 （3）PE 导体截面积 S_{PE} 应按下列要求之一选择： 1）$S_{PE} \geqslant \dfrac{I_d}{K}\sqrt{t}$，或 $(KS_{PE})^2 \geqslant I^2t$（当 $t<0.1s$ 时）； 2）当 $S_{ph} \leqslant 16mm^2$ 时：$S_{PE}=S_{ph}$；当 $S_{ph}>16mm^2$ 时：$S_{PE} \approx \dfrac{1}{2}S_{ph}$。 （4）PE 导体不与相导体同在一外护物内，其最小截面积 S_{PE} 要求： 1）有机械防护时：铜 2.5mm²，铝 16mm²； 2）无机械防护时：铜 4mm²，铝 16mm²
PEN 导体	（1）应满足 PE 导体和 N 导体两者的所有功能要求。 （2）PEN 导体不能装设在用电设备、照明灯具、插座的终端回路；也不得用于火灾危险和爆炸危险环境。 （3）固定的电气装置的 PEN 导体截面积不得小于：铜：10mm²；铝：16mm²。 （4）敷线的钢管、槽盒等金属外护物不应用做 PEN 导体。 （5）外界可导电部分（水管、钢构件等）严禁用做 PEN 导体
保护联结导体	（1）接到总接地端子的保护联结导体： 1）截面积不应小于装置内最大 PE 导体的一半，且不小于：铜为 6mm²，铝为 16mm²，钢为 50mm²。 2）上述保护联结导体截面积不必超过铜 25mm² 或其他材料的等效截面积。 （2）辅助联结用保护联结导体： 1）两个外露可导电部分的保护联结导体不应小于较小的 PE 导体的电导； 2）外露可导电部分和外界可导电部分的保护联结导体不应小于 PE 导体截面积的一半具有的电导； 3）辅助联结用保护联结导体和两个外界可导电部分间联结导体最小截面积应符合本表中 PE 导体（4）要求
接地导体	（1）接地导体应符合 TT 系统的 PE 导体截面积要求。 （2）接地导体的截面积不应小于：铜 6mm²，钢 50mm²。 （3）兼做防雷的接地导体的截面积不应小于：铜 16mm²，钢 50mm²。 （4）接地导体不应采用铝材。 （5）埋入土壤内的裸接地导体的截面积不应小于： 1）铜带 50mm²，厚度不小于 2mm； 2）水平安装圆铜线 50mm²，仅用于电击防护的，可为 25mm²； 3）热镀锌钢：扁钢 90mm²，厚度不小于 3mm，水平安装的圆钢：直径 10mm

（2）保护导体示例。为了正确分辨配电系统中各种保护导体不致引起混淆，准确把握和分清哪条连线属 PE 导体，哪条属总等电位联结的保护联结导体和辅

助等电位联结的保护联结导体，以图形示例形式予以界定，示例于图10.4-5中，图中未标示载流的相导体和N导体。

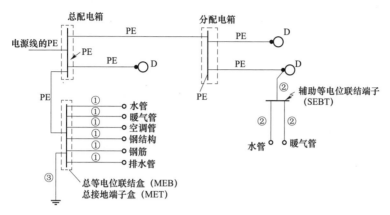

图 10.4-5　PE 导体和保护联结导体示例

①—接到 MEB（或 MET）的保护联结导体；②—辅助联结的保护联结导体；

③—接地导体；D—防电击Ⅰ类的用电设备，与设备外露可导电部分接地端子

附录 A　部分企业断路器的允通能量（I^2t）值

部分企业断路器的允通能量（I^2t）值分别见表 A-1～表 A-9。

表 A－1　　　　　　　　断路器的允通能量（I^2t）值（一）　　　　　　　　（$10^3A^2 \cdot s$）

企业名称	断路器型号、特性	长延时额定电流（A）	当短路电流为以下值（kA）时的 I^2t 值						
			6	10	20	30	40	50	60
ABB（中国）有限公司	S200 S、S200 M、S200 P、MCB，230/400V，B、C、D、K、Z特性，I_{cu}=10、15、25kA	16	30	42	58	—	—	—	—
		20、25	37	55	85	—	—	—	—
		32、40	42	67	95	—	—	—	—
		50、63	68	95	110	—	—	—	—
	S700 MCB：E、K特性，壳架电流100A，I_{cu}=25kA	16	21	29	40	—	—	—	—
		20	26	34	52	—	—	—	—
		25	29	37	60	—	—	—	—
		32	36	48	70	—	—	—	—
		40	40	51	78	—	—	—	—
		50	43	60	82	—	—	—	—
		63	53	68	115	—	—	—	—
	S750 DR，SMCB：E、K特性，壳架电流63A，I_{cu}=25kA	16	18	23	37	42	—	—	—
		32	28	40	64	72	—	—	—
		63	37	54	93	110	—	—	—
	S800S、S800 N、S800C、MCB：B、C、D、K特性，400V，壳架电流100A、125A，I_{cu}=25、36、50kA	16	17	23	37	42	48	—	—
		20	21	31	51	63	71	—	—
		25	23	35	56	69	77	—	—
		32	27	41	65	79	88	—	—
		40	37	52	78	91	100	—	—
		50	40	57	81	94	105	—	—
		63	55	63	90	100	110	—	—

企业名称	断路器型号、特性	长延时额定电流（A）	当短路电流为以下值（kA）时的 I^2t 值						
			6	10	20	30	40	50	60
ABB（中国）有限公司	Tmax XT2，MCCB：壳架电流160A，415V，I_{cu}=36～200kA（5级）	20	210	220	220	230	230	230	230
		25	260	290	290	300	300	300	300
		40	270	310	320	320	330	330	330
	Tmax XT4，MCCB：壳架电流250A，415V，I_{cu}=36～200kA（5级）	32	230	280	290	300	300	300	310
		40	380	490	550	570	580	590	590
	Tmax T1-160 MCCB：400～440V，壳架电流160A，I_{cu}=16～36kA（3级）	16	210	280	320	340	360	370	380
		20、25	230	310	380	410	440	460	480
		32	240	320	410	460	480	490	500
		40～63	250	360	490	520	550	570	590
	Tmax T2-160 MCCB：400～415V，壳架电流160A，I_{cu}=36～85kA（4级）	16	60	90	110	120	130	140	150
		20	65	95	120	130	140	150	160
		25、32	70	110	140	150	160	170	180
		40～63	80	120	160	170	180	190	200
	Tmax T4-250 MCCB：壳架电流250A，400～440V，I_{cu}=36～200kA（5级）	20、25	180	210	260	290	300	310	310
		32～50	190	230	310	360	370	380	380

企业名称	断路器型号、特性	长延时额定电流（A）	当短路电流为以下值（kA）时的 I^2t 值						
			6	10	20	30	40	50	60
良信电器	NDM3-125 MCCB：壳架电流125A，400V，I_{cu}=100kA	16～25	150	180	220	250	270	280	290
		32～50	200	280	360	390	410	430	440
		63～80	280	390	540	610	650	690	700
	NDB2-63 MCB：壳架电流63A，230V，I_{cu}=10kA	16	18	26	—	—	—	—	—
		20	26	34	—	—	—	—	—
		25	28	38	—	—	—	—	—
		32	32	46	—	—	—	—	—
		40	37	52	—	—	—	—	—

企业名称	断路器型号、特性	长延时额定电流（A）	当短路电流为以下值（kA）时的 I^2t 值						
			6	10	20	30	40	50	60
罗格朗低压电器有限公司	DX3 型 MCB：400V，壳架电流≤63A，I_{cu}=6kA，C、D 特性	16	3.5	—	—	—	—	—	—
		20	5.7	—	—	—	—	—	—
		25	9.0	—	—	—	—	—	—
		32	13	—	—	—	—	—	—
		40	22	—	—	—	—	—	—
		50	34	—	—	—	—	—	—
		63	58	—	—	—	—	—	—
	DX3 型 MCB：400V，壳架电流≤63A，I_{cu}=10kA，B、C 特性	16	2.7	3.1	—	—	—	—	—
		20	4	5	—	—	—	—	—
		25	7.1	9.9	—	—	—	—	—
		32	14	18	—	—	—	—	—
		40	20	28	—	—	—	—	—
		50	37	50	—	—	—	—	—
		63	51	71	—	—	—	—	—
	DX3 型 MCB：400V，10~32A，I_{cu}=25kA，C、B、D 特性	16	2.8	3.2	3.7	4	—	—	—
		20	4.2	5	5.8	6.2	—	—	—
		25	7.5	9.8	13	15	—	—	—
		32	8.5	12	19	23	—	—	—
	DX3 型 MCB：400V，6~25A，I_{cu}=25kA，Z 特性	16	23	32	48	52	—	—	—
		20	27	39	57	62	—	—	—
		25	31	48	70	75	—	—	—
	DX3 型 MCB：400V，壳架电流为 63A，I_{cu}=50kA，B、C、D 特性	16	2.3	3.8	4.8	5.3	5.7	6	—
		20	4.2	5.8	7.1	8	9.3	10	—
		25	6.6	9	13	17	18	19	—
		32	10	16	22	28	31	35	—
		40	14	20	31	38	43	50	—
		50	21	32	51	65	75	81	—
		63	33	52	84	100	110	120	—
	DX3 型 MCB：400V，壳架电流为 63A，I_{cu}=50kA，MA 特性	16	11	18	35	49	51	61	—
		25	15	25	45	60	75	85	—
		40	22	33	59	78	90	100	—
		63	28	41	72	90	110	120	—
	DPX3160，DPX3-1，160，MCCB：壳架电流为 160A，I_{cu}=50kA	16~40	140	210	400	520	580	600	—
		50~80	180	290	540	700	780	810	—

表 A-5　　　　　　　　　断路器的允通能量（I^2t）值（五）　　　　（$10^3 A^2 \cdot s$）

企业名称	断路器型号、特性	长延时额定电流（A）	当短路电流为以下值（kA）时的 I^2t 值						
			6	10	20	30	40	50	60
西门子（中国）有限公司	3VA1 MCCB：壳架电流100A，415V，I_{cu}=16~36kA	16	100	150	210	260	—	—	—
		25	100	150	210	260	270		
		32	100	150	210	260	270		
		40	160	230	320	380	400		—
	3VA1 MCCB：壳架电流160A，415V，I_{cu}=25~70kA	16	100	150	210	260	270	280	280
		25	100	150	210	260	270	280	280
		32	100	150	210	260	270	280	280
		40	180	230	320	380	400	410	430
	3VA2 MCCB：壳架电流100A，415V，I_{cu}=55~150kA	25	300	390	480	520	550	580	600
		40	300	390	490	530	550	580	600

表 A-6　　　　　　　　　断路器的允通能量（I^2t）值（六）　　　　（$10^3 A^2 \cdot s$）

企业名称	断路器型号、特性	长延时额定电流（A）	当短路电流为以下值（kA）时的 I^2t 值						
			6	10	20	30	40	50	60
施耐德电气有限公司	iC65N，MCB：壳架电流63A，400V，I_{cu}=6~10kA，B、C、D 特性	16	16	25	—	—	—	—	—
		20、25	25	37	—				
		32、40	32	50	—				
		50、63	38	60	—				
	iC65H，MCB：壳架电流63A，400V，I_{cu}=10kA，B、C、D 特性	16	16	23	35	—	—	—	—
		20、25	23	38	52				
		32、40	34	50	80				
		50、63	38	60	90				
	iC65L，MCB：壳架电流63A，400V，I_{cu}=15kA，B、C 特性	16	17	23	40	—	—	—	—
		20、25	24	38	58				
		32、40	34	50	80				
		50、63	39	61	95				

企业名称	断路器型号、特性	长延时额定电流（A）	当短路电流为以下值（kA）时的 I^2t 值						
			6	10	20	30	40	50	60
施耐德电气有限公司	MCB：C60N（I_{cu}=10kA），C60H（I_{cu}=15kA），415V，壳架电流63A，B、C特性	16	17	25	40	—	—	—	—
		20、25	21	34	60	—	—	—	—
		32、40	33	50	80	—	—	—	—
		50、63	40	65	110	—	—	—	—
	MCB：NG125H（I_{cu}=36kA），NG125L（I_{cu}=50kA），415V，10～80A，C、D特性，带RCD（船级社认证）	16	8	12	17	20	25	30	—
		20	13	17	22	31	34	40	—
		25	17	20	28	40	43	46	—
		32	21	29	39	45	50	55	—
		40	29	42	52	58	65	70	—
		50	52	60	75	78	85	90	—
		63	65	75	92	96	100	100	—
	MCB：C120H（I_{cu}=10kA），C120L（I_{cu}=15kA），63～125A，415V，C、D特性	63	70	85	95	—	—	—	—

表A-7　　　　断路器的允通能量（I^2t）值（七）　　　　（$10^3 A^2 \cdot s$）

企业名称	断路器型号、特性		长延时额定电流（A）	当短路电流为以下值（kA）时的 I^2t 值						
				6	25	36	50	70	100	150
施耐德电气有限公司	NSX-100、NSX-160、MCCB：壳架电流100A，160A，380～415V，2、3、4P，I_{cu}=I_{cs}	I_{cu}=25kA	≤100，≤160A	—	550	—	—	—	—	—
		I_{cu}=36kA	≤100，≤160A	—	—	600	—	—	—	—
		I_{cu}=50kA	≤100，≤160A	—	—	—	610	—	—	—
		I_{cu}=70kA	≤100，≤160A	—	—	—	—	620	—	—
		I_{cu}=100kA	≤100，≤160A	—	—	—	—	—	640	—
		I_{cu}=150kA	≤100，≤160A	—	—	—	—	—	—	650

企业名称	断路器型号、特性	长延时额定电流（A）	当短路电流为以下值（kA）时的 I^2t 值						
			6	10	20	25	40	50	60
常熟电器制造公司	CH3N-63、CH3H-63，MCB：壳架电流63A，400V，4P，C 特性，I_{cu}=10kA	16	2	2.6	—	—	—	—	—
		20	2.8	3.7	—	—	—	—	—
		25	4	5.5	—	—	—	—	—
		32	7.6	12	—	—	—	—	—
		40	14	20	—	—	—	—	—
		50	21	32	—	—	—	—	—
		63	31	46	—	—	—	—	—
	CH3N-63、CH3H-63，MCB：壳架电流63A，400V，1P、3P、4P，C 特性，I_{cu}=10kA	16	2.8	3.1	—	—	—	—	—
		20	4.1	5	—	—	—	—	—
		25	7.3	10	—	—	—	—	—
		32	14	18	—	—	—	—	—
		40	21	29	—	—	—	—	—
		50	38	51	—	—	—	—	—
		63	51	71	—	—	—	—	—
	CH3N-63、CH3H-63，MCB：壳架电流63A，230V，2P，C 特性，I_{cu}=25kA	16	1.6	1.9	2.8	2.9	—	—	—
		20	2	2.8	5	5.4	—	—	—
		25	3	4.1	6	6.5	—	—	—
		32	5.8	8	13	16	—	—	—
		40	9	14	23	28	—	—	—
		50	17	21	38	41	—	—	—
		63	21	31	51	60	—	—	—
	CH3N-63、CH3H-63，MCB：壳架电流63A，400V，2P，D 特性，I_{cu}=10kA	16	2.8	3.8	—	—	—	—	—
		20	4.1	5.8	—	—	—	—	—
		25	6.7	9.1	—	—	—	—	—
		32	10	17	—	—	—	—	—
		40	15	20	—	—	—	—	—
		50	21	32	—	—	—	—	—
		63	33	52	—	—	—	—	—

企业名称	断路器型号、特性	长延时额定电流（A）	6	10	20	25	40	50	60
			当短路电流为以下值（kA）时的 I^2t 值						
常熟电器制造公司	CH3N－63、CH3H－63，MCB：壳架电流63A，400V，1P、3P、4P，D 特性，$I_{cu}=10\text{kA}$	16	3.6	5.1	—	—	—	—	—
		20	5.7	8.2	—	—	—	—	—
		25	8.8	13	—	—	—	—	—
		32	13	19	—	—	—	—	—
		40	22	29	—	—	—	—	—
		50	32	44	—	—	—	—	—
		63	60	82	—	—	—	—	—
	CH3N－63、CH3H－63，MCB：壳架电流63A，230V，2P，D 特性，$I_{cu}=25\text{kA}$	16	1.8	2.8	3.9	4.2	—	—	—
		20	2.9	4.2	5	6.4	—	—	—
		25	4.1	6.5	9.7	11	—	—	—
		32	6.2	10	18	20	—	—	—
		40	8	14	22	27	—	—	—
		50	13	21	37	42	—	—	—
		63	20	35	59	69	—	—	—

表 A－9　　　　　断路器的允通能量（I^2t）值（九）　　　　　（$10^3\text{A}^2\cdot\text{s}$）

企业名称	断路器型号、特性	长延时额定电流（A）	6	10	20	30	40	50	60
			当短路电流为以下值（kA）时的 I^2t 值						
常熟电器制造公司	CM3－63L、M MCCB：壳架电流63A，$I_{cu}=35\sim75\text{kA}$（3 级）	10	0.8	18	55	90	110	120	—
		63	1.2	24	100	210	280	300	—
	CM3－100L、M、H，MCCB：壳架电流100A，$I_{cu}=35\sim100\text{kA}$（4 级）	10	3	10	50	120	190	210	230
		63	55	130	440	650	830	900	1000
	CM5－63 MCCB：壳架电流63A，$I_{cu}=35\sim100\text{kA}$（4 级）	63	100	180	260	270	280	290	300
正泰	NXM－160 SH：壳架电流160A	10~25	—	75	95	120	—	290	—
	NXM－63 SH：壳架电流63A	25~63	—	30	40	120	—	200	—

低压配电设计解析

企业名称	断路器型号、特性	长延时额定电流（A）	当短路电流为以下值（kA）时的 I^2t 值						
			6	10	20	30	40	50	60
北京人民电器厂	GM5－63H MCB：壳架电流63A，230V，2P，I_{cu}=4kA	16	9	均为短路电流为4kA时的 I^2t 值					
		20、25	13						
		32、40 50、63	20						

附录A　部分企业断路器的允通能量（I^2t）值

附录 B　封闭电器外壳的防护等级与应用

B.1　封闭电器外壳的防护等级（IP 代码）

（1）依据 GB 14048.1—2012[28]编写；IP 代码内容也符合 GB/T 4208—2017《外壳防护等级》[36]的规定；但略有差异，如体现在表 B-2 中的注。

（2）IP 代码的第一位特征数字表示防止接近危险部件和防止固体异物进入的防护等级，见表 B-1。

（3）第二位特征数字表示防止水进入的防护等级，见表 B-2。

（4）附加字母表示防止接近危险部件的防护等级，见表 B-3。

（5）GB/T 4208—2017 中还可以增加"补充字母"供选择，本文省略。

表 B-1　　　　　　　　　　　IP 代码第一位数字表述

IP 第一位数字	防止固体异物进入		防止人体接近危险部位
	要求	举例	
0	无防护		无防护
1	直径 50mm 的球形物体不得完全进入，不得触及危险部件		手背
2	直径 12.5mm 的球形物体不得完全进入，试指应与危险部件有足够间隙		手指
3	直径 2.5mm 的试具不得进入		工具
4	直径 1.0mm 的试具不得进入		金属线
5	允许有限的灰尘进入（没有有害的沉积）		金属线
6	完全防止灰尘进入		金属线

IP 第二位数字	防止进水造成有害影响		防水
	描述	举例	
0	无防护	⚡	无防护
1	防止垂直下落滴水，允许少量水滴入		垂直滴水
2	防止当外壳在 15° 范围内倾斜时垂直下落滴水，允许少量水滴入		与垂直面呈 15° 滴水
3	防止与垂直面呈 60° 范围内淋水，允许少量水进入		少量淋水
4	防止任何方向的溅水，允许少量水进入		任何方向的溅水
5	防止喷水、允许少量水进入		任何方向的喷水
6	防止强烈喷水，允许少量水进入		任何方向的强烈喷水
7	防止 0.15～1m 深的浸水影响	最小0.15m	短时间浸水
8	防止在有压力下长期浸水影响		持续浸水

注   GB/T 4208—2017 中 IP 第二位数增加了数字 "9"，表示 "防高温/高压喷水的影响"。

IP 附加字母	要求	举例	防止人体接近危险部件
A 用于第一位数字为 0	直径 50mm 的球形物体进入到隔板，不得触及危险部件	50	手背
B 用于第一位数字为 0、1	试指进入最大为 80mm，不得触及危险部件		手指
C 用于第一位数字为 1、2	当挡盘部分进入时，直径为 2.5mm，长为 100mm 的金属线不得触及危险部件		工具
D 用于第一位数字为 2、3	当挡盘部分进入时，直径为 1.0mm，长为 100mm 的金属线不得触及危险部件		金属线

B.2 IP 代码的可能组合（参考资料）

IP 代码两位数字的可能组合如下：

IP00；

IP10，IP20，IP30，IP40，IP50，IP60；

IP01，IP11，IP21，IP31，IP41；

IP02；IP12，IP22，IP32，IP42；

IP23，IP33，IP43；

IP24，IP34，IP44，IP54，IP55，IP65，IP66，IP67，IP68。

B.3 防护等级的应用

B.3.1 防电击要求[10,12]

（1）带外护物（外壳）的电器，如配电箱、开关箱，正常环境下的防护等级不应低于 IP2X 或 IPXXB；易于触及的遮栏或外护物的水平顶面不应低于 IPXXD 或 IP4X。

（2）带电导体应设置于防护等级不低于 IPXXB 或 IP2X 的外护物（外壳）之内或遮栏之后。

B.3.2 火灾危险环境要求[25]

（1）装设在火灾危险环境内的保护、控制和开关电器，必须具有封闭外壳，其防护等级不得低于 IP4X；在有灰尘的场所，应选用 IP5X；在有导电粉尘的场所，应选用 IP6X 防护等级。

（2）在 SELV 或 PELV 供电回路中，电器外壳的防护等级不应低于 IP2X 或 IPXXB。

B.3.3　防灰尘和固体物要求[27]

（1）外来固体物（如砂粒或其他生产加工颗粒）最小尺寸为 2.5mm 的，电器外壳的防护等级不应低于 IP3X。

（2）与（1）相同，但颗粒最小尺寸为 1.0mm 的，不应低于 IP4X。

（3）少量尘埃，沉积量不超过 35mg/（m² · d），电器外壳防护等级不应低于 IP5X，对于尘埃不宜进入外壳内的，宜为 IP6X。

（4）中量和大量尘埃，沉积量超过 35mg/（m² · d），但不超过 1000mg/（m² · d），如水泥车间、风沙大的地域的户外照明灯具，不应低于 IP6X。

B.3.4　防水要求[27]

（1）电器装设在可能有与垂直方向呈 60° 及以下的淋水时，防护等级不应低于 IPX3。

（2）电器处于可能遭受各个方向溅水的场所，如施工现场的配电箱、开关箱、户外照明灯具等，防护等级不应低于 IPX4。

（3）电器处于可能遭受任何方向的喷水的场所，如洗车房、装有桑拿浴加热器的小间、有大风雨地域的道路照明灯具等，防护等级不应低于 IPX5。

（4）电器处于可能承受水波浪的地方，如码头、海滩、防波堤等海滨场所，不应低于 IPX6。

（5）电器装设于有可能非永久性被水浸（部分或全部）的地方，如浴缸内、户外地埋灯，不应低于 IPX7。

（6）电器装设在长时间浸没水中，如游泳池中，湖泊等水域中的水泵、灯具等，防护等级应为 IPX8。

B.3.5　特殊装置或场所要求

（1）居家和旅馆客房的洗浴间，按照 GB/T 16895.13—2012《低压电气装置 第 7-701 部分：特殊装置或场所的要求　装有浴盆或淋浴的场所》[37]规定：在 0 区（浴缸内、淋浴中高度 100mm 内）电器的防护等级不应低于 IPX7；1 区和 2 区内不应低于 IPX4；易受水喷淋的电器（如公共浴室清洗用），不应低于 IPX5。

（2）游泳池及类似水域，按照 GB/T 16895.19—2017《低压电气装置 第 7-702 部分：特殊装置或场所的要求 游泳池和喷泉》[38]规定：电器不应低 于表 B-4 的防护等级。

表 B-4　　　　　　游泳池及类似水域各区内电器最低防护等级

区域	户外		户内	
	采用喷水清洗	不用喷水清洗	采用喷水清洗	不用喷水清洗
0 区	IPX5，IPX8	IPX8	IPX5，IPX8	IPX8
1 区	IPX5	IPX4	IPX5	IPX4
2 区	IPX5	IPX4	IPX5	IPX2

注　0 区内用水清洗时，IPX5 是保证喷水清洗时的防水性能，IPX8 是保证浸水的防水性能。

特别注意：在 0 区和 1 区内不允许装设配电箱、开关电器、控制电器、接线 盒和电源插座；在 1 区内只允许装设为 SELV 回路的开关电器、控制电器、接线 盒和电源插座。

附录C 电气设备外界影响特性分类

（1）本附录依据 GB/T 16895.18—2010《建筑物电气装置 第 5-51 部分：电气设备的选择和安装 通用规则》[27]编写。

（2）本附录规定了电气设备可能遇到的外界影响所需具备的特性的分类。

（3）电气设备应考虑本附录所列的外界影响进行选择和安装。

（4）如选用的电气设备的结构不具备与其所在场所的外界影响所需特性时，应提供必要的附加防护措施。

（5）电气设备外界影响特性分类"A——环境条件"见表 C-1，特性分类"B——人与建筑物使用情况"见表 C-2，特性分类"C——建筑物结构条件"见表 C-3。

表 C-1 　　　　　　电气设备外界影响特性分类"A——环境条件"

代号	外界影响特性		电气设备选择、安装的要求	场所举例
AA	环境温度（℃）		电气设备安装处周围空气温度	
	下限	上限		
AA1	−60	+5	需增加防护措施	
AA2	−40	+5		
AA3	−25	+5		
AA4	−5	+40	常规条件	
AA5	+5	+40		正常室内环境
AA6	+5	+60	需增加防护措施	
AA7	−25	+50		
AA8	−50	+40		
AB	空气湿度			
	气温（℃）	相对湿度（%）		
	下限　上限	低　高		
AB1	−60　+5	3　100		低环境温度的室内、室外场所
AB2	−40　+5	10　100		
AB3	−25　+5	10　100	无温度、湿度调节	

代号	外界影响特性				电气设备选择、安装的要求	场所举例
AB	空气湿度					
	气温（℃）		相对湿度（%）			
	下限	上限	低	高		
AB4	−5	+40	5	95	常规，无温度、湿度调节	
AB5	+5	+40	5	85	常规，有温度、湿度调节	
AB6	+5	+60	10	100		环境温度高的室内、室外场所
AB7	−25	+55	10	100		没有温度、湿度调节的室内场所
AB8	−50	+40	15	100		没有天气防护的室外场所
AC	海拔（m）					
AC1	≤2000				常规条件	我国东部、中部、南方、东北等
AC2	>2000				选用高原型电器、标识"G"（1000V 以上高压电器，当>1000m 时采用高原型）	青海、西藏、川西、滇北、黔西北等
AD	水				电气设备的防护要求见附录 B	
AE	外来固体物或尘埃					
AF	腐蚀或污染物					
AF1	可忽略				腐蚀或污染物数量和性质对电器无显著不利影响	
AF2	大气				来自大气的腐蚀或污染物较显著，产生气体、粉尘、盐雾等；选用防水防尘型，F1（户内）、WF1（户外）防腐型电器	海边；靠近对大气产生严重污染的工业区（如化工厂、水泥厂）
AF3	间歇或偶然产生				生产或使用腐蚀或污染化学物质间歇或偶然出现；选用防水防尘型，F1、WF1 防腐型电器	使用少量化学产品的工厂化学试验室；使用碳氢化合物的场所
AF4	连续产生				连续产生腐蚀或污染化学物质数量很大；选用 F2、WF2 防腐型电器	化工厂等
AH	振动					
AH1	轻微				常规，振动的影响可以忽视	居家、办公室、教室等
AH2	中等				一般工业场所	机械冷加工、有起重机工业场地
AH3	强烈				遭受恶劣条件的工业场所、装置应有防振措施	锻锤，空气压缩机

表 C-2　　电气设备外界影响特性分类"B——人与建筑物使用情况"

代号	外界影响特性	电气设备选择、安装要求	场所举例
BA	人的能力		
BA1	一般人员	常规，未受过培训的人员	居家
BA2	儿童	电器的防护等级不低于 IP2X；电源插座不低于 IP2X 或 IPXXB；难于接近的设备外表面温度不得高于 60℃	幼儿园、托儿所
BA3	残疾人	身体和智能都不能自由支配的人；病人、老年人；符合残疾人要求	医院、老年公寓
BA4	受过培训人员	在熟练技术人员指导和监督下操作和维护，不致因电产生危险	一般民用和工业场所操作、维护
BA5	熟练技术人员	具有技术知识或足够的经验操作和维护，不致因电产生危险	变（配）电站和专用电气房间操作维护技工、技术人员
BC	人与地电位的接触		
BC1	不接触	处于非导电场所的人员；允许用 0 类、Ⅱ类、Ⅲ类设备和 I 类设备（按 0 类使用）	建筑物内局部非导电场所
BC2	不频繁	通常情况下，人不与外界可导电部分接触或不站在导电地面上；可用 I 类、Ⅱ类、Ⅲ类设备，也可用 0 类	满铺绝缘垫或地毯、木地板的房间
BC3	频繁	频繁与外界可导电部分接触，或站在导电地面上；可用 I 类、Ⅱ类、Ⅲ类设备，严禁用 0 类设备	采用水泥地面、钢板地面、装饰地砖的工业、民用场所
BC4	连续	浸在水中，或长时间固定地同周围金属部分接触，人员活动受限制；浸水中，电压不大于 12V，等电位联结，电器 IP68，采用不大于 30mA 的 RCD；其他做等电位联结，用 SELV 供电，不大于 30mA 的 RCD	游泳池、喷水池、浴缸、锅炉内、容器内、电缆隧道、井道内
BD	紧急疏散条件		
BD1	低密度、疏散容易	低密度人群，疏散容易，常规电器	普通住宅，低层住宅
BD2	低密度、疏散困难	安全通道内的布线应选用阻燃型，并不得占用安全通道，必须在安全通道内的开关、控制设备应装在不燃或难燃材料制作的箱、柜内	高层建筑物
BD3	高密度、疏散容易	对公众开放的场所；电气设备和布线应符合 BD2 之要求；严禁使用有可燃液体的电气设备（灯和电动机的电容器例外）	剧院、电影院、体育馆、展览馆、超市、商场、大会议厅等

代号	外界影响特性	电气设备选择、安装要求	场所举例
BD4	高密度、疏散困难	对公众开放的多层、高层楼房；电气设备和布线要求同 BD3	旅馆、医院
BE	加工或储存物品的性质		
BE1	无显著危险	常规电气设备	居住、办公、教室
BE2	火灾危险	有粉尘和可燃材料的生产、加工或储存的场所；电气设备和布线采用阻燃材料，符合防火要求；其内部温升或火花不能引燃火灾	滑油加工、储存、造纸、木材加工、粮仓、棉布库等
BE3	爆炸危险	爆炸性粉尘，气体和液体蒸汽的生产、加工、储存；应符合 GB 50058—2014《爆炸危险环境电力装置设计规范》[49]的规定	化工厂、炼油厂、镁粉、煤粉、纸纤维、棉纤维、合成树脂等
BE4	污染危险	存在无防护设施的食品、药品等的加工；防止电气设备导致的污染，如灯泡破碎、坠落	食品生产、制药、厨房

表 C-3　电气设备外界影响特性分类 "C——建筑物结构条件"

代号	外界环境条件	电气设备选择、安装要求	场所举例
CA	建筑材料		
CA1	不可燃	常规条件选择电气设备	钢筋混凝土结构、钢结构、砖混结构
CA2	可燃	建筑物构造主要用可燃材料；电气设备及布线应符合防火要求	木质建筑、木质古建
CB	建筑物设计		
CB1	风险可忽略	常规条件选择电气设备	一般建筑物
CB2	火灾蔓延	建筑物形状和容积容易助火灾蔓延（如烟囱效应）；电气设备用阻燃材料制作，装设防火隔板，设置火灾探测器	高层建筑，强迫通风系统的建筑
CB3	位移	建筑物不同部分间，与基础之间有位移风险；布线系统设置伸缩接头	很长的建筑物，大型建筑物
CB4	柔性的或不稳定的	单薄的结构，易遭受移动的结构；采用柔性布线	帐篷，充气支撑结构吊顶，可拆装的建筑内部隔断

参 考 文 献

[1] 中华人民共和国国家质量监督检验检疫总局,中国国家标准化管理委员会.电磁兼容 限值 谐波电流发射限值（设备每相输入电流≤16A）：GB 17625.1—2012［S］.北京：中国标准出版社,2013.

[2] 国家市场监督管理总局,国家标准化管理委员会.电力变压器能效限定值及能效等级：GB 20052—2020［S］.北京：中国标准出版社,2020.

[3] 中华人民共和国国家质量监督检验检疫总局,中国国家标准化管理委员会.交流接触器能效限定值及能效等级：GB 21518—2008［S］.北京：中国标准出版社,2008.

[4] 中华人民共和国国家质量监督检验检疫总局,中国国家标准化管理委员会.中小型三相异步电动机能效限定值及能效等级：GB 18613—2012［S］.北京：中国标准出版社,2012.

[5] 中华人民共和国住房和城乡建设部.建筑照明设计标准：GB 50034—2013［S］.北京：中国建筑工业出版社,2014.

[6] 中华人民共和国住房和城乡建设部.低压配电设计规范：GB 50054—2011［S］.北京：中国计划出版社,2012.

[7] 中华人民共和国国家质量监督检验检疫总局,中国国家标准化管理委员会.低压电气装置 第 1 部分：基本原则、一般特性评估和定义：GB/T 16895.1—2008［S］.北京：中国标准出版社,2009.

[8] 中华人民共和国国家质量监督检验检疫总局,中国国家标准化管理委员会.低压电气装置 第 5-54 部分：电气设备的选择和安装 接地配置和保护导体：GB/T 16895.3—2017［S］.北京：中国标准出版社,2017.

[9] 王厚余.建筑物电气装置 600 问［J］.北京：中国电力出版社,2013.

[10] 中华人民共和国国家质量监督检验检疫总局,中国国家标准化管理委员会.低压电气装置 第 4-41 部分：安全防护 电击防护：GB/T 16895.21—2011［S］.北京：中国标准出版社,2012.

[11] 中华人民共和国国家质量监督检验检疫总局,中国国家标准化管理委员会.电流对人和家畜的效应 第 1 部分：通用部分：GB/T 13870.1—2008［S］.北京：中国标准出版社,2009.

[12] 国家市场监督管理总局,国家标准化管理委员会.电击防护 装置和设备的通用部分：

GB/T 17045—2020［S］. 北京：中国标准出版社，2020.

[13] 中华人民共和国国家质量监督检验检疫总局，中国国家标准化管理委员会. 灯具 第 1 部分：一般要求与试验：GB 7000.1—2015［S］. 北京：中国标准出版社，2015.

[14] 中华人民共和国国家质量监督检验检疫总局，中国国家标准化管理委员会. 电源电压为 1100V 及以下的变压器、电抗器、电源装置和类似产品的安全 第 7 部分：安全隔离变压器和内装安全隔离变压器的电源装置的特殊要求和试验：GB 19212.7—2012［S］. 北京：中国标准出版社，2013.

[15] 中华人民共和国国家质量监督检验检疫总局，中国国家标准化管理委员会. 低压熔断器 第 1 部分：基本要求：GB 13539.1—2015［S］. 北京：中国标准出版社，2015.

[16] 中华人民共和国国家质量监督检验检疫总局，中国国家标准化管理委员会. 低压熔断器 第 2 部分：专职人员使用的熔断器的补充要求（主要用于工业的熔断器）标准化熔断器系统示例 A 至 K：GB/T 13539.2—2015［S］. 北京：中国标准出版社，2016.

[17] 中国航空规划设计研究总院有限公司. 工业与民用供配电设计手册［M］. 4 版. 北京：中国电力出版社，2016.

[18] 中华人民共和国国家质量监督检验检疫总局，中国国家标准化管理委员会. 剩余电流动作保护电器（RCD）的一般要求：GB/T 6829—2017［S］. 北京：中国标准出版社，2017.

[19] 中华人民共和国国家质量监督检验检疫总局，中国国家标准化管理委员会. 建筑物电气装置 第 7-710 部分：特殊装置或场所的要求 医疗场所：GB/T 16895.24—2005［S］. 北京：中国标准出版社，2006.

[20] 中华人民共和国国家质量监督检验检疫总局，中国国家标准化管理委员会. 低压电气装置 第 4-43 部分：安全防护 过电流保护：GB/T 16895.5—2012［S］. 北京：中国标准出版社，2013.

[21] Hartmut Kiank，Wolfgang Frutn. 工业与民用配电设计指南［M］. 葛大麟，译. 北京：中国电力出版社，2016.

[22] 中华人民共和国国家质量监督检验检疫总局，中国国家标准化管理委员会. 低压熔断器 第 3 部分：非熟练人员使用的熔断器的补充要求（主要用于家用和类似用途的熔断器）标准化熔断器系统示例 A 至 F：GB/T 13539.3—2017［S］. 北京：中国标准出版社，2017.

[23] 中华人民共和国国家质量监督检验检疫总局，中国国家标准化管理委员会. 低压开关设备和控制设备 第 2 部分：断路器：GB/T 14048.2—2020［S］. 北京：中国标准出版社，2020.

[24] 中华人民共和国国家质量监督检验检疫总局，中国国家标准化管理委员会. 电气附件

家用及类似场所用过电流保护断路器　第 1 部分：用于交流的断路器：GB
10963.1—2005 [S]. 北京：中国标准出版社，2006.

[25]　中华人民共和国国家质量监督检验检疫总局，中国国家标准化管理委员会. 低压电气装
　　　置　第 4-42 部分：安全防护　热效应保护：GB/T 16895.2—2017 [S]. 北京：中国标
　　　准出版社，2017.

[26]　中华人民共和国住房和城乡建设部. 建筑设计防火规范（2018 年版）：GB 50016—2014
　　　[S]. 北京：中国计划出版社，2018.

[27]　中华人民共和国国家质量监督检验检疫总局，中国国家标准化管理委员会. 建筑物电气
　　　装置　第 5-51 部分：电气设备的选择和安装　通用规则：GB/T 16895.18—2010[S]. 北
　　　京：中国标准出版社，2011.

[28]　中华人民共和国国家质量监督检验检疫总局，中国国家标准化管理委员会. 低压开关设
　　　备和控制设备　第 1 部分：总则：GB 14048.1—2012[S]. 北京：中国标准出版社，2013.

[29]　中华人民共和国国家质量监督检验检疫总局，中国国家标准化管理委员会. 低压开关设
　　　备和控制设备　第 3 部分：开关、隔离器、隔离开关及熔断器组合电器：GB/T
　　　14048.3—2017 [S]. 北京：中国标准出版社，2018.

[30]　中华人民共和国国家质量监督检验检疫总局，中国国家标准化管理委员会. 低压熔断器
　　　第 5 部分：低压熔断器应用指南：GB/T 13539.5—2013 [S]. 北京：中国标准出版社，
　　　2013.

[31]　中华人民共和国国家质量监督检验检疫总局，中国国家标准化管理委员会. 家用及类似
　　　场所用带选择性的过电流保护断路器：GB 24350—2009 [S]. 北京：中国标准出版社，
　　　2010.

[32]　中华人民共和国国家质量监督检验检疫总局，中国国家标准化管理委员会. 电弧故障保
　　　护电器（AFDD）的一般要求：GB/T 31143—2014 [S]. 北京：中国标准出版社，2015.

[33]　中华人民共和国住房和城乡建设部. 通用用电设备配电设计规范：GB 50055—2011
　　　[S]. 北京：中国计划出版社，2012.

[34]　李炳华，岳云涛. 现代照明技术及设计指南 [M]. 北京：中国建筑工业出版社，2019.

[35]　北京照明学会照明设计专业委员会. 照明设计手册 [M]. 3 版. 北京：中国电力出版
　　　社，2016.

[36]　国家质量监督检验检疫总局，国家标准化管理委员会. 外壳防护等级（IP 代码）：GB/T
　　　4208—2017 [S]. 北京：中国标准出版社，2017.

[37]　中华人民共和国国家质量监督检验检疫总局，中国国家标准化管理委员会. 低压电气装

置 第 7-701 部分:特殊装置或场所的要求 装有浴盆或淋浴的场所:GB/T 16895.13—2012 [S]. 北京:中国标准出版社, 2013.

[38] 国家质量监督检验检疫总局, 国家标准化管理委员会. 低压电气装置 第 7-702 部分:特殊装置或场所的要求 游泳池和喷泉:GB/T 16895.19—2017 [S]. 北京:中国标准出版社, 2017.

[39] 中华人民共和国国家质量监督检验检疫总局, 中国国家标准化管理委员会. 低压电气装置 第 7-704 部分:特殊装置或场所的要求 施工和拆除场所的电气装置:GB/T 16895.7—2009 [S]. 北京:中国标准出版社, 2010.

[40] 中华人民共和国国家质量监督检验检疫总局, 中国国家标准化管理委员会. 低压电气装置 第 7-705 部分:特殊装置或场所的要求 农业和园艺设施:GB/T 16895.27—2012 [S]. 北京:中国标准出版社, 2013.

[41] 中国电器工业协会. 建筑物电气装置 第 7-711 部分:特殊装置或场所的要求 展览馆、陈列室和展位:GB/T 16895.25—2005 [S]. 北京:中国标准出版社, 2006.

[42] 中华人民共和国国家质量监督检验检疫总局, 中国国家标准化管理委员会. 建筑物电气装置 第 7-740 部分:特殊装置和场所的要求 游乐场和马戏场中的构筑物、娱乐设施和棚屋:GB/T 16895.26—2005 [S]. 北京:中国标准出版社, 2006.

[43] 国家标准化管理委员会. 建筑物电气装置 第 7-712 部分:特殊装置或场所的要求 太阳能光伏（PV）电源供电系统:GB/T 16895.32—2008 [S]. 北京:中国标准出版社, 2010.

[44] 张泽江. 阻燃电缆发展概况 [J]. 建筑电气, 2015（7）:6-12.

[45] 中华人民共和国国家质量监督检验检疫总局, 中国国家标准化管理委员会. 电缆及光缆燃烧性能分级:GB 31247—2014 [S]. 北京:中国标准出版社, 2015.

[46] 冯军, 包光宏. 国内外电缆及光缆燃烧性能分级体系探讨 [J]. 建筑电气, 2015（7）:13-17.

[47] 中华人民共和国国家质量监督检验检疫总局, 中国国家标准化管理委员会. 低压电气装置 第 5-52 部分:电气设备的选择和安装 布线系统:GB/T 16895.6—2014 [S]. 北京:中国标准出版社, 2015.

[48] 中华人民共和国住房和城乡建设部. 电力工程电缆设计规范:GB 50217—2018 [S]. 北京:中国计划出版社, 2018.

[49] 中华人民共和国住房和城乡建设部. 爆炸危险环境电力装置设计规范:GB 50058—2014 [S]. 北京:中国计划出版社, 2014.

索　引